国家电网公司
电力科技著作出版项目

U0169145

智能配电网技术及应用丛书

智能配电网概论

ZHINENG PEIDIANWANG GAILUN

主 编　郭王勇

副主编　杜红卫　韩　韬　吴雪琼

中国电力出版社
CHINA ELECTRIC POWER PRESS

内 容 提 要

本书为"智能配电网技术及应用丛书"的一个分册。

随着智能电网的深入推进,配电专业与数字化技术的深度融合,智能配电网得到了快速蓬勃的发展。本书是该套丛书的开篇之作,围绕其他各分册对智能配电网各关键环节的技术介绍,从智能配电网发展路径和技术演变角度,系统性地概述了智能配电网体系及关键技术。

本书共分 10 章,主要内容包含智能配电网的发展现状与趋势、在中国的发展与实践、技术框架、网架与设备、感知、信息模型与融合技术、数据传输、控制与决策、故障处理与继电保护以及发展展望。

本书适合从事电力系统配电网自动化领域科研、设计、生产、运行和管理工作的人员阅读,也可作为高等学校及科研院所人员学习和研究的参考书籍。

图书在版编目(CIP)数据

智能配电网概论 / 郭王勇主编. —北京:中国电力出版社,2024.2(2025.2重印)
(智能配电网技术及应用丛书)
ISBN 978-7-5198-8400-0

Ⅰ. ①智… Ⅱ. ①郭… Ⅲ. ①智能控制-配电系统 Ⅳ. ①TM727

中国国家版本馆 CIP 数据核字(2023)第 237439 号

出版发行:中国电力出版社
地　　址:北京市东城区北京站西街 19 号(邮政编码 100005)
网　　址:http://www.cepp.sgcc.com.cn
策　　划:周　娟
责任编辑:崔素媛(010-63412392)
责任校对:黄　蓓　马　宁
装帧设计:张俊霞
责任印制:杨晓东

印　　刷:三河市航远印刷有限公司
版　　次:2024 年 2 月第一版
印　　次:2025 年 2 月北京第二次印刷
开　　本:787 毫米×1092 毫米　16 开本
印　　张:16.25
字　　数:350 千字
定　　价:79.00 元

丛书编委会

主　　　任　丁孝华

副 主 任　杜红卫　刘　东

委　　　员（按姓氏笔画排序）

　　　　　　刘　东　杜红卫　宋国兵　张子仲

　　　　　　陈　勇　陈　蕾　周　捷

顾问组专家　沈兵兵　刘　健　徐丙垠　赵江河

　　　　　　吴　琳　郑　毅　葛少云

秘书组成员　周　娟　崔素媛　韩　韬

本书编写组

主　　编　郭王勇

副 主 编　杜红卫　韩　韬　吴雪琼

编 写 组（按参与文字内容排序）

　　　　　刘明祥　蔡月明　夏　栋　蒋国栋

　　　　　葛少云　陈　勇　苏标龙　宋国兵

　　　　　常仲学　唐　伟　郑　悦　张佳琦

　　　　　于海平　胡　杨　孙建东　谭　涛

　　　　　尉同正　车宇顺

主　　审　沈兵兵　郑　毅

用配电网新技术的知识盛宴以飨读者

随着我国社会经济的快速发展，各行各业及人民群众对电力供应保持旺盛需求，同时对供电可靠性和电能质量也提出了越来越高的要求。与电力用户关系最为直接和密切的配电网，在近些年得到前所未有的重视和发展。随着新技术、新设备、新工艺的不断应用和自动化、信息化、智能化手段的实施，使配电系统装备技术水平和运行水平有了大幅度提升，为配电网的安全运行提供了有力保障。

为了总结智能电网建设时期配电网技术发展和应用的经验，介绍有关设备和技术，总结成功案例，本丛书编委会组织国内主要电力科研机构、产业单位和高等院校编写了"智能配电网技术及应用丛书"，包含《智能配电网概论》《智能配电网信息模型及其应用》《智能配电设备》《智能配电网继电保护》《智能配电网自动化技术》《配电物联网技术及实践》《智能配电网源网荷储协同控制》共 7 个分册。丛书基本覆盖了配电网在自动化、信息化和智能化等方面的进展和成果，侧重新技术、新设备及其发展趋势的论述和分析，并且对典型应用案例加以介绍，内容丰富、含金量高，是我国配电领域的重量级作品。

本丛书中，《智能配电网概论》介绍了智能配电网的概念、主要组成和内涵，以及传统配电网向智能配电网的演进过程及其关键技术领域和方向；《智能配电网信息模型及其应用》介绍了配电网的信息模型，强调了在智能电网控制和管理中模型的基础性和重要性，介绍了模型在主站系统侧和配电终端侧的应用；《智能配电设备》对近年来主要配电设备在一二次设备融合及智能化方面的演进过程、主要特点及应用场景做了介绍和分析；《智能配电网继电保护》从有源配电网的角度阐述了继电保护技术的进步和性能提升，着重介绍了以光纤、5G 为代表的信息通信技术发展而带来的差动（纵联）保护、广域保护等广泛应用于配电网的装置、技术及其发展方向；《智能配电网自动化技术》在总结提炼我国 20 多年来配电网自动化技术应用实践基础上，介绍了智能配电网对电网自动化的新要求，以及相关设备、系统和关键技术、实现方式，并对未来可能会在配电自动化中应用的新技术进行了展望；《配电物联网技术及实践》介绍了物联网的概念、主要元素，以及其如何与配电领域结合并应用，针对配电系统点多面广、设备众多、管理复杂等特点，解决实现信息化、智能化的难点和痛点问题；《智能配电网源网荷储协同控制》重点分析了在配电网大规模应用后，分布式能源给配电网的规划、调度、控制和保护等方面带来的影响，介绍了配电网源网荷储协同控制技术及其应用案例，体现了该技术在虚拟电厂、主动配电网及需求响应等方面的关键作用。

"双碳"目标加快了能源革命的进程，新型电力系统建设已经拉开序幕，配电领域将迎接新的机遇和挑战。"智能配电网技术及应用丛书"的出版将对配电网建设、改造发挥积极的作用。相信在不久的将来，我国的配电网技术一定能够像特高压技术一样，跻身世界前列，实现引领。

近年来，配电领域的专业图书出版了不少，本人也应邀为其中一些专著作序。但涉及配电网多个技术子领域的专业丛书仍不多见。作为一名在配电领域耕耘多年的专业工作者，为这套丛书的出版由衷感到高兴！希望本丛书能为我国配电网领域的技术人员和管理者奉上一份丰盛的"知识大餐"，以解大家久盼之情。

全国电力系统管理与信息交换标准化技术委员会　顾　问
EPTC 智能配电专家工作委员会　常务副主任委员兼秘书长

2023 年 10 月

前　言

电力是能源转型的中心环节，配电网作为助推能源高效化、低碳化、清洁化转型的国家战略性基础设施的重要组成部分，攸关经济社会发展和生态环境等诸多方面，维护其经济稳定可靠运行意义重大。

随着近年来我国电力系统建设的发展，配电网已成为打造新型电力系统与建设能源互联网的核心环节。面向点多面广的分布式电源、储能、充电桩及柔性负荷接入，配电网呈现出分布式资源规模化、感知数据异构化、源荷界限模糊化、运行方式多样化等新特点，智能配电网的发展也面临新的需求。一是随着"云大物移智链"等新兴技术的初步成熟与推广，电力业务与新兴技术逐步融合，业务需求逐步扩展和衍生；二是分布式电源、电采暖、电动汽车等大规模无序接入改变了配电网的运行模式，对智能配电网系统从源网荷储一体协同控制新模式及核心装备上都提出了更高的要求，亟须从传统"配电网系统"的电力一/二次设备的关键装备，向"智能配电系统"的电力一/二次设备和配电系统管理的关键装备及技术发展。如何从技术体系框架上支撑配电网的智能化发展，通过配电网基础网架与设备提升配电网的灵活性和可靠性，构建符合新型电力系统需要的配电网信息模型，从"感知—传输—管控"层面的关键技术突破，完善配电网运行模式和管理方法，提升新型电力系统背景下配电网的"安全可靠、优质高效、灵活互动"能力是亟待解决的问题。

"智能配电网技术及应用丛书"围绕这一理念开展了系统深入的研究与阐述，本书是该套丛书的开篇之作。作为其他分册的概述与引言，本书从智能配电网发展路径的角度，系统性地介绍了智能配电网的演进过程和技术体系，分析了智能配电网各关键环节在配电网蓬勃发展过程中的定位、演进需求、技术突破、典型实例等，引导读者对能源转型中配电网的定位和发展做出思考，描绘配电网发展的来路、实践突破与未来方向，构建智能配电网技术框架体系及各环节的核心价值，为后续各分册的阅读点题。

本书共分 10 章,第 1 章为智能配电网的发展现状与趋势,介绍了智能配电网的概念,结合智能配电网的特性分析了几种典型的配电网形态,并对比分析了世界一流电网建设国家的智能配电网发展;第 2 章为智能配电网在中国的发展与实践,总结了智能配电网在中国的发展历程,以及近 30 年的智能配电网建设成果,阐述了中国智能配电网发展各阶段的典型项目应用及技术与应用特征;第 3 章为智能配电网技术框架,结合配电自动化技术和相关智能化技术的发展,阐述了智能配电网技术体系及其组成;第 4 章为智能配电网网架与设备,介绍了智能配电网的典型网架特征、网架结构及典型配电设备;第 5 章为智能配电网感知,介绍了智能配电网的感知体系、感知类型、感知设备及其配置原则;第 6 章为智能配电网信息模型与融合技术,介绍了智能配电网模型的概念,阐述了智能配电网主站侧、终端侧的信息模型、映射与信息融合,以及适应配电物联化的物联网模型和智能配电网信息融合;第 7 章为智能配电网数据传输,介绍了智能配电网通信发展与架构、主要通信方式、通信组网典型场景以及通信协议;第 8 章为智能配电网控制与决策,介绍了配电网调控业务和态势感知,重点阐述了调度运行与设备管控决策技术及应用,以及源网荷储协同控制;第 9 章为智能配电网故障处理与继电保护,介绍了配电网故障处理的基础知识,重点阐述了配电网馈线自动化、继电保护及两者的配合,还介绍了配电网故障处理技术拓展及直流配电网保护;第 10 章为智能配电网发展展望,描述了未来智能配电网的蓝图,介绍了未来智能配电网的源网荷储新形态、商业模式、综合能源服务与数字化增值,并围绕配电领域新技术介绍了电力电子技术、人工智能技术、5G 通信技术、区块链技术等对未来智能配电网的影响,以及这些新技术在未来智能配电网中的应用。

编写组中,国网电力科学研究院有限公司(以下简称"国网电科院")郭王勇统编全稿并编写了第 1 章;国网电科院杜红卫博士编写了第 2 章;国网电科院韩韬教授级高工、于海平高工和唐伟工程师编写了第 3 章;国网电科院刘明祥高工、胡杨高工、谭涛工程师,天津大学葛少云教授,许继集团有限公司陈勇高工,国网天津市电力公司郑悦高工编写了第 4 章、第 5 章和第 7 章;国网电科院吴雪琼高工编写了第 6 章;国网电科院苏标龙高工、夏栋高工、张佳琦高工和尉同正研究生编写了第 8 章;国网电科院蔡月明教授级高工和孙建东高工,西安交通大学宋国兵教授和常仲学教授,国网电科院车宇顾研究生编写了第 9 章;国网电科院蒋国栋高工编写了第 10 章。

国网电科院丁孝华教授级高工对本书的立项给予了重要支持；河海大学沈兵兵教授、国网四川省电力公司郑毅高工、国网陕西省电力有限公司电力科学研究院刘健教授在图书评审过程中给予了大量宝贵建议；南瑞集团智能配电技术有限公司研发工程团队多名优秀的工程师参与了本书局部内容的编写，在此不一一列举；曹连连、李宇航工程师协助完成了全书稿件的组织和绘图等工作，在此表示衷心的感谢。

由于时间仓促，编写人员水平有限，加之智能配电网技术的飞速发展和变化，书中难免存在错误和不妥之处，恳请同行专家和读者批评指正。

编　者

2023 年 8 月

目　录

丛书序　用配电网新技术的知识盛宴以飨读者
前言

第1章　智能配电网的发展现状与趋势 ……………………………………… 1

  1.1　配电网 ………………………………………………………………… 1

    1.1.1　配电网的定义 ………………………………………………… 1

    1.1.2　配电网智能化需求 …………………………………………… 2

  1.2　智能配电网及其与相关形态的关系 ………………………………… 2

    1.2.1　智能电网 ……………………………………………………… 2

    1.2.2　智能配电网 …………………………………………………… 3

    1.2.3　智能配电网定位演进阶段 …………………………………… 4

    1.2.4　智能配电网与相关形态的关系 ……………………………… 5

  1.3　国外智能配电网发展 ………………………………………………… 7

    1.3.1　国外智能配电网现状 ………………………………………… 7

    1.3.2　国外智能配电网管理系统 …………………………………… 8

    1.3.3　分布式能源方面的应用 ……………………………………… 9

  参考文献 ………………………………………………………………… 10

第2章　智能配电网在中国的发展与实践 ………………………………… 11

  2.1　中国智能配电网的发展与实践 …………………………………… 11

    2.1.1　配电网发展面临的问题 …………………………………… 11

    2.1.2　智能配电网发展与实践阶段 ……………………………… 12

  2.2　配电网自动化突破阶段 …………………………………………… 13

    2.2.1　典型项目应用 ……………………………………………… 14

    2.2.2　技术与应用特征 …………………………………………… 14

  2.3　配电网自动化实践阶段 …………………………………………… 15

    2.3.1　典型项目应用 ……………………………………………… 15

    2.3.2　技术与应用特征 …………………………………………… 16

  2.4　配电网智能化探索阶段 …………………………………………… 18

　　　2.4.1　典型项目应用 ·· 18

　　　2.4.2　技术与应用特征 ·· 19

　　2.5　配电网智能化提升阶段 ·· 21

　　　2.5.1　典型项目应用 ·· 21

　　　2.5.2　技术与应用特征 ·· 26

　　参考文献 ··· 28

第3章　智能配电网技术框架 ·· 30

　　3.1　总体技术框架 ··· 30

　　3.2　智能配电网技术体系 ··· 32

　　　3.2.1　现场设备层 ·· 32

　　　3.2.2　智能感知层 ·· 33

　　　3.2.3　通信网络层 ·· 35

　　　3.2.4　数据平台层 ·· 36

　　　3.2.5　决策应用层 ·· 37

　　　3.2.6　标准支撑 ·· 39

　　　3.2.7　安全管控 ·· 41

　　参考文献 ··· 43

第4章　智能配电网网架与设备 ··· 44

　　4.1　智能配电网网架 ··· 44

　　　4.1.1　典型中压配电网网架结构 ··· 45

　　　4.1.2　典型低压配电网网架结构 ··· 47

　　　4.1.3　国外配电网典型网架结构 ··· 47

　　　4.1.4　高可靠智能配电网网架发展趋势 ······························ 49

　　4.2　智能配电设备 ··· 53

　　　4.2.1　智能配电设备发展历程 ··· 54

　　　4.2.2　典型智能配电设备 ·· 56

　　　4.2.3　配电设备发展趋势 ·· 58

　　参考文献 ··· 62

第5章　智能配电网感知 ··· 64

　　5.1　配电网感知概述 ··· 64

　　　5.1.1　配电网感知体系 ··· 64

　　　5.1.2　配电网感知类型 ··· 64

　　5.2　配电网感知设备 ··· 65

　　　5.2.1　配电终端 ·· 65

  5.2.2 台区智能融合终端 ·································· 66

  5.2.3 智能电能表 ······································· 66

  5.2.4 智能感知巡检机器人 ······························ 67

  5.2.5 传感器 ·· 68

 5.3 配电网感知设备配置原则 ····························· 68

  5.3.1 配电终端配置原则 ································ 69

  5.3.2 台区智能融合终端配置原则 ························ 69

  5.3.3 智能配电房配置原则 ······························ 70

  5.3.4 其他配置原则 ···································· 72

 参考文献 ·· 72

第 6 章 智能配电网信息模型与融合技术 ·················· 74

 6.1 模型的基本概念 ··································· 74

  6.1.1 智能电网概念模型 ································ 74

  6.1.2 智能配电网信息模型 ······························ 75

  6.1.3 智能配电网模型体系 ······························ 76

 6.2 面向主站与终端的信息模型 ·························· 77

  6.2.1 面向主站的信息模型 ······························ 77

  6.2.2 面向终端的信息模型 ······························ 79

 6.3 主站-终端模型的映射与信息融合 ···················· 80

  6.3.1 配电网静态拓扑模型的映射与信息融合 ·············· 80

  6.3.2 量测模型的映射与信息融合 ························ 82

 6.4 配电物联网模型 ··································· 83

  6.4.1 物模型 ·· 83

  6.4.2 物模型信息交互 ·································· 84

  6.4.3 物模型与 IEC 模型体系 ···························· 85

 6.5 智能配电网信息融合 ······························· 86

  6.5.1 基于信息交互总线技术的信息融合 ·················· 86

  6.5.2 基于配电网模型中心技术的信息融合 ················ 88

  6.5.3 基于企业中台技术的信息融合 ······················ 89

 参考文献 ·· 90

第 7 章 智能配电网数据传输 ····························· 91

 7.1 智能配电网通信发展与架构 ·························· 91

  7.1.1 我国配电网通信发展概述 ·························· 91

  7.1.2 智能配电网通信整体架构 ·························· 91

 7.2 智能配电网主要通信方式 ···························· 92

      7.2.1　骨干通信网通信方式 ·································· 92

      7.2.2　骨干通信网通信方式选择 ························· 94

      7.2.3　终端接入网通信方式 ····························· 95

      7.2.4　本地通信方式选择 ······························· 97

   7.3　智能配电网通信组网典型场景 ························· 98

      7.3.1　中压智能配电网通信组网典型场景 ·············· 98

      7.3.2　低压智能配电网通信组网典型场景 ············· 100

   7.4　智能配电网通信协议 ······························· 101

      7.4.1　电力工控通信协议 ······························ 102

      7.4.2　物联网通信协议 ································· 104

      7.4.3　通信协议对比分析 ······························ 106

   参考文献 ··· 109

第8章　智能配电网控制与决策 ····························· 111

   8.1　配电网调控业务分析 ······························· 111

      8.1.1　配电网控制与决策分析应用特点 ··············· 111

      8.1.2　配电网控制与决策应用体系架构 ··············· 112

   8.2　配电网态势感知 ··································· 113

      8.2.1　设备全景感知 ································· 113

      8.2.2　分布式电源发电/负荷预测 ····················· 115

      8.2.3　数据质量分析 ································· 116

      8.2.4　配电网运行态势预警 ··························· 117

   8.3　调度运行决策技术及应用 ··························· 118

      8.3.1　网络分析 ····································· 118

      8.3.2　故障自愈控制 ································· 125

      8.3.3　优化运行 ····································· 128

   8.4　设备管控决策技术及应用 ··························· 132

      8.4.1　站线变户画像 ································· 133

      8.4.2　综合故障研判 ································· 135

      8.4.3　终端运维管理 ································· 137

      8.4.4　配电网抢修指挥 ······························· 138

   8.5　源网荷储协同控制 ································· 140

      8.5.1　源网荷储协同控制架构 ························· 140

      8.5.2　面向规划和评估类 ······························ 141

      8.5.3　面向运行调控类 ································· 146

      8.5.4　面向运行优化类 ································· 151

   参考文献 ··· 153

第9章　智能配电网故障处理与继电保护 ······················ 155

9.1　配电网故障及处理概述 ························· 155
9.1.1　配电网故障类型 ······················· 155
9.1.2　配电网故障特点 ······················· 156
9.1.3　配电网故障危害 ······················· 156
9.1.4　配电网故障处理措施 ····················· 157

9.2　配电网馈线自动化 ··························· 158
9.2.1　馈线自动化分类 ······················· 158
9.2.2　馈线自动化技术原理 ····················· 159
9.2.3　馈线自动化模式对比与应用选型 ················ 166

9.3　配电网继电保护 ···························· 168
9.3.1　配电网继电保护概念 ····················· 168
9.3.2　配电网继电保护类型 ····················· 170
9.3.3　配电网自动重合闸模式与要求 ················· 172

9.4　配电网继电保护与馈线自动化的配合 ················· 173
9.4.1　配电网继电保护+主站集中式馈线自动化 ············ 173
9.4.2　配电网继电保护+就地重合式馈线自动化 ············ 175

9.5　配电网故障处理技术拓展 ······················· 177
9.5.1　有源配电网故障处理 ····················· 177
9.5.2　低压保护技术 ························· 178

9.6　直流配电网保护 ···························· 179
9.6.1　直流配电网故障类型 ····················· 180
9.6.2　直流配电网保护分区及配置 ·················· 181
9.6.3　直流配电网保护原理 ····················· 182

参考文献 ································· 185

第10章　智能配电网发展展望 ························· 187

10.1　智能配电网发展综述和展望 ····················· 187
10.1.1　未来配电网发展的驱动力 ·················· 187
10.1.2　未来配电网的蓝图及特点 ·················· 188

10.2　智能配电网新形态 ·························· 190
10.2.1　分布式发电与微电网 ···················· 190
10.2.2　虚拟电厂 ·························· 193
10.2.3　柔性多状态开关 ······················ 196
10.2.4　交直流混合配电网 ····················· 198
10.2.5　增量配电网 ························· 201

　　10.2.6　柔性负荷 ································· 202

　　10.2.7　电动汽车充电站 ····················· 204

　　10.2.8　分布式储能 ························· 206

10.3　智能配电网新商业模式 ················· 208

　　10.3.1　分布式发电交易 ····················· 208

　　10.3.2　电力市场辅助服务 ··················· 210

　　10.3.3　配电网智能代运维 ··················· 213

　　10.3.4　综合能源服务 ······················· 214

　　10.3.5　电力数字化增值 ····················· 216

10.4　智能配电网新技术应用 ················· 218

　　10.4.1　电力电子技术在智能配电网中的应用 ··· 218

　　10.4.2　人工智能技术在智能配电网中的应用 ··· 222

　　10.4.3　5G 通信技术及其在智能配电网中的应用 ··· 229

　　10.4.4　基于区块链的分布式发电交易技术的应用 ··· 235

　　10.4.5　分布式智能电网技术在配电网中的应用 ··· 236

参考文献 ····································· 240

第1章
智能配电网的发展现状与趋势

进入 21 世纪以来，一场能源革命的浪潮在世界范围内掀起。电力转型发展是能源革命的关键。智能电网（smart grid）代表电网研究和发展的方向，配电网是电能分配、面向用户的重要窗口，是智能电网的重要组成部分，也是新型电力系统建设的主战场。本章重点介绍了智能配电网（smart distribution network）的基本定义与特征，分析了与智能配电网密切关联的几种典型形态，介绍了国外智能配电网的发展，以便对智能配电网有一个宏观的认识和把握。

1.1 配电网

1.1.1 配电网的定义

电力系统是由发电、输电、变电、配电和用电等环节组成的电能生产与消费系统，是保障国计民生的关键基础设施。通常根据电能传输电路拓扑结构、电压水平、运行特点等情况，将电力传输网分为输电网和配电网。同时，为了保障电力在生产、运输、消费各环节的稳定可靠运行，电力系统在各个环节和不同层次还具有相应的信息与控制系统，以实现对电能生产过程的测量、调节、控制、保护、通信和调度，保证用户获得安全、优质的电能。

电力系统从电力流维度可划分为发电、输变电、配电、分布式能源、用户等环节，从信息与控制系统管理维度可划分为现场一/二次设备、实时运行系统、信息化管理系统、电力市场。

配电网是从输电网或地区发电厂接受电能，通过配电设施就地或逐级分配给用户的电力网，在电力网中起着分配电能的重要作用。配电网具有规模大、结构复杂、点多面广的重要特征，涵盖电力一/二次设备和配电系统管理两大要素，是信息系统与物理系统高度融合的系统。

在分布式电力大发展的背景下，分布式电源（distributed resources，DR）对电能的产生、传输、分配产生了重大影响。电能的传输不再以输电网为"脊椎"，由于电源和负荷高度融合，在任意节点上都存在能源流、信息流的双向流动，因此配电网成为新型电力系统建设的关键环节。

1

1.1.2 配电网智能化需求

1. 能源的变革

随着分布式电源、电动汽车与储能等多元化负荷的不断涌现和大量接入，配电网的功能和形态正发生显著变化，逐步由单向潮流向双向潮流发展，呈现出越发复杂的"多源性"特征，对配电网的安全运行和供电质量带来严峻挑战。新能源的不稳定性对现有配电网运行造成的冲击日趋明显，潮流双向流动也给源网双端带来了不确定性。配电网缺少新能源并网相关数据作为支撑，缺少相关负荷调控策略手段，对大面积分布式电源等全面接入应对不足，配电网及人身安全也受到挑战。因此，亟须提前研判并掌握新技术发展趋势，对多元化负荷进行主动监测和优化调控，以确保配电网能有效承载和适应智能电网的发展要求。

2. 市场的变革

我国经济已由高速增长阶段转向高质量发展阶段，而要实现经济的高质量发展，就需要提高供给体系质量，显著增强我国经济质量优势。2020 年，我国在 5G、特高压、高铁和城市轨道交通、新能源汽车充电桩、大数据中心、人工智能、工业互联网七大领域的新型基础设施进度加速。电力稳定是推动我国经济实现高质量发展的重要载体，先进、可靠的设备管理是推动电网设备高质量发展，助力企业提质增效的先决条件。市场的变革对电网供电能力和供电可靠性能提出了更高的要求，因此迫切需要加大电网改造升级力度，持续提高网架供电能力和设备运行水平，以全面满足经济社会持续发展需求，为全面建成社会主义现代化强国奠定基础。

3. 技术的变革

新一轮能源革命正在全球范围内深入开展，电网作为连接能源生产和消费、输送、转换的枢纽，处于能源革命的中心环节，应充分发挥其基础和核心作用。随着新能源、分布式发电、智能微电网等的快速发展，以及电动汽车、智能家电等多样化用电需求的增长，配电网的网络形态、功能作用正在逐步发生转变，配电网呈现出越发复杂的"多源性"特征，传统的配电网发展模式，已不适应新时代配电网发展的需要。

物联网（internet of things，IoT）技术持续创新并与配电网不断融合，推动配电网向数字化、网络化、智能化发展。随着物联网应用速度的加快，物联网基础设施迅速完善，互联效率不断提升；物联网平台迅速增长，服务支撑能力迅速提升；边缘计算、人工智能等新技术赋能物联网，也为配电网带来新的创新活力。客观上，作为使能技术，这些技术也将带动配电网相关产业升级和转型。

1.2 智能配电网及其与相关形态的关系

1.2.1 智能电网

进入 21 世纪以来，国内外电力行业及相关行业开展了一系列研究与实践，对未来电网发展模式进行了积极探索与思考。

　　智能电网是将先进的传感测量技术、信息通信技术、分析决策技术、自动控制技术、能源电力技术及电网基础设施高度集成而形成的新型现代电网。智能电网包含电力系统的发电、输电、变电、配电、用电和调度各个环节，覆盖所有电压等级，实现"电力流、信息流、业务流"的高度一体化融合。智能电网对人们的生活质量以及工作方式都带来了巨大的改善和变革，为先进技术的应用提供了坚实的基础。

　　智能电网建设是一项复杂的系统工程，涉及智能发电、智能输电、智能变电、智能配电、智能用电及智能调度六个环节。要想科学合理地开展智能电网的实施建设工作，就需要在这六个环节中取得突破。下面重点围绕配电网环节，梳理国内外配电网的发展路径，为新形势下智能配电网的发展方向提供分析支撑。

1.2.2　智能配电网

　　我国传统的配电网以安全供电为重心，其运行、控制和管理模式都是被动的。随着新技术、新能源的发展和应用，配电网逐步有了新的延展性需求：一是配电系统具有自愈、安全、信息化能力，提高供电可靠性，支持与用户互动等明显优势；二是配电系统面向分布式能源和具有互动特性的主体接入，配电网的供电质量和供电能力显著提升；三是配电系统具有更好的信息共享能力，通过电力业务与"云大物移智链"等互联网技术的融合，实现海量多元异构数据接入与配电大数据挖掘，提升配电网管理能效。

　　智能配电网是智能电网的关键环节之一，是以物理电网为基础，在高速双向通信网络和先进数字化技术的基础上，将传感测量技术、通信技术、信息化技术、控制技术、设备互动技术、决策支持系统技术、计算机技术和物理电网高度集成而形成的新兴网络。智能配电网以安全可靠、优质高效、灵活互动、清洁低碳为目标，具有信息化、自动化、互动化的基本特征。

　　与传统配电网相比，智能配电网具有如下典型的功能和特征：

　　（1）智能配电网具有自愈能力和更高的安全性。自愈是智能配电网的核心功能之一，其通过对故障的判断和处理减小甚至避免故障对系统的影响，保证电网的安全稳定运行，最终为用户提供理想的电力服务，从而提高系统的安全性、可靠性和用户的满意度。智能配电网通过主动管理与主动控制，应用远程测量技术、通信技术与智能开关设备，在短时间内检测并处理配电网故障，使电网系统恢复到最佳运行状态，提高供电的可靠性。同时，通过分布式电源（distributed generation，DG）/分布式能源（distributed energy resources，DER）孤岛或微电网的独立运行能力，实现区域电网的故障自愈及能量互济，并通过分布式电源/分布式能源孤岛支撑非故障区域电网的重要负荷，进一步提高供电的可靠性。

　　（2）智能配电网能够提供更高的电能质量并支持分布式能源的大量接入。分布式电源、电采暖、电动汽车等大规模无序接入配电网，其强随机性、波动性显著改变了配电网的运行模式，功率/电压强波动、潮流越限、设备故障率高等风险问题严重影响着配电网的安全稳定运行。智能配电网能够适应高比例分布式电源、大规模电动汽车等资源接入，满足即插即用要求，服务能源转型发展；同时，充分考虑可再生资源带来的源荷波动风险，通过多智能体参与的配电网分层分级系统调控架构调节区域电网的电力平衡，保障供给更高质量的电能。

（3）智能配电网支持与用户、分布式电源、储能、柔性负荷、充电桩等多元互动主体间的灵活交互响应。随着分布式电源、多元负荷和储能的广泛应用，大量用户侧主体兼具发电和用电双重属性，终端负荷特性由传统的刚性、纯消费型向柔性、生产与消费兼具型转变，源网荷储灵活互动和需求侧响应能力不断提升。在随机性可再生能源、柔性负荷、储能等"源网荷储"各环节不同特性的多元主体互动模式下，以分布式智能电网为方向的新型配电系统形态逐步成熟，开始就地就近消纳新能源。电力系统逐渐呈现"分布式"与"大电网"兼容并存的电网格局，智能配电网运行形成多元主体参与、互联互动、分区自治的功能和特征。

（4）智能配电网在对配电网及其设备进行可视化监测控制管理的基础上，通过数据分析挖掘支撑配电网智能决策和差异化运维管理，提高了资产利用率。智能配电网适应新型电力系统海量异构资源的广泛接入、密集交互和统筹调度，将"云大物移智链"等先进数字信息技术与配电系统业务相结合，支撑新型电力系统背景下配电网的智慧化升级。

1.2.3 智能配电网定位演进阶段

结合电力系统运行环境、技术演变及对配电网的重点业务需求，智能配电网定位经历了传统配电网、配电网智能化、新型电力系统背景下的智能配电网三个阶段，如图 1－1 所示。

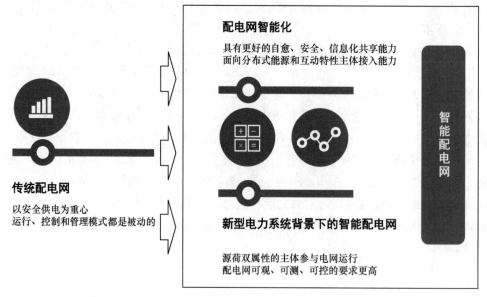

图 1－1 智能配电网定位演进阶段

（1）在传统配电网阶段，由大型发电厂生产的电力流经输电网（高压），通过配电网送到用户，因此中低压配电网即为电力系统的"被动"负荷。该阶段解决的核心问题是电力供应保障和可靠供电问题，存在配电网网架结构相对比较薄弱、配电自动化覆盖率低、配电设备运行不经济等问题。智能配电网主要体现为保障供电的小范围的自动化和信息化。

（2）在配电网智能化阶段，配电网的网架、设备以及通信信息技术都有了较大发展，在配电网中开始出现分布式电源、储能、可控/可调负荷等新要素，强调全面的自动化和信息化，实现配电网的智能化控制。

（3）在新型电力系统建设阶段，大量分布式电源、电动汽车、可控/可调负荷等并入配电网，电力系统从发电到用电的垂直单向供电一体化模式已发生转变，配电网的有源化特征日益明显。配电网运行状态更复杂，对配电网可观、可测、可控的要求更高，新型配电系统中分布式电源、储能、柔性负荷等具有源荷双属性的主体参与电网运行，全面推广和推进新型智能配电网应用发展已是配电网发展的大势所趋。

1.2.4　智能配电网与相关形态的关系

根据智能配电网控制方式、建设规模与隶属关系、能源类型等不同维度特性，提出了主动配电网、微电网、数字化电网和配电物联网、能源互联网等概念，各概念关系如图 1－2 所示。

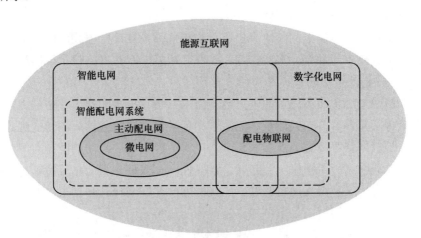

图 1－2　智能配电网体系各概念关系

1. 智能配电网与主动配电网

主动配电网是接入分布式能源，具有主动控制和运行能力的配电网。这里所说的分布式能源，包括各种形式的连接到配电网中的分布式发电、分布式储能、电动汽车充换电设施和需求响应资源，即可控负荷。

主动配电网的核心是将分布式可再生能源从被动消纳转变为主动引导与主动利用，更加强调配电网的主动性这一属性，以适应配电网的变化。采用的具体控制技术手段与智能配电网控制运行手段基本一致，通过该技术可以把配电网从传统的被动型用电网转变为可以根据电网的实际运行状态进行主动调节、参与电网运行与控制的主动配电网。

2. 智能配电网与微电网

微电网是由一组微电源、负荷、储能系统和控制装置构成的系统单元，可实现对负荷多种能源形式的高可靠供给。微电网中的电源多为容量较小的分布式电源，作为一种新型的网络结构，可以作为大电网的有力补充。

微电网更加强调地理区域相近的特点，开发和延伸微电网能够促进分布式电源与可再生能源的大规模接入，使传统电网向智能网络过渡。微电网可以以离网型和并网型两种形态运行，并网型微电网接入配电网，接受配电网运行控制和调度管理。

3. 智能配电网与数字化电网、配电物联网

数字化电网是以新一代数字化技术如云计算、大数据、物联网、移动互联网、人工智能、区块链等为核心驱动力，以数据为关键生产要素，通过深度融合数字化技术与能源企业业务、管理形成的新型能源生态系统。数字化电网具有灵活性、开放性、交互性、经济性、共享性等特征。数字电力系统是智能电网中体现信息化和自动化的一部分，重点体现在信息采集、传递方面的数字化。

配电物联网是配电技术与物联网技术深度融合而产生的一种新型配电网形态，其基于"云-管-边-端"体系架构，对中低压配电网设备进行自识别及在设备间进行广泛互联，实现配电网的全景感知、数据融合和智能应用。配电物联网是运用互联网数字化技术开展智能配电网运行状态管控的具体实现。

数字化电网更加强调电网的数字化以及数字价值挖掘，配电物联网更加强调物联网技术与智能电网技术的融合。它们影响和改变了智能电网实现的技术架构。

4. 智能配电网与能源互联网

能源互联网是综合运用先进的电力电子技术、信息技术和智能管理技术，将大量由分布式能量采集装置、分布式能量存储装置和各种类型的负载构成的新型电力网络、石油网络、天然气网络等能源节点互联起来，以实现能量双向流动的能量对等交换与共享网络。能源互联网具有可再生、分布式、互联性、开放性、智能化等特征。目前，对能源互联网概念有广义和狭义两层解读。广义的能源互联网概念强调未来能源构成要素的广泛性、平等性、协同性，且把电能作为一种能源传输和利用的介质，但不唯一，其目的是实现能源的优化配置，倡导能源低成本消费。狭义的能源互联网概念是以电力网为基础，通过可再生能源技术、智能电网技术与信息化技术等，融合其他能源网或城市交通网等，从而在新的商业模式下实现能源高效利用和优化配置等。通过近几年的实践可以看出，狭义的以电力网为基础的能源互联网是广义的广泛平等的能源互联网的起步和探索，电力网具有更好的全局、统筹规划性，能够更好地满足能源互联网设计和战略需求。

能源互联网包含了多类型能源开放互联的概念和智能电网等概念，但具有更深刻的内涵。配电网作为分布式能源接入的关键环节，衔接输变电与用户，在以电力为核心能源的多能流协同和交互的能源互联网中具有关键地位。能源互联网更加强调以互联网+思维对智能电网商业模式的影响。

5. 智能配电网与柔性配电网

柔性配电网是指能实现柔性闭环运行的配电网。利用柔性电力电子技术改造配电网是一个重要趋势，其能有效解决传统配电网发展中的一些瓶颈问题。先进的电力电子技术可以构建灵活、可靠、高效的配电网，既可提升城市配电系统的电能质量、可靠性与运行效率，又可应对传统负荷以及高比例可再生能源的波动性。

柔性配电网与主动配电网概念的不同：主动配电网是针对分布式电源进行主动调度，让其与电网协同工作；而柔性配电网则是针对电网一次系统，使其具备柔性能力。两者也存在联系：柔性化提高了电网潮流转移调节能力，有助于间歇性分布式电源的消纳，对提高整个配电网的主动调节性是有益的。柔性配电网强调电力电子技术在智能配电网中的应用。

6. 智能配电网与增量配电网

增量配电网原则上指 110kV 及以下电压等级电网和 220（330）kV 及以下电压等级工业园区（经济开发区）等局域电网。通俗来讲，增量配电网就是新增加的配电网。

增量配电网更多是从配电网建设投资主体的角度提出的，往往作为整体并入智能配电网，接受智能配电网的运行控制与管理。

1.3　国外智能配电网发展

1.3.1　国外智能配电网现状

欧美发达国家配电网经过多年发展，形成了一套完整的输、配、用上下游业务链，配电管理系统（distribution management system，DMS）是为其提高工业控制可靠性、安全性、经济性的技术手段。对国外发达国家配电管理发展现状需要从客观角度认识、分析和借鉴。可以从以下几个关键影响要素去理解发达国家配电网建设整体情况：

（1）运营效益。国外配电企业私有化程度高，电力市场发展也比较早，配电与售电成本核算方式不同，盈利点不同，减少人工、降低线损、配合售电调峰成为配电企业重要的盈利手段，因此国外配电企业在决策是否采用配电自动化技术时，是否能够提高其运营效益是很重要的因素。例如，国外企业实施馈线自动化也是一个逐步扩大覆盖率的过程，其主要的推动力是在满足供电可靠性指标的前提下降低人力成本。此外，配电企业特别关注电压无功功率控制，以降低线路损耗。由于需求侧响应在国外已有十多年的运行经验，加之新兴的分布式电源应用，配电企业能够通过调峰获取来自增值服务的利益，因此结合多系统信息的优化调度是配电网高级应用的重要关注点。

（2）业务核心。供电可靠性要求决定了国外配电网管理的重心就是停电管理，因此，所有日常工作的细节都围绕这一主题。例如，操作票功能大部分针对的是计划停电，电话报修故障抢修调度、馈线自动化针对的是计划外停电。抢修调度系统、馈线自动化装置等都只作为业务支撑工具，关键是要能提高其业务的工作效率。

（3）传统工业控制基础。国外配电管理系统延续了其传统工业控制基础，在数据处理、人机交互、控制操作、权限等方面遵从一致的思想：在系统建设之初通过数据工程工作，完整定义数据，明确数据的功能、有效范围、权限，使得数据的正确性和完整性在数据处理环节就完全解决；提供多种人机交互工具（如标注工具、定位工具），使得操作人员在系统中所做的所有操作都关联对象和事件，方便数据沉淀和发布，操作便捷高效；采用当前常用的工业标准（如 SQL、HTTP/HTTPS、SOAP、WSDL、Java、CORBA、DCOM、XML、ICCP、OPC UA 等）为外部系统提供数据获取手段，降低接口成本，方便第三方实现新业务的扩展。

（4）社会监管对供电可靠性的外在约束。国外的电力监督委员会计算配电企业的供电可靠性指标，在配电企业供电可靠性不达标的情况下，会对配电企业开具罚单，以约束配电企业的供电可靠性。

（5）通用平台。国外产品提供了一个通用的工业化软件平台，专业化应用由供货商提供，其他新增或变化需求对应的功能可由用户自己或请第三方来完成。一方面是将产品与服务分开，降低投资费用；另一方面能够保护用户在随后的追加投资。在人机交互方面上，较新的国外产品更多体现为浏览器/服务器结构，支持在该结构的客户端上进行控制。对系统数据安全性的管理是从底层开始实现，以保证数据获取和数据发布的权限控制。

1.3.2 国外智能配电网管理系统

国外大公司（如西门子、GE、ABB、SNC 等）的智能配电网管理系统一般包含监控与数据采集系统（super visory control and data acquisition，SCADA）、配电网管理系统（distribution management system，DMS）、停电管理系统（outage management system，OMS）三大部分。其中，SCADA 主要实现对配电网运行情况的监视、控制、操作并输出报表；DMS 主要实现配电网的故障处理、运行分析与运行优化；OMS 主要实现对用户投诉电话的分析、处理以及故障抢修指挥。在这三大功能的具体实现模式上，存在一体化设计实现以及独立设计实现多种模式。随着分布式能源、电动汽车的大量投入使用，西门子 Spectrum Power、GE PowerOn 和 ABB DMS 600 系列主站都增加了分布式能源管理系统（distributed energy resource management system，DERMS）功能，以有效地吸引客户、管理和优化客户需求以及实现分布式能源自动化业务流程管理。国外典型系统软件框架如图 1-3 所示。

国外配电网管理系统起步较早，目前在西方发达国家的应用相对比较成熟。除了在配电自动化方面，这些系统更加注重配电网调度实时管理以及与信息的集成，如故障报修自动定位、故障处理、抢险人员与车辆调度、事故现场移动作业终端等，这些都应该是我国需要努力达到和实现的目标。配电网调度管理体制的不同也是制约国外配电管理系统应用的一个非常重要的因素。由于国情的不同，国外配电管理系统更加注重事故停电的抢修和处理，而国内由于基础数据准确性等问题，建设了通信及主站集中监控和故障处理的配电网自动化系统（distribution automation system，DAS）。国内配电网管理实际上仅仅覆盖了配电网日常工作的一部分，配电管理系统的作用和意义还需要深入发挥与挖掘。

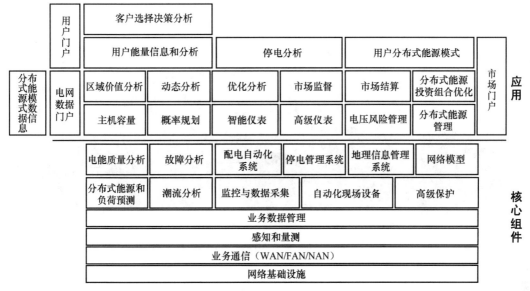

图 1 - 3　国外典型系统软件框架

1.3.3　分布式能源方面的应用

电网的作用是使电能从发电方传输到用电方,并保障一定的可靠性及所有客户的电能质量、供电电价,这种传统电力系统的总体性能及应用在国内外已发展成熟。但受电力市场开放、环保问题、新型发电方式引入等各种因素的影响,早在 20 世纪 90 年代初,国外多个国家就在电力系统中引入分布式能源。

(1)在政策激励方面,建立相关法案和政策。2011 年,澳大利亚建立《清洁能源法案》(The Clean Energy Act 2011),负责推动可再生能源创新和商业化,以实现更多的可再生能源接入和更低的碳排放。2015 年,澳大利亚通过《可再生能源目标法案》,通过财政激励增大大型可再生能源规模,并鼓励家庭与企业安装小型可再生能源系统。

(2)在管理方面,构建分布式能源管理系统。国外分布式能源管理系统建设模式如图 1 - 4 所示。在分布式能源管理系统建设框架中,分布式能源跨越整个能源系统,集成能量管理系统(energy management system,EMS)、配电管理系统(distribution management system,DMS)、微电网能量管理系统 (micro-grid energy management system,MGMS) 应用。分布式能源管理系统成为整个调度自动化系统中的新增应用模块系统,支撑能源管理各环节的分布式能源管理。

国外对分布式能源的建设较早,积累了较多的经验和典型案例,我国可以借鉴国外的建设经验,总结历次由于重度依托分布式能源引起的可靠性问题,结合我国电网网架和管理模式,建设符合我国国情的现代智能配电网。

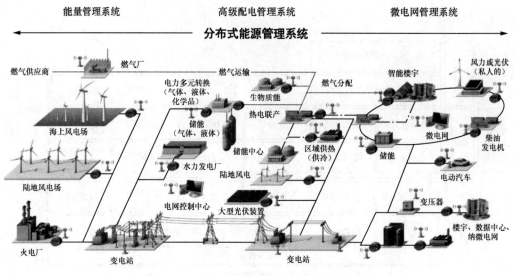

图1-4 国外分布式能源管理系统建设模式

参考文献

[1] 美国麻省理工学院.电网的未来[M].中国南方电网云南电网公司,译.北京:中国水利水电出版社,2013.

[2] 中国智能配电与物联网创新平台.中国智能配电与物联网行业发展报告(2021)[M].电子工业出版社,2021.

[3] 骆健.供电企业智能配电网与配电自动化的发展和应用[J].通信电源技术,2019,36(6):162-163.

[4] 刘东,张弘,王建春.主动配电网技术研究现状综述[J].电力工程技术,2017,4:2-7+20.

[5] 孙宏斌,夏天.城市能源互联网为能源产业注入创新动力[J].能源评论,2017,V00:106-108.

[6] EU Technology platform SmartGrid[EB/OL].http://www.smartgrids.eu.

[7] HADJSAID N,CAIRE R,RAISON B. Decentralized operating modes for electrical distribution systems with distributed energy resources[C]. IEEE Power & Energy Society General Meeting,2009.

[8] HADJSAID N,CANARD J F,DUMAS F. Dispersed generation impact on distribution systems[J]. IEEE Computer Application of Power,1999:23-28.

[9] KIENY C,BERSENEFF B, HADJSAID N, et al. On the concept and the interest of virtual power plant:some results from the European project FENIX[C]. IEEE Power & Energy Society General Meeting,2009.

第 2 章
智能配电网在中国的发展与实践

本章是对中国近 30 多年智能配电网实践的全面总结,首先分析了中国配电网发展所面临的问题,在此基础上把中国智能配电网实践划分为四个阶段,并且详细阐述了每个阶段的典型项目应用及技术与应用特征。

2.1 中国智能配电网的发展与实践

2.1.1 配电网发展面临的问题

配电网是整个电力系统与分散的用户直接相连的部分。中国配电网发展与中国电力发展基本同步,其所需要解决的主要矛盾或问题经历了数量、质量、效益、价值四个阶段,如图 2-1 所示。在数量阶段,配电网的主要目标是用上电,解决的主要矛盾是满足供电容量的基本需求;在质量阶段,配电网的主要目标是用好电,解决的主要矛盾是供电可靠性和供电质量;在效益阶段,配电网的主要目标是投资效益最大化,解决的主要矛盾是投入与产出比的优化和提升;在价值阶段,配电网的主要目标是发挥配电网平台价值,解决的主要矛盾是配电网平台化、数字化。

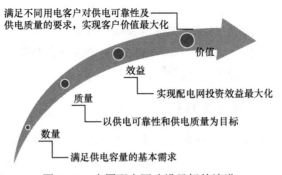

图 2-1 中国配电网建设目标的演进

随着我国社会的发展和配电网建设的演进,配电网发展所面临的内外部形势发生了深刻的变化。从物理形态来看,配电网从辐射状、裸导线架空网、单向无源网向网络化、电缆化或绝缘化、双向有源网转变，分布式新能源及多元化、交互式用能快速发展。从技术形态来看，传统配电网与现代自动化、信息化、智能化技术相结合，全面应用"大云物移智"等新技术建设电力物联网，配电网的运行状态向透明化转变，配电网的运营管理向数字化转型。从服务生态来看，国家深化电力体制改革、开展输配电价监审、放开配售电竞争业务、优化营商环境、降低一般工商业电价，用户对供电保障能力、供电质量要求不断提升。由此可见，从物理形态的转变到技术形态的转型和服务形态的提升，都围绕着配电网从基本供电需求的满足到经济优质服务的演进过程。

2020 年 9 月 22 日，国家主席习近平在第七十五届联合国大会一般性辩论上宣布，中国将提高国家自主贡献力度，采取更加有力的政策和措施，二氧化碳排放力争于 2030 年前达到峰值，努力争取 2060 年前实现碳中和。构建以新能源为主体的新型电力系统是实现中国"双碳"目标的重要措施。电力是能源转型的中心环节，新型电力系统背景下配电网的发展面临诸多挑战和机遇：

一方面，能源清洁转型对城市配电网管理带来新挑战，需要不断加快技术革新，提高配电网适应性和智能化水平。在能源供给侧，可再生能源快速发展，分布式能源渗透率不断提高。预计到 2025、2030 年，我国非化石能源消费比重将分别达到 20%、25% 以上，分布式新能源将分别达到 2.7、4.5 亿 kW 左右，分布式新能源渗透率分别达 20%、30% 左右。在能源消费侧，在能源消费升级新趋势背景下，电力有着清洁高效二次能源的优势，电能替代广度、深度进一步拓展，全社会电气化水平持续提高。预计到 2025、2030 年，电能占终端能源消费比重将分别达到 30%、35% 以上。配电网功能形态将由电力传输分配转向各类能源平衡配置，平台化、互动化特征凸显，民生保供和应急保障要求不断提高，用户对高品质的电能、高可靠的供电保障需求更加强烈。配电网作为新型电力系统建设的着力点，必须加快技术革新，持续优化完善配电网规划理论、建设标准和管理体系，不断提高配电网的适应性、可靠性以及数字化和智能化水平，更好地支撑新能源科学高效开发利用和多元负荷友好接入。

另一方面，能源互联网企业建设为城市配电网发展与管理指明新方向。配电网是能源互联网建设的核心环节，亟须进一步加大先进能源电力技术和信息、通信、控制技术应用，加强传统配电网与数字基础设施融合发展，打造能源互联网核心环节，不断拓展多能耦合互补、多元聚合互动的深度和广度，促进资源融合共享，培育新业态、创造新价值，持续提升能源系统的整体利用效率。

2.1.2 智能配电网发展与实践阶段

对应于中国配电网发展与实践阶段，针对每个阶段所要解决的核心问题，围绕配电网智能化、有源化、自动化、数字化等开展了大量工作，也取得了很多成就。在 20 世纪 90 年代之前，中国配电网主要以非常零散的局部小范围自动化为主要特征。自 20 世纪 90 年初，始于配电自动化技术研究和试点的中国配电网智能化，一直在技术上持续进步、在应用上持续深化。

中国智能配电网三十多年的发展与实践可以划分为配电网自动化突破、配电网自动化实践、配电网智能化探索及配电网智能化提升四个阶段，如图 2-2 所示。配电网自动化突破阶段以国外配电网技术的引进、学习与探索为主，从配电网网架建设到管理系统都借鉴了国外配电网建设模式；配电网自动化实践阶段对中国配电自动化建设进行了深入思考与总结，构建了配电自动化系统架构与定位，建立了配电网管理模式，开始自主研制我国的核心装备，并对自动化配电网进行规模化推广；配电网智能化探索阶段构建了自下而上的"多元感知-数据融合-智能决策"配电管理体系，实现信息交互共享，探索顶层设计并实践配电网智能化运行、运维；配电网智能化提升阶段是将"云大物移智链"等互联网技术与配电网业务相结合，实现配电网透明化与数字化转型，并以电力为枢纽支撑我国能源改革，支撑清洁能源消纳及有源配电网优质服务。

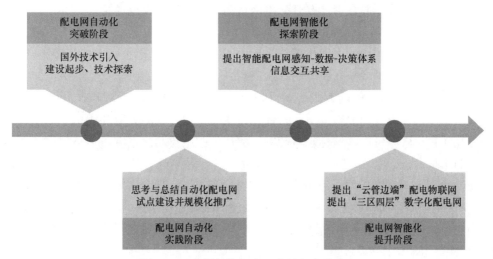

图 2-2　中国智能配电网发展与实践阶段

2.2　配电网自动化突破阶段

早在 20 世纪 70—80 年代，随着电子及自动控制技术的发展，西方国家提出了配电自动化系统的概念，各种配电自动化设备相继被开发和应用。我国配电自动化起步于 20 世纪 80 年代末，在此阶段逐步开展国外产品的引进和关键技术的学习。这个阶段基本上从 20 世纪 90 年代初一直持续到 2008 年左右。

在此期间，石家庄、南通分别引进了日本的重合器、分段器等环路设备（相当于日本 20 世纪 70 年代的水平），进行馈线自动化试点。但是，由于配电网管理技术被垄断以及配电网建设情况的差异，造成系统适配性较低；同时，由于国外西门子、ABB 等公司的工程师运维费用高昂，制约了国外配电网技术在中国的适配与应用。

这个阶段从国外引进配电网管理技术与系统，为构建适应我国国情的配电网管理体系、研发自主知识产权的配电网管理技术提供了不少借鉴。

2.2.1　典型项目应用

进入 20 世纪 90 年代后，厦门、石家庄、烟台、银川等地尝试建立配电自动化系统，积极探索符合我国配电网业务管理需要的建设模式和技术。

在这个阶段，比较典型的项目有：

（1）1996 年，在上海浦东金藤工业区建成基于全电缆线路的馈线自动化系统，这是我国第一套投入实际运行的配电自动化系统。

（2）1999 年，在江苏镇江和浙江绍兴试点建成以架空和电缆混合线路为主的配电自动化系统，并以此为主要应用实践起草了我国第一个配电自动化系统功能规范。

（3）2003 年，当时我国规模最大的配电自动化应用项目——青岛配电自动化系统通过国家电力公司验收，并在青岛召开配电网自动化实用化验收现场会。

（4）2002—2003 年，世界银行提供贷款的配电网项目——杭州、宁波配电网自动化系统和南京城区配电网调度自动化系统先后由 ABB 公司和南瑞公司中标并实施，这也是进口和国产的配电管理系统在我国的首次应用。

（5）2005 年，国家电网有限公司（以下简称"国家电网公司"）农电重点科技项目——县级电网调度/配电/集控/GIS 一体化系统在四川省双流县得到成功应用。这类系统在近几年得到较好推广，这标志着简易、实用的配电自动化系统在中小型供电企业有着广泛的市场。

（6）2006 年开始，国网上海市电力公司结合配电变压器台区精细化管理工作，在所辖 13 个区供电局全面开展了以电缆屏蔽层载波为主要通信手段、以"二遥"（遥信、遥测）为主要功能的配电监测系统的建设工作，并以此为背景完成了国家电网公司下达的"实用型配电自动化技术"应用项目。

2.2.2　技术与应用特征

在这个阶段，配电网建设受到基础设施落后、配电网管控关键技术滞后、配电网管理体系未建立等因素的影响，配电自动化系统的建设应用大多没有达到预期的效果。

从技术上来说，这个阶段借鉴和模仿的痕迹比较明显，配电自动化主站（简称"配电主站"）功能、配电自动化终端（简称"配电终端"）制造技术等方面都不够成熟，大多借鉴和模仿国外配电、调度自动化的技术和经验。突破阶段典型的配电自动化系统架构如图 2－3 所示。

（1）在技术方面的问题主要包括：①早期配电网架存在缺陷且多数配电设备陈旧落后，线路负载重且联络点少，因而普遍缺乏实现配电自动化的基本条件；②配电自动化系统功能较为单一；③配电通信技术和手段比较单一且价格昂贵；④运行单位的信息化工作基础比较薄弱，一些与配电自动化密切相关的应用系统（如 GIS、PMS）还未建立或实用化程度很低，且缺乏多系统集成的手段和工具；⑤配电相关信息得不到整合，孤岛效应严重。

（2）在管理方面的问题主要包括：①配电自动化的相关标准和规范十分匮乏且出台

严重滞后，造成配电自动化建设缺乏有效的指导；②多数单位对配电自动化的定位不清，对开展配电自动化工作的复杂性认识不足，系统建设进度得不到保证；③由于配电自动化系统的应用主体不明确，运维责任迟迟未得到落实，导致系统投运后运维工作跟不上，系统很快处于无专人维护的状态。

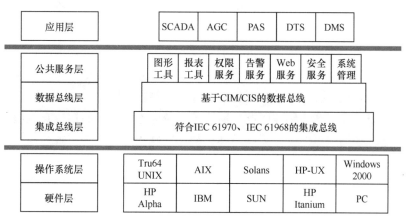

应用层	SCADA	AGC	PAS	DTS	DMS		

公共服务层	图形工具	报表工具	权限服务	告警服务	Web服务	安全服务	系统管理
数据总线层	基于CIM/CIS的数据总线						
集成总线层	符合IEC 61970、IEC 61968的集成总线						

操作系统层	Tru64 UNIX	AIX	Solans	HP-UX	Windows 2000
硬件层	HP Alpha	IBM	SUN	HP Itanium	PC

图 2-3　突破阶段典型的配电自动化系统架构

这个阶段的配电自动化系统建设虽然留下的更多是教训和反思，但也为中国配电自动化的起步和突破做了有益的尝试，也为配电自动化迅速走上健康发展轨道做了必要的技术铺垫。

2.3　配电网自动化实践阶段

2003 年之后，在配电网自动化实践阶段前期，不少已经建成的配电自动化系统暴露出运行不正常、管理维护困难等问题，或闲置或废弃，教训深刻。国内许多省市电力公司和供电企业都对前一轮的配电自动化进行反思和观望，深度思考上一阶段配电网建设不成功的影响因素。分析认为，重要原因之一就是早期的配电网多数不具备实现配电自动化的基本条件，在原有配电网的基础上通过简单改造就想实现自动化是难以达到理想目标的。在配电网自动化实践阶段中后期，自 2009 年开始全面建设智能配电网，提出了"在考虑现有网架基础和利用现有设备资源基础上，建设满足配电网实时监控与信息交互、支持分布式电源和电动汽车充电站接入与控制，具备与主网和用户良好互动的开放式配电自动化系统，适应坚强智能配电网建设与发展"的配电自动化总体要求，并积极开展试点工程建设。这个阶段大概从 2009 年持续到 2015 年底。

2.3.1　典型项目应用

在这个阶段，比较典型的项目有：

（1）国家电网公司至 2012 年共完成了三批共 30 个城市（第一批 4 个、第二批 19 个、第三批 7 个）的配电自动化试点建设，全部通过了实用化验收或工程验收，并在全国全面推广。经过七年左右的建设，国家电网公司在 26 个省（区、市）、84 个城市建成并应用配电自动化。

各试点单位在实施工程建设的同时，积极开展"智能配电网框架体系研究""基于国际标准的配电自动化系统研究与建设""配电自动化终端研究与应用""分布式电源接入控制研究"等专题研究，研究成果在配电网调控一体化建设、信息交互、分布式电源和电动汽车充电站（储能站）监控信息接入等方面得到了充分应用。国网北京市电力公司采用主配电网一体化建模技术，扩展了主网设备模型和 SCADA 功能，达到了主配电网设备模型、监控信息、网络拓扑三个层面的无缝整合和综合应用，实现了城区公司范围各级电网的运行监视控制；国网浙江省电力有限公司杭州供电公司开展了基于 IEC 61968 标准的互操作研究和实践，制定了配电网管理系统体系结构、数据交互及服务标准，建立了符合国际标准的配电网管理系统总体框架；国网福建省电力有限公司厦门供电公司整合了原有四个分局独立的配电自动化系统，统一了配电网调度管理，建立了统一的配电网调控平台，并实现了配用电互动的停电管理功能；国网宁夏电力有限公司银川供电公司通过信息交互总线的建设，实现了配电自动化系统与外部系统的数据交互，完成了配电自动化设备与配电网一次设备的一体化组合设计安装。这些技术创新使配电自动化系统突破了传统的技术架构，体现了开放性和互动性的智能电网特征，为试点单位实施配电网调控一体化管理、强化配电网生产管理提供了有力的技术支撑，同时推进了智能配电网关键技术和设备研制工作的开展。

（2）中国南方电网有限责任公司（以下简称"南方电网公司"）于 2007 年在广东电网广州供电局、深圳供电局有限公司开展了第一批配电自动化试点，于 2010 年在南宁等 15 个城市开展了第二批配电自动化试点，并推广建设。南方电网公司配电管理系统建设以"简洁、实用、经济"和"差异化配置"为原则，重点关注配电自动化的开关覆盖率、终端在线率等实用化评估，有效提升了配电自动化实用水平，成效显著。

（3）我国于 2010 年逐步开展新能源、微电网接入试点建设。国网冀北电力有限公司承德供电公司于 2011 年建设的分布式发电/储能及微电网接入控制试点工程实施后，风力发电规模达 60kW，光伏发电达 50kW，储能达 80/128kW 时，可为该地区广大农户提供坚强电源保障，实现双电源供电，提高客户电压质量。同年，中新天津生态城智能电网综合示范工程的微电网系统完成全部调试，整合了太阳能、风能和柴油新旧能源发电单元的国内海岛智能微电网在珠海建成。全国多个新能源、微电网试点的建设，为我国清洁能源消纳、能源转型奠定了基础。

2.3.2 技术与应用特征

在这个阶段，标准引领作用特色非常明显，在国家电网公司和南方电网公司逐步形成企业级配电自动化技术标准体系；同时依托全国电力系统管理及其信息交换标准化委员会，逐步形成配电自动化标准体系。按照标准先行的原则，在充分总结提炼项目经验成果的基础上，将项目设计原则、设备功能规范等关键技术要求及时转化为标准，全面规范和指导配电自动化建设与应用工作。先后印发了 DL/T 1406《配电自动化技术导则》、Q/GDW 1625《配电自动化建设与改造标准化设计技术规定》等 9 项技术标准，统一了配电自动化建设的技术框架、功能配置、信息交互等主要技术原则，确定了配电终端等设备基本性能指标，规范了主站工厂验收、现场测试以及终端设备检测内容，明确了项目工程和实用化验收标准，初步建立了配电自动化技术标准体系，用以指导、规范后续配电自动化建设工作。

（1）在功能应用方面，配电网运行管理重点放在生产控制大区。实践阶段典型的基于 IEC 61968/61970 标准构建的配电自动化系统架构如图 2－4 所示。这个阶段的配电管理系统结合了配电网的实际，适合大容量、网络化配电网数据采集和安全监控系统（supervisory control and data acquisition in distribution system，DSCADA）等新技术的应用；对海量信息进行分区、分流，以提高对配电网设备的监控能力；采用国际标准构架和接口方式整合相关信息资源，推动相关系统的信息共享与应用集成，通过设备异动机制实现了与气体绝缘金属封闭开关设备和控制设备（gas insulatedmetal-enclosed switchgear and controlgear，GIS）系统的图模源端维护，而且实现了基于红黑图机制的设备异动管理，具有很好的实用性；通过信息交互总线，实现了我国多专业、多系统间的标准信息交互以及互操作。同时，加强了集中式馈线自动化功能的研发，对复杂运行情况下故障定位、故障处理策略、自动故障处理、信息漏报和开关拒分时故障处理的容错性等方面进行了重点完善，系统功能适用性和可靠性得到进一步增强；大面积成功应用电力以太网无源光网络（Ethernet passive optical network，EPON）技术，采用多种可靠的通信技术及终端设备，保障了配电网通信系统的可靠运行；开展分布式电源专项研究，提出配电自动化适应性措施，研发分布式电源并网控制软件、反孤岛装置、专用低压断路器等新产品，为分布式电源大规模安全接入运行提供技术保障，形成一批领先国际的自主研究科技成果，提升配电网智能化水平。

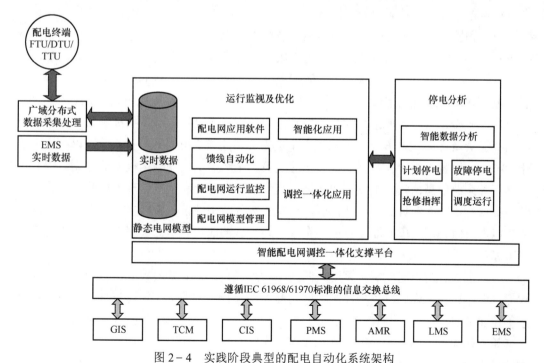

图 2－4　实践阶段典型的配电自动化系统架构

（2）在测试验收方面，增加了配电自动化系统基础功能测试，以切实提高试点项目工程质量。在原有工程验收工作基础上，对配电自动化系统基本功能进行现场测试，测试内容包括配电自动化系统建模、"三遥"（遥控、遥测、遥信）性能、故障处理策略等性能指标，以便及时发现试点建设中存在的问题，并有针对性地提出整改意见。

（3）在通信方面，以光纤通信和无线公网通信为主。电缆线路以光纤通信为主，通过 EPON 或光纤工业以太网的方式，将从配电设备上采集的数据上送至变电站核心骨干网，再上送至配电主站；架空线路以无线公网通信为主，有少量的光纤通信和无线专网通信。通信协议主要采用 DL/T 634-5-104、DL/T 634-5-101 规约，通信传输实时性强、效率高，但缺乏自描述的数据传输，配置工作量大。

2.4 配电网智能化探索阶段

2010 年之后，我国配电网逐步进入智能化探索阶段。这个阶段的配电网建设是以智能感知、数据融合、智能决策为目标主线，以"大云物移"等新技术为支撑，实现配电设备智能化、运维检修智能化和生产管理智能化，以进一步提升配电精益化管理水平，保障供电的安全可靠和优质服务。如何通过配电自动化的运行监控与状态管控，实现配电网智能分析决策、精益化运维，支撑优质供电服务，是这个阶段重点要解决的问题。这个阶段大概从 2016 年持续到 2019 年。

2.4.1 典型项目应用

在这个阶段，比较典型的项目有：

（1）国网天津市电力公司、国网四川省电力公司、国网江西省电力有限公司、国网江苏省电力有限公司、国网浙江省电力有限公司等开展"两系统一平台"体系的配电网管理模式，即配电自动化系统、生产管理系统（production management system，PMS）和配电网智能运维管控平台（后更名为"供电服务指挥系统"）。以配电自动化系统为"动态数据"源端、生产管理系统为"静态数据"源端，建设供电服务指挥系统，支撑配电网的智能决策管理。2016 年，国网天津市电力公司建成供电服务指挥系统，以配电智能化为核心，以智能感知、数据融合、智能决策为主线，深度挖掘运检专业数据，整合配电网相关系统信息，为配电设备智能化、运维检修智能化和生产管理智能化提供决策支持，实现配电网有序规划、精准投资、精益运维、状态评价、智能执行；同年，国网江西省电力有限公司、国网浙江省电力有限公司、国网四川省电力公司等多个试点也取得显著成效。

（2）全国各省市因地制宜采用一四区 $N+N$、$N+1$、$1+1$ 建设模式，大范围开展新一代配电主站建设，在完善生产控制大区的配电网运行监控业务，拓展延伸配电网运行状态管控业务支撑能力。国网江苏省电力有限公司常州供电分公司于 2018 年 8 月投运全国首套新一代配电主站系统，该套系统实现了实时数据处理由百万量级提升为千万量级，数据采集由单一的 I 区采集转变为多区、多源采集，服务由集中式应用服务转变为海量数据平台服务架构等技术突破，满足了配电网的运行监控与状态管控双重业务需求。国网北京市电力公司于 2020 年部署同城异地"一体双核"配电主站，实现配电自动化 100%覆盖，形成了一套依靠"数据驱动"的配电网运维管控平台化模式和常态化机制，为对配电网进行有针对性的运维提供了基础支撑。这个阶段配电自动化建设模式在浙江、河北等全国各省市开始推广建设。

2.4.2　技术与应用特征

（1）在系统架构方面，根据智能配电网的定位，提出了"智能感知层-数据融合层-智能决策层"三层架构的概念，定义了"两系统一平台"配电管理系统概念，如图 2-5 所示。两系统一平台的具体定义如下：

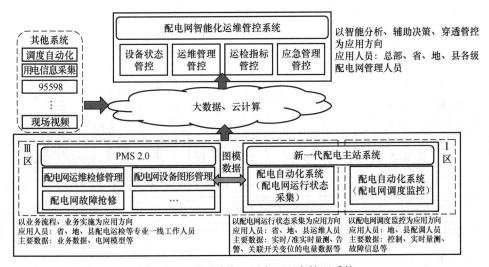

图 2-5　"两系统一平台"配电管理系统

1）配电自动化系统。该系统通过配电主站、云边协同、一/二次设备融合、即插即用终端等技术应用，全面提升配电网运行状态的主动感知和决策控制能力，服务于地、县各级运检及调控人员，为业务中台及配电网智能化管控应用提供配电网运行状态数据（即"动态数据"），有效支撑配电网精益化管理水平提高。生产管理系统和配电网智能运维管控平台（后更名为"供电服务指挥系统"）。

2）生产管理系统。从狭义上说，该系统是配电网图形资源、运检业务流程和设备资产全寿命管理系统，服务于各级配电网运检人员，为业务中台及配电网运维应用提供配电网资产和业务数据，是配电网"静态数据"的主要来源。从广义上说，该系统提供了一套 PMS 框架，通过统一权限、统一消息管理、统一用户界面等方式，实现发、输、变、配及计划、直流等专业的设备运维管理业务支撑。

3）供电服务指挥系统。该系统基于配电网大数据，利用大数据深度挖掘及人工智能技术，为配电网运维检修管理提供智能决策和协同指挥，用于配电网全景展示、透明管控、精准研判、问题诊断、智能决策、协同指挥、过程督办、绩效评估的闭环管理，服务于各专业、各层级配电网管理人员。其基础数据来源于多源端系统汇集于业务中台的动/静态电网业务信息。

（2）在系统应用方面，重点开展配电网运行状态管控业务支撑建设，配电网管理功能也由生产控制大区的配电网运行控制，向信息管理大区的运行状态分析与运维管理延伸。配电自动化系统作为配电网设备状态感知与智能控制的核心系统，具体系统架构与功能分布如图 2-6 所示。这个阶段的配电主站横跨生产控制大区和信息管理大区，实现面向 I 区的配电网运行监控应用和面向 Ⅳ 区的运行状态管控应用。部署于生产控制大区的配电网运行监控应用实现数据采集与处理、操作与控制、馈线自动化、拓扑分析、负荷转供、事故反演等；部署于 Ⅳ 区的运行状态管控应用实现设备状态管控、故障定位分析、自动化运维、智能感知、配电物联数字化、新能源接入与协调、人机交互等。

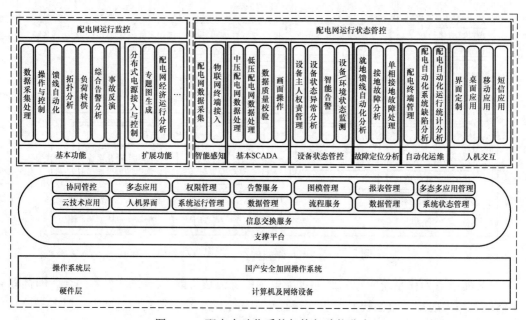

图 2-6 配电自动化系统架构与功能分布

（3）在设备技术方面，进一步提升配电终端的可靠性、实用性、易（免）维护性，实施配电终端、故障指示器、智能配电变压器终端的标准化设计，做到面板外观统一、安装尺寸统一、运行指标统一、接口插件统一，实现配电终端装置级互换、工厂化维修，提升运维效率、降低系统运维成本；推进一/二次成套设备，配电一次设备与自动化终端采用成套化设计制造，配电开关全面集成配电终端、电流传感器、电压传感器、电能量双向采集模块等，采用标准化接口和一体化设计，配电终端具备可互换性；开始应用配电线路故障指示器，并在部分地区的故障研判和单相接地判断应用中取得较好成效。

（4）在馈线自动化技术方面，逐步开始应用就地型馈线自动化技术，如国内外较成熟的"电压-时间"型、"电压-电流-时间"型馈线自动化技术，实现配电网故障的就地判断和自动隔离。

2.5　配电网智能化提升阶段

自 2019 年至今，随着"云大物移智链"等互联网技术的日渐成熟，新兴互联网技术与配电业务深度融合，推进了配电网技术的改革，也延伸出大批新的配电网业务需求，配电网建设进入智能化提升阶段。

2.5.1　典型项目应用

2019 年，提出建设以 App 化的智能配电变压器终端为核心的配电物联网，实现中低压配电网的主动感知、决策处理和就地控制，大幅度提升"站—线—变—户"中低压配电网全链条智能化监测和管理水平；相应地，配电主站需要适应微服务、微应用的要求。

2.5.1.1　配电物联网典型应用

自 2020 年开始，"云大物移智链"等互联网技术的蓬勃发展，也为配电网的发展带来了新的变革。围绕配电自动化系统、生产管理系统、地理信息系统、供电服务指挥系统等专业系统为支撑的配电网业务，提出了采用"云-管-边-端"体系架构的配电网整体解决方案，并在各环节取得了关键技术突破，开展了示范应用及规模化推广。"云-管-边-端"体系架构如图 2-7 所示。2021 年，提出以"安全可靠、经济高效、绿色低碳、优质服务"为目标，基于统一/二级部署（总部-网省）云，构建企业中台，建设面向配电网运行、运维、运营的业务微服务和微应用。

智能化提升阶段的物联网应用，通过泛在部署感知元件和边缘智能终端、建设云化主站平台，推动智慧配电运检模式变革，提升配电网供电可靠性，打造智慧能源物联网示范区；遵循"小范围、多类型、低成本、高成效"的原则；涵盖充电塔、屋顶光伏、新型住宅小区、停车场充电桩、综合商业集中体、综合新型办公区等负荷多样性需求；完成"电网广泛互联""设备全景感知""作业智能高效""管理精准透明"四个维度应用场景的落地；实现数据管理全景化、运行状态透明化、诊断决策智能化和服务响应快速化，推动配电网从传统运检模式向智慧运营模式的变革；打造"中枢全域指挥、分区全职统管"的双"全"主人化配电运营新模式。

1. "云-管-边-端"体系关键技术

建设配电物联网示范区，构建"云-管-边-端"体系，关键技术有：

（1）平台层需要通过配电物联网云平台和物联管理平台，实现物联网架构下的配电主站全面云化和微服务化，实现配电物联网示范区全景设备和数据的管控，并对外提供"平台+应用"模式，实现能源电力的全链条业务服务。

（2）网络层需要加强网络覆盖深度，采用"远程通信网+本地通信网"技术架构，完成电网海量信息的高效传输。

（3）应用层需要对内保障配电网安全运行，提升设备检修管理效率，实现"数据一个源、电网一张图、业务一条线"；对外优化营商环境，提升能源消费服务能力，实现脱敏数据共享及增值服务。

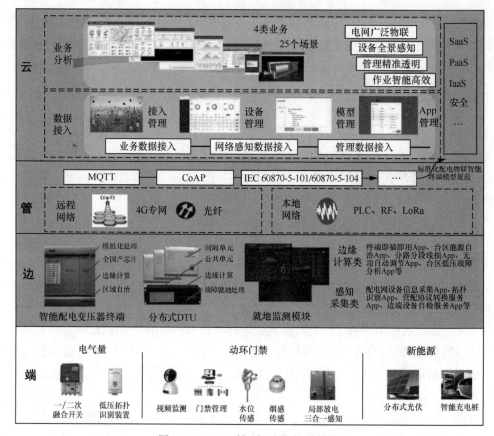

图 2-7 "云-管-边-端"体系架构

（4）感知层需要在"边"端采用"通用硬件平台+边缘操作系统+边缘计算框架+App业务应用软件"的技术架构；在"端"侧采用感知设备，实现配电网运行状态、设备状态、环境状态以及其他辅助信息等基础数据的采集。

2．配电物联网云主站的应用

配电物联网云主站是配电物联网示范工程的核心环节，主站基于物联网的信息感知、传输、汇聚和处理技术，以配电自动化系统为基础，建立了以配电物联网云平台为中心、以智能配电终端为数据汇聚和边缘计算中心、以中低压传感设备为感知设备、以边缘计算和站端协同为数据处理方式的配电物联网，通过优化"云-管-边-端"顶层架构，以低成本的软件 App 方式，实现配电网业务的灵活、快速部署，实现电网状态全息感知、运营数据全面连接、公司业务全程在线、客户服务全新体验、能源生态开放共享。

（1）技术特点。配电物联网云平台层基于微服务架构、分布式海量数据存储、配电网多元大数据分析和人工智能等关键技术，实现物联网架构下的配电主站全面云化和微服务化。具体技术特点如下：

1）平台资源云化技术。提供计算、存储、网络资源等服务，实现资源高效按需使用，满足统一管理需求。

2）运维管理一体化。通过微服务架构技术、分布式海量数据存储技术，实现运维管理高效便捷。

3）信息感知。将物理模型和通信模型相结合，采用海量终端接入技术，实现配电网多元信息全景感知。

4）体系支撑。将物联网体系/IEC 体系有机融合，不仅支持物联网 MQTT 协议，同时兼容 IEC 体系标准协议。

5）运维效率。支持设备即插即用，且具备一/二次设备关联能力。

6）安全维度。不仅支持互联网行业的传输层安全协议，也支持国网加密方式，且加密方式可以灵活扩展。

（2）典型项目。在此期间，比较典型的项目有：

1）江苏配电智能化平台示范区应用。截至 2021 年，已完成 300 000 台台区智能终端接入，开展了苏州古城区、南京江北新区、泰州野徐等物联网示范区应用建设，建成国家电网公司第一个"云-管-边-端"标准体系的落地示范点，形成了典型建设模式和管理模式。

2）北京配电智能化平台示范区应用。覆盖试点建设区域内智能融合终端、智能井盖、智能配电站房等，实现中低压配电网的全感知，中低压电气、非电气量的数据融合，并通过对外服务开放能力建设，初步具备对外支撑能力、纳入供服抢修等业务能力，实现纵向业务的流畅贯通。

3）天津配电智能化平台示范区应用。已完成 21 244 台智能融合终端接入，覆盖 98 000 多个低压设备，开展了配电变压器总览、低压拓扑自动识别、可开放容量和线损分析、低压故障智能研判、精准主动抢修、低压用户重复停电监测、户变关系异常分析等配电物联网典型场景建设。

4）河南配电智能化平台示范区应用。已完成 33 000 台智能融合终端接入，覆盖 92 000 多个低压设备，开展了配电变压器总览、配电变压器专项、终端接入向导、线路运行统计、终端全过程调试、配电变压器异常分析、故障研判监测等配电物联网典型场景建设。

（3）重点应用。配电物联网云应用层，结合智能化配电网建设思路，重点实现了以下应用：

1）多维度区域能源自治。利用实时采集、传感设备，实现对分布式光伏、储能、中压充电塔、10kV 柔性合环装置等数据的实时采集，同时依托开关站终端设备（DTU）、馈线远方终端（FTU）采集中压侧各级开关状态信息及能量流信息，智能融合终端采集低压侧开关状态信息及电气量信息，由具备边缘计算能力的边侧设备判断区域内各级并网点能源均衡情况，实现能源就地消纳，减少网络损耗。

2）台区电能质量优化。选择低压静止无功发生器（static var generator，SVG）与有载调压变相结合，依托传感装置实现配电变压器和低压用户电流、电压等数据的有效采集，通过智能融合终端内置扩展 App 的综合计算能力和通信功能，实现对台区电能质量问题的快速响应及治理，提升电压合格水平，降低台区损耗。

3）低压线损精细化管理。运用低压拓扑自主识别技术，采用智能配电变压器终端和一/二次深度融合开关，实现对各节点的供入电量、供出电量、线损和线损率的分时统计、日统计和月统计，进行线损分析并形成异常告警。云主站将告警信息推送至供电服务指挥平台，下派待办事项至相关人员协同处理，从户变关系核查、计量装置检查和用电检查等方面开展工作。工作完成后，供电服务指挥平台将处理结果反馈至云主站。

4）低压供电可靠性管理。通过智能配电变压器终端采集高速电力线载波（high-speed power line carrier，HPLC）智能电能表、表箱采集器的停复电事件记录，在本地计算单个台区下低压用户的供电可靠性，并将低压停电用户数、时间、台区供电可靠性上传给云主站；由云主站按照地区、供电网格、供电单元、运维单位、班组、供电局、个人等维度计算中低压供电可靠性，由供电服务指挥中心对地区、供电网格、供电单元、运维单位、班组、供电局、运行人员的供电可靠性进行预算式管控。

5）中低压拓扑自主校验。利用工频载波获取中低压配电设备及用户的基本拓扑关系，并在主站侧与 PMS 中低压拓扑图进行对比校验，将校验不一致的信息推送至供电服务指挥系统，向营销、生产相关人员派发核对工单，实现设备新增、设备变更，以及运行方式调整后，设备及用户拓扑关系进行自动校验。

6）配电三维全景信息共享。整合配电网各应用环境/场景的存量三维数据，以"高精准快速建模"为基础，开展环网柜、开关站、配电站房及重点设备的标准化建模及数据接入，提供统一、标准、开放的三维共享数据服务，实现配电三维基础资源的集约化管理，为配电物联网海量数据提供直观展示应用。

7）中低压故障精准定位和主动抢修。通过各级监测设备在故障发生前后的采集数据，实现区域故障就地研判，准确判断故障位置、故障类型后，将结果上告主站；主站将消息推送至供电服务指挥平台，平台主动下派工单至对应抢修人员，实现在用户报修前开展抢修工作，并有效减少故障排查时间，提升抢修效率。

2.5.1.2 信息共享典型应用

2022 年初，随着电力系统数字化框架建设初具规模，电网运行、运维、运营对实时量测数据支撑业务分析需求日益迫切。围绕跨业务、跨专业、跨系统的实时量测共享需求，进一步提升电网资源业务中台的测点管理中心的服务能力，提出基于数字化框架的企业级实时量测中心，基于云平台扩展测点管理中心的定义，如图 2-8 所示。构建企业级实时量测中心，实时汇聚电网各环节电、非电采集量测数据，通过数字系统实时计算推演和分析拟合，实现物理电网在数字空间的实时动态呈现，促进电网生产管理透明化、生产业务互动实时化，为新型电力系统供需互动、透明管理提供统一、实时的量测服务。

智能化提升阶段的配电网信息共享，构建了涵盖全网的企业级实时量测中心，实现跨专业实时数据共享，打通实时电网拓扑，为海量分布式能源和负荷的精准预测、配电网智能抢修指挥、实时线损分析及负荷精准控制提供支撑服务。配电信息共享体系包含数据接入层、解析层、计算层、存储层、服务层，支撑配电网业务应用，如图 2-9 所示。信息共享关键技术有：

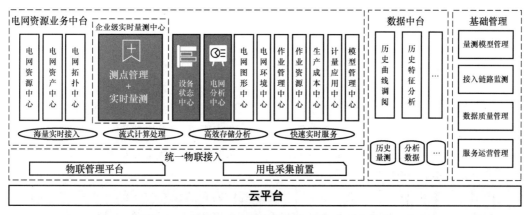

图 2-8　基于企业中台架构的电网信息共享体系

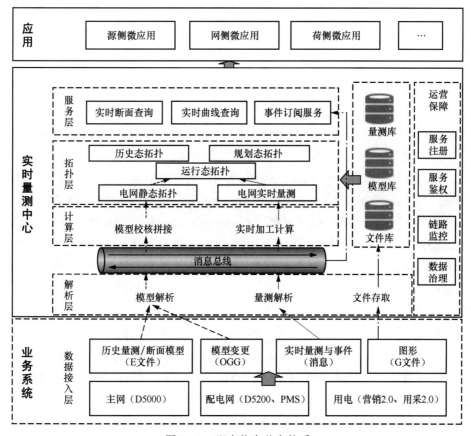

图 2-9　配电信息共享体系

（1）数据接入层。通过 E 文件、G 文件、消息等交互方式，实现历史断面量测、断面拓扑等断面信息，实时量测、消息类等事件类数据，图形和模型等静态数据的接入。

（2）解析层。实现 E 文件和源端消息的实时解析，同时转发到实时量测中心的消息总线。

（3）计算层。通过实时计算任务从消息总线订阅的数据，完成模型的拼接以及量测数据的计算，写入模型库和量测库。

（4）拓扑层。构建模型库保存电网拓扑，构建量测库保存实时断面数据和短期内的历史量测数据，采用消息总线提供消息类数据的订阅服务。

（5）服务层。以完整的电网拓扑为基础，提供数据及业务服务。

在此期间，比较典型的项目有：以江苏、浙江、河北、冀北、山东、福建、湖南、宁夏为典型示范开展建设。构建基础能力，围绕试点重点开展技术架构搭建、数据实时接入、共享服务迭代、基础数据能力建设；验证技术组件，构建/验证了多源数据接入、数据流批处理、海量数据存储等技术能力；接入实时数据，基本完成输变电、配电、用电类采集量测数据实时接入验证。

在配电网智能化提升阶段，配电自动化系统作为企业级实时量测中心配电网量测的源头系统，支撑和参与量测中心建设。配电专业量测信息主要涵盖实时量测信息（实时遥测和遥信）、事件类信息（故障和异常）、轻量图模信息（图形和模型）、历史数据同步信息，通过 redis 实时库同步、关系库同步、消息通知实现量测中心配电网域建设。

2.5.2 技术与应用特征

（1）在系统架构方面，具有较为典型的中台化特征，与"云大物移智链"充分融合，更加强调数据的共享服务。提出面向电力系统的"三区四层"配电网技术架构，横向跨生产控制大区、管理信息大区、互联网大区，纵向采用"感知层、网络层、平台层、应用层"架构，实现跨业务、跨专业、跨系统的信息共享与业务支撑，如图 2-10 所示。

（2）在标准体系应用方面，以"云-管-边-端"各环节的数据需求为导向，以国家电网公司统一数据模型 SG-CIM 与 IEC 61970/61968 国际标准为支撑，以简单便捷、全面覆盖、适度扩展为设计原则，以信息模型（information model）服务化为设计理念，从即插即用、设备互联、量测上送、指令下发等业务场景出发，梳理"云-管-边-端"各环节的数据需求，结合物联网领域的设计思路与先进技术，为配电物联网信息模型设计了智能配电变压器终端模型、一/二次设备模型、量测模型、传感器模型、表计模型、网络拓扑模型，以及面向顶层应用的业务模型。

（3）在安全体系方面，在符合《电力监控系统安全防护规定》（国家发展和改革委员会令 2014 年第 14 号）、《电力监控系统安全防护总体方案》（国能安全〔2015〕36 号）及 GB/T 22239《信息安全技术 网络安全等级保护基本要求》中第三级系统相关要求的基础上，结合配电物联网"云-管-边-端"的业务安全需求，设计配电物联网安全防护体系架构。"云"侧采用物理隔离、逻辑隔离、入侵防护等安全防护措施，实现云主站与生产控制大区、配电网管控平台、其他业务系统、边端设备的边界安全防护；同时，采用网络隔离、流量控制、安全域隔离、恶意软件防护等安全防护措施，实现云主站内部的安全防护。"管"侧围绕"云-端""云-边""边-端""边-边""人-边"的数据交互，应用身份认证和访问控制技术。"边"侧采用具有边缘计算能力的智能设备，从硬件层、系统层、应用层三个层面综合考虑安全防护。"端"侧设备采用轻量级的可信安全技术以防篡改，系统层采用成熟、安全可靠的轻量级物联网操作系统，应用层采用密码技术。另外，通过接入设备的统一标识体系和统一密钥体系保障接入信息的安全，通过统一安全监测实现整体网络安全态势感知。

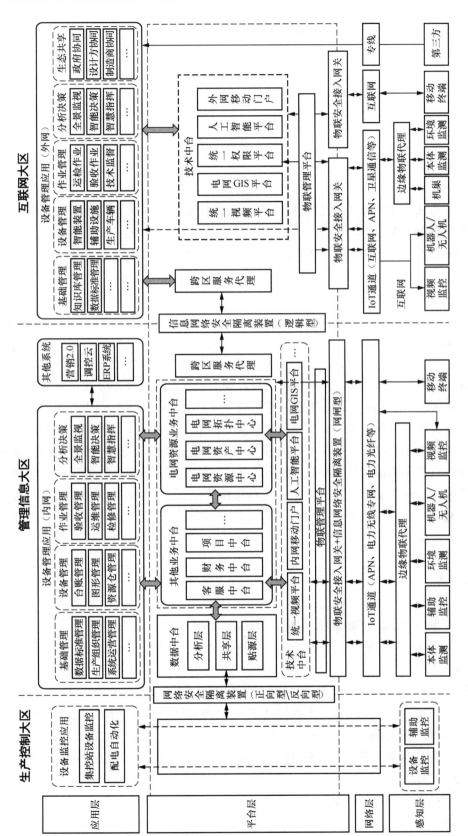

图 2 – 10　"三区四层"配电网技术架构

（4）在系统应用方面，系统应用范围涵盖了中低压配电网，数据监测的范围从纯电气量扩展为电气量+状态量+环境量，逐渐过渡成新型配电系统的支撑平台，支撑配电网智能化和智能化化价值增值服务。配电自动化系统重点突破了省地一体化弹性协同的配电网智能化云平台架构、多源异型全时空数据聚合存储与处理、云边协同应用、智能化配电网运行管控等关键技术，以"云大物移智链"等新一代数字化技术为核心驱动，构建具备云-边协同、海量数据处理、数据驱动分析、高度智能化决策等能力的配电网运行管控平台，实现配电网从中压向中低压一体化管控的转变，提升配电网广泛互联、设备状态全景感知、管理精准透明水平。实现了配电网运行管控业务生态的开放和良性循环，这是支持新型配电系统"可观测、可描述、可控制"的基础平台。

（5）在配电设备技术方面，正在往紧凑小型化、结构标准化、操作智能化方向发展。一/二次深度融合柱上真空断路器配置电子式电压传感器（EVT）、电子式电流传感器（ECT）用于电气量采集以及保护功能的实现。电子式传感器均安装在开关主箱中，同时配置双侧电容式取电装置，用以替代传统电磁式电压互感器，产品安装使用时电气接线简单，安装后杆状简洁美观。一/二次深度融合型环网柜成套设备实现环网箱设备自动化数据和状态感知数据的本地集成和融合，实现物理设备和信息系统的有机集成，按照接口标准化、功能模块化设计原则，终端单元基于分散式智能站所终端设计原则实现。配电网低压侧部署以智能融合终端为边缘计算节点的智能化低压设备，智能融合终端具备信息采集、物联代理及边缘计算功能，支撑营销、配电及新兴业务。配电网馈线自动化向智能化、集成化方向演进，所有线路均可采用级差保护+集中式馈线自动化的故障处理模式，有高供电可靠性需求的电缆线路采用智能分布式与集中式馈线自动化配合的方式，架空线路采用级差保护+集中式馈线自动化方式，其他区域电缆线路采用级差保护+集中式馈线自动化方式，架空线路采用就地型馈线自动化或级差保护方式。

参考文献

[1] 余贻鑫，刘艳丽.智能电网的挑战性问题[J].电力系统自动化，2015，39（2）：1-5.

[2] 沈兵兵，吴琳，王鹏.配电自动化试点工程技术特点及应用成效分析[J].电力系统自动化，2012，36（18）：27-32.

[3] 杨建，辛世金，徐清，等.双碳目标下新型配电网发展研究[J].电力设备管理，2022，17：31-32+307.

[4] 张瑶，王傲寒，张宏.中国智能电网发展综述[J].电力系统保护与控制，2021，49（5）：180-187.

[5] 刘振亚.智能电网知识读本[M].北京：中国电力出版社，2010.

[6] 杨娴，贾志坚，钱昊炜.智能电网在智慧城市中的应用：以益阳市为例[J].湖南城市学院学报（自然科学版），2021，30（6）：55-58.

[7] 钱建春，蔡斌，任明珠，等.上海10kV配电网发展历程及现状分析[J].电力与能源，2021，42（2）：265-268.

[8] 魏小淤,张君俊,王赛一,等.66kV 电网的网架优化方案研究[J].电力与能源,2019,40(4):431-433.

[9] 夏毅仁,钱建春,卢婧婧."钻石型"配电网的网架结构及用户接入原则研究[J].电力与能源,2021,42(2):186-190.

[10] 李响,胡天彤,牛赛,等.一流配电网全寿命周期评价体系研究[J].电力系统保护与控制,2018,46(9):80-85.

[11] 李威,丁杰,姚建国.智能电网发展形态探讨[J].电力系统自动化,2010,34(2):24-28.

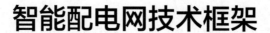

第 3 章
智能配电网技术框架

本章首先给出了智能配电网总体技术框架，然后具体介绍了智能配电网技术体系，其主要由现场设备层、智能感知层、通信网络层、数据平台层、决策应用层、标准支撑、安全管控七个部分组成。本章从一次设备、二次设备以及中低压柔性直流设备三个维度描述配电网设备层，从"三区四层"角度介绍智能配电网智能化技术架构，并围绕业务支撑介绍我国标准布局框架和分层安全管控。

3.1 总体技术框架

在配电网领域，智能配电网具有可控性、灵活性（实时分析）、可靠性、故障自愈性、经济性等内涵和特征。相比传统配电网，智能配电网采用更加经济、可靠、先进的传感、通信和控制终端技术，实现对配电网运行状态、资产设备状态和供电可靠状况的实时、全面、详细的监视，实现配电网的可观测性。

智能配电网以物理电网为基础，将现代先进的传感测量技术、通信技术、信息技术、计算机技术及控制技术与物理电网高度集成形成新型配电网，通过先进的配电自动化系统将生产控制大区业务应用归纳为配电网运行监控，将管理信息大区业务应用归纳为配电网运行状态管控，将互联网大区业务归纳为配电网移动作业应用，按照配电网智能化架构要求有序推进，提升配电自动化数据与其他系统数据的融合分析应用能力，拓展配电自动化系统功能应用场景，支撑设备（资产）运维精益管理系统等系统多场景业务，赋能配电网管理智能化转型和智能化运营。

生产控制大区业务包括配电网运行监控、调度控制等，主要包含新一代集控站系统、新一代调度技术支持系统以及新一代配电自动化系统。其中，配电自动化系统围绕用户实现配电网设备在线监测、运行控制、综合告警、馈线自动化、重要用户运行风险在线评估、主配电网故障监测与处理等功能，形成"站-线-变-用户"为一体的综合型自动化监控系统，实现专业协作联动、行动高效统一、需求快速响应的指挥作战体系，确保配电网安全可靠运行。

管理信息大区业务主要是针对配电网自动化系统在电网中遇到的运行管控问题而形

成的配电网设备运行状态管控体系，包括基于配电自动化系统聚焦设备全景感知、配电网画像和智能运维等业务。其中，设备全景感知可实现设备状态分析、基于图形浏览、配电网拓扑识别、设备实时监测、线路运行统计等模块，提升配电网中低压一/二次设备的感知监测以及运行统计能力；配电网画像以"站-线-变-用户"画像为基础，分层分区管理配电网各类设备运行工况和统计分析结果，为公司配电网精益化管理提供辅助决策分析支持手段。

互联网大区业务主要由配电自动化系统的移动应用端、物联管理平台实现和外部网络业务的互联互通。基于技术中台、跨区服务代理等技术实现视频监控、环境监测、手持终端作业等业务。

智能配电网技术总体框架由现场设备层、智能感知层、通信网络层、数据平台层、决策应用层五层构成，其中标准体系和安全体系贯穿在各个层中。智能配电网总体技术架构如图 3-1 所示。

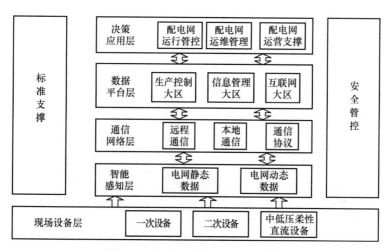

图 3-1　智能配电网总体技术架构

现场设备层是由配电一次设备、二次设备以及中低压柔性直流设备组成的智能配电设备体系。将常规配电设备与传感技术、控制技术、计算机技术、信息技术、通信技术等相关技术有机结合后，形成具备测量数字化、控制网络化、状态可视化、信息互动等特征的新型设备。其通信方式和通信规约多样，可以实现设备的自我诊断、即插即用等功能，加快实时信息的上传效率，促进与智能感知层、数据平台层的灵活交互。通常，国家电网公司的配电网建设范围主要指 10kV～380V 的中低压配电网建设。但随着分布式新能源、储能的广泛接入和调控需要，配电网建设和调节管控向 110kV 的高压配电网延伸。

智能感知层是以混合组网通信与信息安全为保障，广泛采用微型化、智能化的电力设备多维传感技术，并基于物联网技术，实现配电网设备、状态和环境智能感知的功能应用。设备智能感知主要实现设备资产标签规范、生命周期和运维巡视智能移动终端功能；状态智能感知实现配电网主设备健康状况、重要状态监测和实时分析等功能；环境智能感知主要实现视频监控、环境监测分析和气象灾害感知预警等功能。智能感知层是数据平台层的基础，为决策应用层提供业务数据，决定了配电网智能决策的优化程度。

通信网络层主要由配电网远程通信技术、本地通信技术以及通信协议三部分组成，它是智能感知层和数据平台层的桥梁，为数据的反馈及获取提供了信息通道。通过电力线光纤、电力无线专网、无线公网等通信方式，遵循 IEC 60870-5-101/60870-5-104、MQTT 等通信协议，将数据安全、可靠地传输到数据平台层，并决定了决策应用层的数据处理效率。

数据平台层主要包含生产控制大区服务、管理信息大区服务、互联网大区服务三个方面。为满足电力系统监测、控制及运行分析的需求，提供了容错率高、友好开放的应用开发环境，并具有完善的交互式环境数据录入、维护、检索工具以及良好的用户界面，以保证数据的完整性和可恢复性，同时支持跨专业、跨系统的数据跨区服务。数据平台层是基于智能感知层的采集数据，为应用层提供数据分析、数据处理与模型管理等基础服务。

决策应用层由设备全景感知、"站-线-变-户"画像、综合故障研判、数据质量分析、终端管理等业务应用构成。通过三区通信网络层的通信通道反馈给数据平台层进行数据交互，最后在决策应用层以 Web 端或者移动端方式实现功能应用。

3.2 智能配电网技术体系

3.2.1 现场设备层

现场设备层定位与示意图如图 3-2 所示。

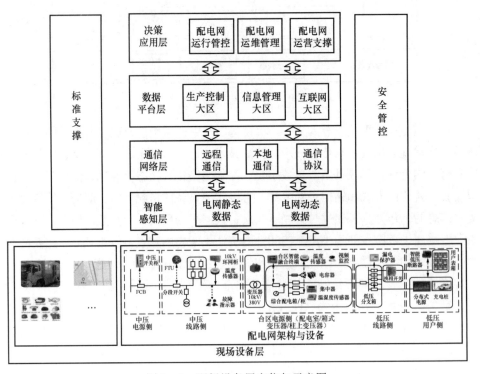

图 3-2 现场设备层定位与示意图

其中，配电一次设备主要包括断路器、变压器、配电网开关、一/二次深度融合开关、一/二次深度融合环网柜、分布式电源并网开关、分界开关、低压智能开关等；配电二次设备主要包括 DTU/FTU、智能融合终端、故障指示器、智能电能表、继电器、熔断器等；中低压柔性直流设备主要包括换流器、储能交流器、智能直流配电柜等。智能配电网现场设备层架构如图 3－3 所示。

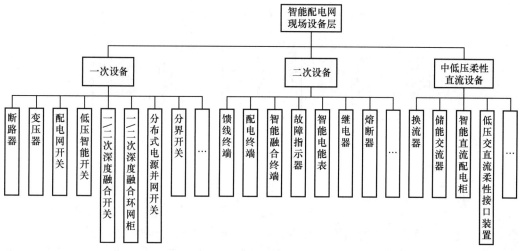

图 3－3　智能配电网现场设备层架构

3.2.2　智能感知层

智能感知层定位与示意图如图 3－4 所示。

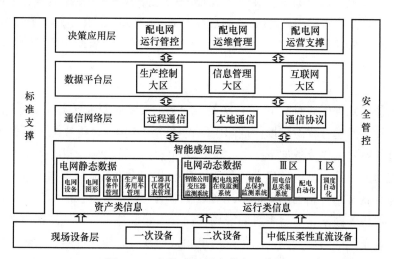

图 3－4　智能感知层定位与示意图

从设备智能感知、状态智能感知、环境智能感知三个角度划分智能配电网智能感知层技术架构，如图 3－5 所示。

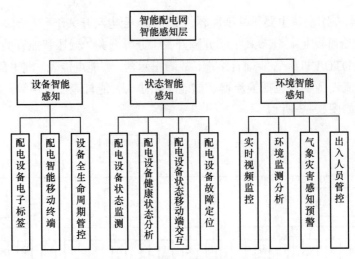

图 3-5　智能配电网智能感知层架构

1. 设备智能感知

设备智能感知基于移动终端设备的实时量测及运维数据，实现对配电设备的智能感知。设备智能感知主要有设备资产标签规范、运维巡视智能移动终端、设备全寿命周期管控三类业务，有助于提升对配电设备的感知监测能力及运维巡检效率。

设备智能感知的具体业务如下：一是应用配电设备电子标签技术，基于数据加密方法和电子标签安全识别策略，实现适用于配电设备、工器具资产管理的电子标签及二维码，制定配电网设备、工器具资产标签规范，提升电子标签信息安全；二是使用智能移动终端，采用物联网、无线通信等先进技术，实现配电设备资产管理，并通过设备台账移动端应用，实现设备台账信息查询、增加、反校验等功能，支撑运维、巡视、检测等业务应用；三是采用射频识别（radio frequency identification，RFID）、图像识别等技术，实现设备出入库自动管理及定位预警管理，建立设备全寿命周期管控机制，降低设备运维成本。

2. 状态智能感知

状态智能感知主要针对配电一/二次设备状态、故障方面进行实时监测与状态感知，有助于观察设备的运行状态，以保证配电网设备的正常运行，提高配电网供电可靠性。

状态智能感知具体业务如下：一是基于多种先进的互联网+、物联网、微功耗电子等技术，实现对开关站、配电站房等场所关键配电设备的状态监测；二是基于适用于配电网主设备运行状态的传感器测量技术，实现配电网主设备健康状况实时分析；三是采用配电设备带电检测技术、后台系统向现场移动终端延伸技术，实现配电设备状态通过移动终端与其他系统的信息交互；四是采用单相接地故障、短路故障、断线故障等诊断技术，解决配电线路故障定位难题。

3. 环境智能感知

环境智能感知通过对配电设备的所处环境进行在线监测，基于大数据计算和分析技术，实时掌控配电设备所处环境信息，并进行气象灾害预警，有助于提升设备环境管控能力，减少因环境变化导致的故障问题，提高配电设备运行的安全性及可靠性。

环境智能感知具体业务如下：一是基于先进传感器、物联网、移动互联网技术，实现配电设备、架空线路及电缆通道现场实时视频监控、环境监测、人员出入管控，提升配电设备及通道的环境管控能力；二是基于多源大数据分析，构建配电网多发灾害类型的预警模型，开展气象数据、卫星数据对配电网故障、重过载等关键指标的影响分析，实现配电网线路、台区面临气象灾害的感知预警。

3.2.3　通信网络层

通信网络层定位与示意图如图 3 - 6 所示。

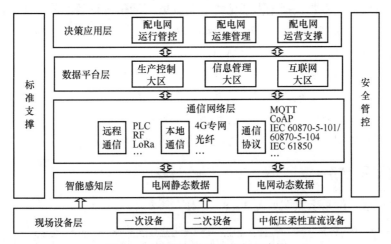

图 3 - 6　通信网络层定位与示意图

从远程通信、本地通信、通信协议三个角度划分智能配电网通信网络层架构，如图 3 - 7 所示。

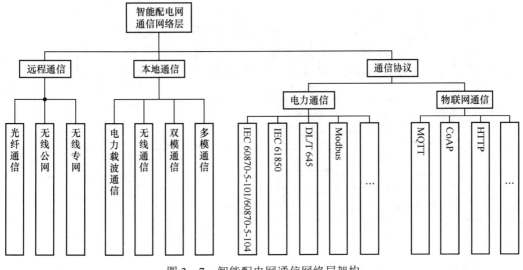

图 3 - 7　智能配电网通信网络层架构

配电网远程通信技术主要包括光纤通信、无线公网、无线专网三类通信技术。在远程通信方式选择方面，具备"三遥"能力的配电网开关或设备一般选择光纤、电力无线专网两种方式通信，以保证开关遥控的准确性与及时性；其余具备"二遥"（遥测、遥信）能力的配电网开关或设备可以选择 4G/5G 无线公网、窄带物联网（narrow band internet of things，NB-IoT）等方式通信。

配电网本地通信技术主要包括电力线载波通信、无线通信、双模通信以及多模通信技术。在本地通信方式选择方面，一般以通信速率、通信时延、传输距离、数据接入数量、安全性、可靠性、成本等为综合考虑因素，因地制宜选择合适的通信方式。目前，载波通信技术发展较为成熟稳定，安全性及可靠性高。

配电网通信协议主要包括电力通信协议与物联网通信协议两部分。其中，电力通信协议主要有 IEC 60870-5-101/60870-5-104、IEC 61850、Q/GDW 1376.1、DL/T 645、Modbus、DL/T 698.45 等；物联网通信协议主要有 MQTT、CoAP、HTTP、XMPP、DDS 等。两类通信协议各有优缺点：电力通信协议针对电力行业设计，可靠性及实时性高，但传输帧报文短、结构复杂，扩展灵活性差，满足低压配电网海量终端设备的即插即用和快速接入；物联网协议开销低，支持数百万个连接的客户端，传输可靠性高，在异常连接中断时能通知相关各方，但实时性比电力通信协议低。

3.2.4 数据平台层

数据平台层定位与示意图如图 3－8 所示。

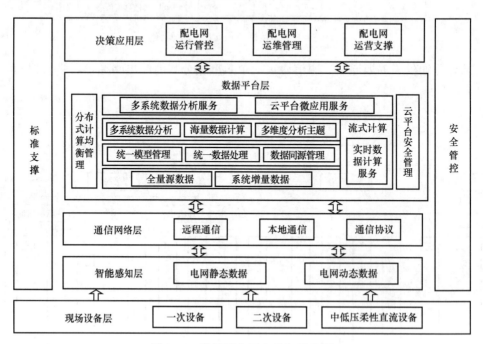

图 3－8　数据平台层定位与示意图

生产控制大区服务采用面向服务架构（service-oriented architecture，SOA），支持各类运行控制应用的开发、运行和管理，实现整个系统的有效集成和高效运行，并支持配电主站生产控制大区和管理信息大区横向集成、纵向贯通。管理信息大区服务采用微服务架构，支持各类精益管理应用的开发、运行和管理，实现业务应用的多方协同，构建能力开放、快速迭代、高容错性的数字化云平台；同时采用容器化自动部署微服务，实现高可用和弹性伸缩，并支撑整个系统的云架构集成、分类存储和安全接入。互联网大区服务通过移动端业务应用，基于视频监控、环境监测等数据，采用物联网、中台化技术，实现与管理信息大区的数据交互，具备配电主站查询、工单派遣、移动巡检等业务服务。

数据平台层的支撑软件提供了统一、标准、容错、高可用的应用开发环境，满足电力系统的监视、控制和电网分析等应用需求。数据平台层的数据管理服务具有完善的交互式环境数据录入、维护、检索工具以及良好的用户界面，并可以建立多数据集用于培训、测试、计算等多种场景。通过数据备份与恢复机制保证数据的完整性和可恢复性。数据平台层的信息交互服务支撑跨专业、跨系统的业务应用，主要包括交互功能、跨区传输功能、管理与控制功能。智能配电网数据平台层架构如图 3-9 所示。

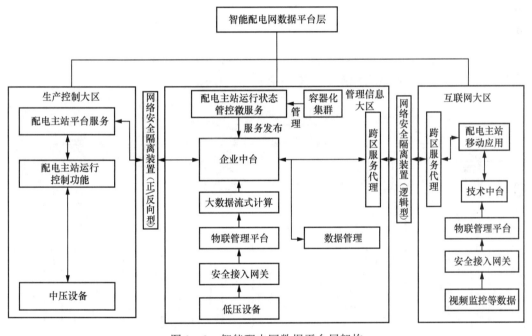

图 3-9　智能配电网数据平台层架构

3.2.5　决策应用层

决策应用层基于大数据、云计算等新技术，依托数字化平台，采用配电网业务多场景微应用技术，支持配电网智能决策、指挥管理、运维管理、运行状态管控四类业务应用，实现运维检修智能化和生产管理智能化，保障配电网安全可靠供电、经济高效运行，提升配电网精益化管理水平，为社会经济发展提供更优质、便捷的电力供应和服务。决策应用层定位与示意图如图 3-10 所示。

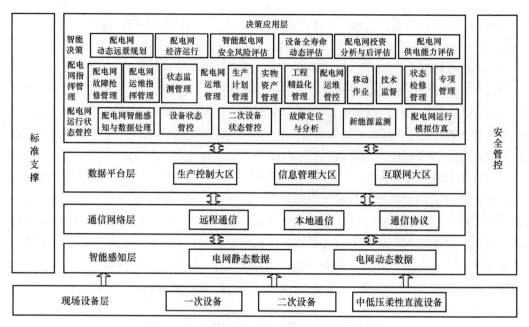

图 3-10 技术架构-决策应用层定位与示意图

从配电网智能决策、配电网指挥管理、配电网运维管理、配电网运行状态管控四个角度划分，智能配电网决策应用层架构如图 3-11 所示。

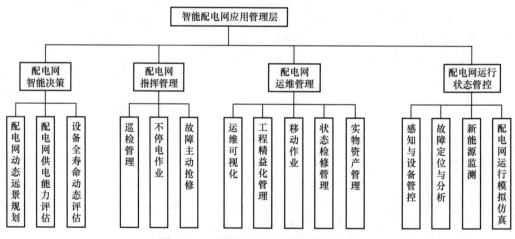

图 3-11 智能配电网决策应用层架构

1. 配电网智能决策

配电网智能决策基于配电网网架结构、关键薄弱点、用电负荷特性、项目投资等数据，进行配电网远景规划分析和供电能力分析；以设备全寿命过程为主线，结合设备的监测信息、环境信息、历史运维检修信息，动态地进行设备寿命评估和价值评估。

2. 配电网指挥管理

应用环境和设备状态智能感知装备，实现配电网异常及缺陷的智能识别和告警，指挥配电故障主动抢修，基于大数据分析制定抢修点合理部署模型，指导标准化抢修工作高效推进。

3. 配电网运维管理

建立远程配电巡检过程可视化体系，为规范巡检操作和远程故障诊断、处理提供辅助手段，有效规范现场作业的标准化，提高现场作业安全管理水平；基于多源信息融合的智能巡检移动应用，实现智能个人终端的数字化运维，支撑运维人员移动作业；采用项目中台等中台化技术，基于配电网项目智慧管理应用，实现项目全寿命周期管控，支撑工程精益化管理、技术监督、资产管理等工作，提高配电网运维管理水平。

4. 配电网运行状态管控

配电网运行状态管控主要由配电网感知与设备管控、故障定位与分析、新能源监测、配电网运行模拟仿真四方面组成，具体如下：

（1）感知与设备管控。基于多协议终端接入实现配电网数据感知与处理，在此基础上，开展一/二次设备状态管控，包括台区与线路监测、设备状态异常分析、终端管理与缺陷分析等业务应用。

（2）故障定位与分析。通过馈线自动化分析应用，实现故障的实时定位、快速隔离及智能自愈；基于中低压综合故障研判、断线故障、单相接地故障等故障研判类应用，实现配电网各类故障预知及精准定位，供电服务指挥中心主动派发抢修与检修工单。

（3）新能源监测。基于分布式电源、充电桩、储能等新能源设备的数据采集与分析，实现分布式电源管理、充电桩有序充电管理、配用电储能管理及新能源发电预测等城市智慧管理应用。

（4）配电网运行模拟仿真。通过在仿真环境下模拟配电网无功功率调节、新能源接入及低压台区业扩报装，实现配电网各类复杂运行情况及未来态势下的模拟仿真，辅助运维人员进行决策管理。

3.2.6 标准支撑

在标准支撑方面，从智能配电网发展总体目标出发，并结合实际业务应用场景，从配电设备及物联网、配电网智能运检、配电主站、分布式电源与微电网、配电网新业务与新业态、信息通信 6 个专业方向划分智能配电网标准体系框架。通过智能配电网标准体系支撑现场设备层、智能感知层、通信网络层、数据平台层、决策应用层数据和业务的标准建设，实现电网静态数据、动态数据接入以及基于大数据云平台的多源数据融合，为智能决策提供标准、规范、高效的数据服务和应用服务。智能配电网标准体系架构如图 3-12 所示。

图 3-12 智能配电网标准体系架构

1. 分布式电源与微电网标准

在分布式电源标准方面，主要包括 GB/T 33593《分布式电源并网技术要求》、DL/T

2041《分布式电源接入电网承载力评估导则》等。在微电网标准方面，主要包括 GB/T 33589《微电网接入电力系统技术规定》、GB/T 36274《微电网能量管理系统技术规范》等。在分布式储能方面，主要包括 GB/T 36547《电化学储能系统接入电网技术规定》、NB/T 33015《电化学储能系统接入配电网技术规定》等。

根据技术发展趋势和工程应用情况分析，在不断修订完善现有标准的基础上，根据需要制定新的标准。分布式电源与微电网在低压分布式电源规范接入、配电台区承载力评价、低压接入测试和运行控制方面的标准规范还处于空白，亟须制定分布式电源的接入/并网验收、测试和运行控制方面的标准规范，以适应新型电力系统的建设需求。分布式储能在低压侧储能接入配电台区的相关要求尚处于空白，须制定低压侧接入规范、分布式电化学储能安全防护技术规范、分布式储能监控系统技术规范等，以适应分布式储能参与电网调节的建设需求。

2. 配电主站标准

在配电主站方面，主要包括 DL/T 1406《配电自动化技术导则》、DL/T 814《配电自动化系统技术规范》、DL/T 1910《配电网分布式馈线自动化技术规范》等。在配电物联网主站系统方面，主要包括 Q/GDW 12115《电力物联网参考体系架构》、Q/GDW 12103《电力物联网业务中台技术要求和服务规范》等。

根据技术发展趋势和工程应用情况分析，在不断修订完善现有标准的基础上，根据需要制定新的标准。配电主站在考虑大规模光伏接入配电网优化调控技术方面尚处于空白，亟须制定分布式光伏接入配电网优化调控技术导则；配电物联网主站标准尚处于起步阶段，亟须制定配电物联网设备即插即用技术导则、配电物联网主站功能规范等。

3. 智能配电装备标准

在一/二次融合设备方面，包括 T/CES 033《12kV 智能配电柱上开关通用技术条件》等。面向配电变压器，规定了有载调容、有载调压等技术规范。在中压配电终端设备方面，包括 Q/GDW 11815《配电自动化终端技术规范》、Q/GDW 10514《配电自动化终端/子站功能规范》等。在智能融合终端方面，包括 Q/GDW 11658《智能配电台区技术规范》、Q/GDW 12106.4《物联管理平台技术和功能规范 边缘物联代理与物联管理平台交互协议规范》等。在低压智能开关方面，包括 GB/T 14048《低压开关设备和控制设备》等。

根据技术发展趋势和工程应用情况分析，在不断修订完善现有标准的基础上，根据需要制定新的标准。配单变压器的智能化标准、智能融合终端设备微应用标准及云边协同标准、低压智能开关网络安全标准尚处于空白，需要制定智能变压器监测装置技术规范、台区智能融合终端微应用规范、云边协同及边端协同协议标准、智能开关剩余电流保护继电器技术规范等。

4. 智能配电运维标准

在配电设备状态监测方面，包括 DL/T 1987《六氟化硫气体泄漏在线监测报警装置技术条件》、DL/T 1932《6kV～35kV 电缆振荡波局部放电测量系统检定方法》等。在配电设备检测新设备、新技术方面，包括 DL/T 664《带电设备红外诊断应用规范》、Q/GDW 11304《电力设备带电检测仪器技术规范》、DL/T 345《带电设备紫外诊断技术应用导则》

等。在配电设备设施电子标签方面，包括 Q/GDW 11759《电网一次设备电子标签技术规范》等。面向巡检机器人、无人机、移动作业终端技术，制定了系列功能及安全防护标准规范。

根据技术发展趋势和工程应用情况分析，在不断修订完善现有标准的基础上，需要扩展配电一次设备监测及寿命预测技术标准、配电线缆运行状态评估及故障预判技术保证、开关柜在线监测标准、电子标签安装运维技术标准、配电站房智能机器人技术和验收规范、线路巡检无人机典型配置及技术规范、移动作业软件类功能规范及交互规范等。

5．交直流配电标准

在能量路由器方面，包括 T/CEC 167《直流配电网与交流配电网互联技术要求》、GB/T 35727《中低压直流配电电压导则》等。在直流断路器方面，包括 T/CEC 289《10kV 直流断路器通用技术要求》等。

根据技术发展趋势和工程应用情况分析，在不断修订完善现有标准的基础上，需要扩展考虑交直流互联装置及多段能量接入的能量路由器技术标准、适用于不同电压等级交直流配电网线路和设备保护方面的技术标准。

3.2.7　安全管控

在智能配电网安全方面，以系统安全、边界安全、操作系统及支撑软件安全、应用软件安全、终端接入安全、数据接入安全等为关键安全管控环节，以云平台安全管理为基础保障，构建基于云计算架构的"横向隔离、纵向认证"智能配电信息安全管控体系，保障智能配电业务持续安全运行。智能配电网安全体系架构如图 3－13 所示。

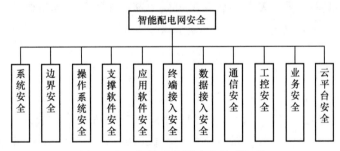

图 3－13　智能配电网安全体系架构

1．系统安全

系统安全主要分为总体、主机、操作系统、支撑软件等方面的安全。其中，总体安全管控是指通过安全监测技术，提升配电主站系统的安全态势感知能力，在网络边界或区域之间根据访问控制策略设置访问控制规则，并对网络边界、重要用户 ID、重要用户行为、安全事件进行安全审计；主站安全管控是指基于网络接口安装硬件可信根，支持通过统一虚拟化平台对服务器物理资源进行抽象，并对多个同时运行的虚拟机环境进行相互隔离；操作系统、支撑软件及应用软件等方面的安全管控，对于生产控制大区主站系统以及具备遥控指令下发功能的应用软件而言，是指采用口令、密码技术、生物技术等两种或两种以上组合的鉴别技术对用户进行身份鉴别，并基于可信根验证机制，将验证告警发送至安全监控平台。

2．边界安全

边界安全主要涉及配电主站在生产控制大区、管理信息大区中与其他业务系统的安全边界。其中，生产控制大区与管理信息大区的边界，采用电力系统专用的正反向安全隔离装置进行物理隔离。

在生产控制大区内部，配电运行监控应用与本级电网调度控制系统或其他电力监控系统的边界，采用纵向加密认证装置进行物理隔离；配电终端采用任一通信方式接入配电运行监控应用时，设立安全接入区，生产控制大区与安全接入区的边界应采用正反向安全隔离装置进行物理隔离。

在管理信息大区内部，配电运行状态管控应用与其他系统的边界，采用硬件防火墙等设备实现逻辑隔离；管理信息大区配电主站系统与互联网大区业务系统存在通信需求时，其边界应按照相关要求统一部署信息网络安全隔离装置。

3．操作系统及支撑软件安全

配电主站系统采用经国家指定部门认证的安全加固操作系统，对登录的用户进行身份标识和鉴别，身份标识具有唯一性，身份鉴别信息具有复杂度要求并定期更换，并具有登录失败处理功能，配置并启用结束会话、限制非法登录次数和当登录连接超时自动退出等相关安全措施。

对于生产控制大区主站系统，采用口令、密码技术、生物技术等两种或两种以上组合的鉴别技术对用户进行身份鉴别，且其中一种鉴别技术至少应使用密码技术来实现。基于可信根，实现操作系统及支撑软件的可信验证，在检测到其可信性受到破坏后进行报警，并将验证结果形成审计记录送至安全监控平台。

4．应用软件安全

配电主站应用软件在部署前应由具备资质的检测机构进行测试认证，对代码进行安全审计，防范恶意软件或恶意代码植入；对于具备遥控指令下发功能的应用软件，在遥控指令下发前采用口令、密码技术、生物技术等两种或两种以上组合的鉴别技术对操作员进行身份鉴别，且其中一种鉴别技术至少应使用密码技术来实现；并基于可信根及操作系统的信任链传递，实现应用软件的可信验证，在检测到其可信性受到破坏后进行报警，并将验证结果形成审计记录送至安全监控平台。

5．终端接入安全

运用先进的芯片研发制造技术，研制高性能、低成本、低功耗的安全芯片，集成至智能配电终端。形成完备的智能配电终端安全接入防护体系，有效地解决智能配电终端物理破坏、克隆伪造、信息窃取、软件篡改及远端控制等攻击，实现智能配电终端的安全接入。

6．数据接入安全

在智能感知业务系统中，通过基于国密算法的加密、数据完整性校验、双向身份认证等手段以及密钥管理安全体系，实现纵向认证和数据加密传输，有效地防止数据接入过程中被非法访问、肆意篡改、恶意破坏，以确保智能感知业务系统数据的安全。

7. 通信安全

针对光纤通信、无线通信等多种方式，结合通信系统自身的安全机制，设计接入网安全防护策略，采用加密认证和主站边界隔离等措施，保障终端和主站之间的通信安全。

8. 工控安全

基于配电工业控制系统通信协议深度解析，研究配电工业控制系统潜在安全威胁来源、形式、特点等的分析技术；针对配电工业控制系统典型应用场景，研究安全威胁识别、监测和预警技术，研制智能配电工业控制系统安全威胁监测系统。

9. 业务安全

基于智能配电业务特点，研究业务安全设计、身份认证与授权管理、运维业务安全保障、基于行为检测的信息系统安全主动防御、基于应用系统业务流程的安全防护策略等。

10. 云平台安全

基于云平台扁平化技术架构，构建包括身份与访问管理、虚拟化安全和云环境安全审计等在内的云安全防护体系，采取数据存储安全、漏洞补丁管理、虚拟防火墙、虚拟环境隔离技术、病毒防护以及云环境安全监测等措施，保障云平台安全运行。

参考文献

[1] 中国智能配电与物联网创新平台.中国智能配电与物联网行业发展报告（2021）[M].北京：电子工业出版社，2022.

[2] 范明天.中国配电网面临的新形势及其发展思路[J].供用电，2013，30（1）：8-12.

[3] 龚向阳，周开河，徐孝忠，等.含分布式光伏的配电网电压分区协调控制方案[J].电力系统及其自动化学报，2018，30（5）：127-133.

[4] 范明天，张祖平，苏傲雪，等.主动配电系统可行技术的研究[J].中国电机工程学报，2013，33（22）：12-18.

[5] 罗凤章，宋晓凇，魏炜，等.含光伏有源配电系统分析评估软件设计与应用[J].电力系统及其自动化学报 2020，32（7）：1-8.

[6] 张冰洁.电力系统的自动化智能应用分析[J].电子技术，2021，50（2）：146-147.

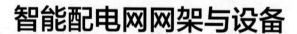

第 4 章
智能配电网网架与设备

本章介绍智能配电网典型中低压网架结构和未来网架形式及典型配电设备，首先给出了典型中低压配电网网架结构，包括中性点接线方式和中低压配电线路的接线模式，并介绍了未来中低压配电网网架结构及发展趋势；然后对智能配电设备进行了概述，包括架空线路类配电设备和电缆线路类配电设备，讨论了智能配电设备发展历程，介绍了现行智能配电设备及发展趋势。

4.1 智能配电网网架

我国的配电网分为高压配电网、中压配电网和低压配电网。高压配电网主要包括 110/66/35kV 电压等级；中压配电网主要包括 20/10/6kV 电压等级，其中 10kV 电压等级最为常见且应用范围也最广泛，20kV 电压等级在部分省市进行试点应用，6kV 电压等级主要应用于一些大型工矿企业及其供电区域；低压配电网主要包括 380/220V 电压等级。

配电网的网架是由高压变电站的主接线以及与其相连的各种中压配电网的接线模式构成的一个有机的整体。高压、中压和低压配电网三个层级的网架应相互匹配、强简有序、相互支援，以实现配电网技术经济指标的整体最优。中低压配电网的架空线路与电缆线路分别有不同的典型接线模式。

中压配电网的接线一般可以分为架空线路和电缆线路。有些城市的配电网线路是由架空线路和电缆线路混合构成的。架空线路的接线模式主要分为辐射式、多分段单联络式和多分段适度联络式；电缆线路的接线模式主要有单射式、双射式、单环式、双环式、 N-1 式以及花瓣式等。

低压配电网的接线分为架空线路和电缆线路，接线模式以辐射式网架为主。低压配电网引出线发生故障时互不影响，因此供电可靠性较高；但馈线发生故障时，线路负荷转供能力较差，可根据供电可靠性需求，增设联络开关。

4.1.1　典型中压配电网网架结构

4.1.1.1　架空线路典型网架结构

1. 辐射式网架结构

线路由变电站母线出线后，仅配有分段开关进行负荷分段和故障隔离，没有其他能够联络转供的电源。单辐射式网架结构如图 4－1 所示。

该模式线路具有结构简单、工程投资小、运行维护容易等优点，但无法满足"N-1"故障运行要求，供电可靠性较差，适用于新增负荷供电需求或偏远牧区和农村基础供电需求。

2. 多分段适度联络式网架结构

对于多分段适度联络式网架，在故障停运或计划检修情况下，线路负荷可由对侧联络线路进行转供，线路利用率最高可达 $(n-1)/n$（n 为联络数）。为提高实际可转供能力，联络点一般需在负荷等分点，实际可转供能力受负荷分布影响较大，实际线路利用率较难达到 $(n-1)/n$，如图 4-2 所示。

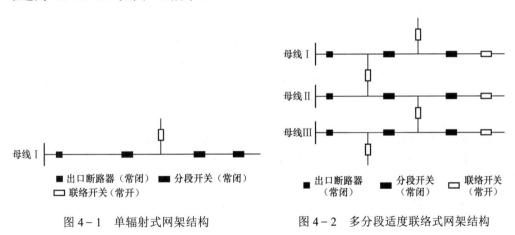

图 4－1　单辐射式网架结构　　　　图 4－2　多分段适度联络式网架结构

当联络数为 1 时，为特别的多分段单联络式网架，如图 4－3 所示。

图 4－3　特别的多分段单联络式网架

该模式线路结构复杂，满足"N-1"故障运行要求，供电可靠性高，但运行及维护要求比较高。

4.1.1.2　电缆线路典型网架结构

1. 单环式网架结构

单环式网架结构如图 4－4 所示，自同一供电区域的两个变电站的中压母线（或一个变电站的不同中压母线）馈出单回线路构成单环网，开环运行。

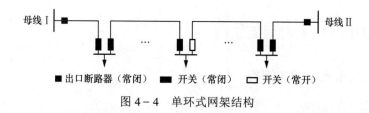

图 4-4　单环式网架结构

该模式线路任何一个区段故障，闭合联络开关，将负荷转供到相邻馈线，完成转供。在满足"N-1"的前提下，主干线正常运行的负载率仅为 50%，由于各个环网点都有两个负荷开关（或断路器），可以隔离任意一段线路的故障，用户停电时间大为缩短，供电可靠性高。

2. 双环式网架结构

双环式网架结构如图 4-5 所示，自同一供电区域的两个变电站的不同段母线各引出一回线路或自同一变电站的不同段母线各引出一回线路，构成双环网。如果环网单元采用双母线不设分段开关的模式，双环网本质上就是两个独立的单环网。

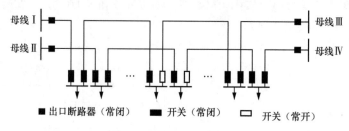

图 4-5　双环式网架结构

该模式线路在满足"N-1"的前提下，主干线正常运行时的负载率仅为 50%。该接线模式可以使用户同时得到两个方向上的电源，供电可靠性大为提升。

3. N 供 1 备网架结构

N 供 1 备网架结构由 N 路主供电源供电，一路备用电源作为后备，当主供电源停电时，可以使用备用电源供电，备用电源承担全部供电负荷或者部分供电负荷，如图 4-6 所示。

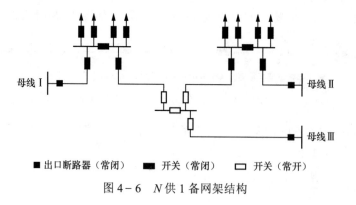

图 4-6　N 供 1 备网架结构

该模式线路供电可靠性高，但接线方式比较复杂，操作烦琐，联络线的长度较长，投资较大，线路载流量的利用率提高也不明显。

4.1.2　典型低压配电网网架结构

220/380V 配电网接线方式以放射式接线为主，如图 4-7 所示。

放射式接线的特点是其引出线发生故障时互不影响，因此供电可靠性较高。低压放射式接线多用于设备容量较大或对供电可靠性要求较高的设备的配电。

4.1.3　国外配电网典型网架结构

法国电网是世界范围内发展较为成熟的电力系统之一，管理与运作体制也与我国的相似。法国电网是以 400kV 网架为主体的全国统一电网，其分布情况为以巴黎为中心，呈辐射状向外延伸。法国电压等级标准：高压/超高压为 63、90、225、400kV；

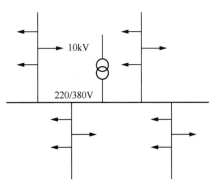

图 4-7　放射式低压接线方式

中压为 5.5、10、15、20、33kV；低压为 400V。随着电力需求的增长和负荷密度的增加，法国对电压等级进行进一步精简，将 20kV 作为中压配电网的唯一标准电压。法国配电网有三种网架结构：第一种是用电客户占 20%的经济发达的大城市，高中压变压器采用小容量、多布点的配电模式，20kV 配电网采用双回路、双 T 接线模式，在 T 接客户处设置备用电源自投；第二种是用电客户占 60%左右的除巴黎、里昂等大城市以外的中小城市以及巴黎、里昂周边的地区，高中压变压器也采用小容量、多布点的配电模式，20kV 配电网采用单回路、合理设置遥控开关、手拉手的接线模式；第三种是负荷密度较低的农村地区，20kV 配电网采用单回路、合理分段、手拉手的接线模式。

日本电网电压等级标准为 500、275、154、66、22（6.6）、0.1（0.4）kV。东京配电网虽然配电自动化 100%覆盖，但智能化程度不高，配电网主要以架空线路为主，地下电缆只占 4%左右。其中，154kV 配电网多采用双电源多端子单元方式；66kV 配电网多采用环网结构、手拉手网络结构；22kV 配电网多采用主备线路；6.6kV 配电网采用环网结构、手拉手网络结构。日本 6kV 配电系统接线方式如图 4-8 和图 4-9 所示。

韩国智能配电网的管理模式和中国的类似，配用电由韩国电力公司统一管理，智能配电网建设的重点是消费者参与、发展可再生能源、创建新电力市场、提高智能电力的服务质量，以及电力资产的高效化、运维的先进化。韩国电压等级标准为 220、66、22、0.4kV。韩国配电网采用多重连接、开环运行、架空与电缆线路混合使用的结构方式，即采用复杂的网络状链接结构。

新加坡的整个输配电网都采用地下电缆，主网电压等级标准为 400/230kV，配电电压等级标准为 22/0.4kV。新加坡电网的可靠性及质量一直处于世界领先水平，配电网以 22kV 网架为主，分布在城市各分区，以闭环 $N-2$ 规则运行。变电站每两回 22kV 馈线构成环网进而形成花瓣结构，称为梅花状供电模型。不同电源变电站的每两个环网又相互连接，组成花瓣式相切的形状，其网络接线实际上是由变电站间的单联络和变电站内的单联络组合而成的，站间联络部分开环运行，站内联络部分闭环运行，而两个环网之间的联络处为最重要的负荷所在。由一个变电站的一段母线引出的一条出线环接多个配电站后，再回到本站的另一条母线，由此构成一个花瓣；多条出线便构成多个花瓣，多个花瓣构成以变电站为中心的一朵花，每个变电站就是一朵梅花。原则上不跨区供电，通过花瓣相切的方式满足故障时的负荷转供，构成多朵梅花供电的城市整体网架，显示了良好的可扩展性。新加坡花瓣状网架结构如图 4-10 所示。

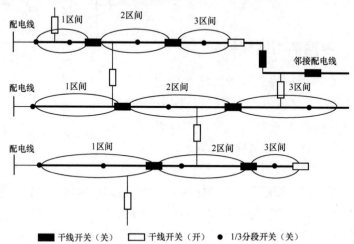

图 4-8 日本 6kV 架空配电线系统接线方式：6 分段 3 并网方式

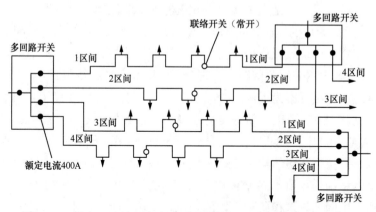

图 4-9 日本 6kV 地下配电线系统接线方式：4 分段 2 并网方式

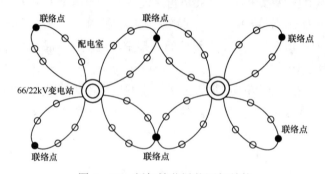

图 4-10 新加坡花瓣状网架结构

48

4.1.4　高可靠智能配电网网架发展趋势

4.1.4.1　新型中压配电网网架结构

新型配电系统是承载分布式新能源供给规模化、灵活性调节资源接入规模化、能源消费高度电气化的枢纽型平台，承担着电源侧"清洁替代"和负荷侧"电能替代"的重要作用。新型配电系统将来自远方的集中式新能源电能安全、可靠、经济地配送给用户，用户只有消费了电能才能实现新能源生产的价值。在新型电力系统建设背景下，为助力实现"双碳"目标，新型配电系统形态特征将发生很大改变，其中网架结构也将出现比较大的变化，以满足更高的供电可靠性的需求。新型中压配电网网架结构包括花瓣式、雪花网、钻石型、交直流混联等方式，可有效提升供电可靠性。

1．花瓣式网架结构

花瓣式电缆线路由两个"花瓣"组成，每一个"花瓣"来自同一个变电站的同一母线，形成一个合环运行线路——环网"花瓣"。"双花瓣"之间接入的开关站分段开关开环运行、互为备用。花瓣式网架结构如图 4-11 所示。为了满足运行需求，开关站进出线均配置断路器。当线路任一段发生故障时，其两端站点的断路器瞬时切开故障区域，非故障区域不受影响。该结构特点是配电线路合环运行，供电可靠性非常高，满足负荷转供能力达到 100% 的要求。

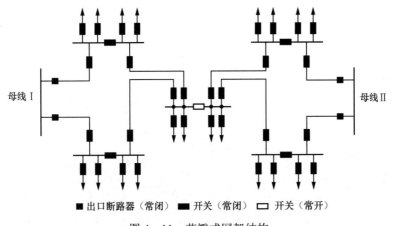

母线Ⅰ　　　　　　　　　　　　　　　　　　　母线Ⅱ

■出口断路器（常闭）　■开关（常闭）　□开关（常开）

图 4-11　花瓣式网架结构

花瓣式网架结构闭环运行能够解决现有中压配电网开环运行中的供电可靠性提升瓶颈问题。当一段线路或一台设备发生故障时，采用花瓣式网架结构能够快速隔离故障，实现故障段"零秒"自动隔离、非故障段不间断供电，供电可靠率超过99.9999%。

2．"雪花网"网架结构

依托最优分段联络技术和分层分群理论，在原有的 2 座变电站组网模式基础上进行升级，以环网箱为组网单元，将 3～4 座变电站组团，通过 10kV 电缆有规则地建立起站内联络和站间联络，形成八边形或者六边形"雪花网"。

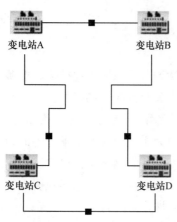

图 4-12　"雪花网"网架结构

"雪花网"在设备方面实现了电网控制终端、光纤通信终端网络、智能融合终端全覆盖；在技术方面运用网络自动重构技术、在线合环计算技术等，实现了负荷灵活转移和快速自愈，电网承载能力提升近 30%。"雪花网"网架结构如图 4-12 所示。该网架结构具备安全可靠、经济高效、绿色低碳、服务优质、优化互动 5 项特征，可自动感知故障信息、确定故障位置、完成自主修复，适应新能源、储能、电动汽车等多元化负荷高比例接入电网。

"雪花式"配电网网架构建起了交直流系统并存的混合运行方式，能够抵御新能源不确定特性给电网带来的负荷冲击，供电可靠率提升至 99.99965%，电网使用效率提升近 30%。

3．钻石型配电网网架结构

钻石型配电网采用以 10kV 开关站为核心节点、用双侧电源供电、配置快速自愈功能的双环网结构。钻石型配电网网架结构如图 4-13 所示。

该网架结构具有"全互联、全电缆、全断路器、全自愈"的技术特征，可显著提升供电可靠性和负荷转供能力，同时兼顾建设改造经济性的特点，可以满足检修方式下"N-1"安全校核，从而有效减少计划检修及施工停电时间，大幅度提升城市中心区的供电可靠性。

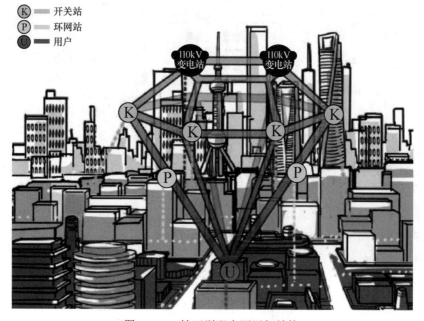

图 4-13　钻石型配电网网架结构

4．交直流混联配电网网架结构

直流配电网网架结构主要有辐射型、两端供电型和环型。辐射型直流配电网由不同电压等级的直流母线组成骨干网络，分布式电源、交流负载与直流负载通过电力电子装置与直流母线相连，其结构简单，对控制保护要求低，但供电可靠性较低；与辐射型直流配电网相比，当一侧电源故障时，两端供电型直流配电网可以通过操作联络开关，向另一侧电源供电，实现负荷转供，提高整体可靠性；环型直流配电网的运行方式与两端供电型直流配电网相似，但环型直流配电网可实现故障快速定位、隔离，且供电可靠性更高。

在典型的交直流混合配电网中，几个交流子区域的配电网之间通过一个直流子区域配电网连接，每个交直流子电网分别含有分布式电源（风电等）、储能、交直流负荷等元素，而交直流子区域配电网之间的能量转换由电压源换流器（voltage source converter，VSC）站来完成。多端口交直流混联中压配电网网架结构如图 4-14 所示。

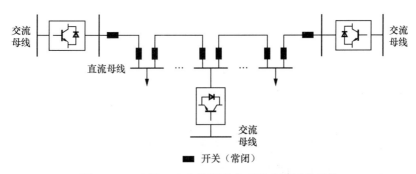

图 4-14　多端口交直流混联中压配电网网架结构

交直流混联配电网可以更好地接纳分布式电源和直流负荷，缓解城市电网站点走廊有限与负荷密度高的矛盾，提高系统安全稳定水平并降低损耗，有效提升城市配电系统的电能质量、可靠性与运行效率。

4.1.4.2　新型低压配电网网架结构

新能源接入低压配电网，主要由不同类型的负荷、可再生能源以及电网主线路构成，其中分布式电源主要供给本地负荷，不足部分通过主线路由电网供应。相比之下，交流配电网涉及更多的功率变换环节，直流配电网在负荷侧及可再生能源并网侧简化了功率变换环节，减少了可再生能源并网及负荷侧功率损耗，但主线路侧需要增加交流-直流（AC-DC）变换器，从而增加了主线路侧的功率损耗。新能源接入低压配电网拓扑结构如图 4-15 所示。

为了满足分布式光伏高比例接入、高效消纳并就地实现配电网源荷平衡，以电力电子装置为核心，构建中低压柔性合环、交直流混合配电网，利用电力电子装置的灵活、快速功率调节特性，提升有源配电网的潮流控制能力；利用交直流变换器，构建交直流混合配电网，更加灵活地接入分布式电源、储能及充电设施、数据中心等直流型负荷，有效提升供电可靠性。

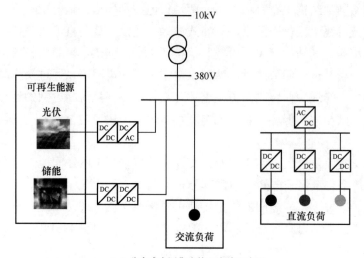

（a）分布式电源集中接入交流配电网

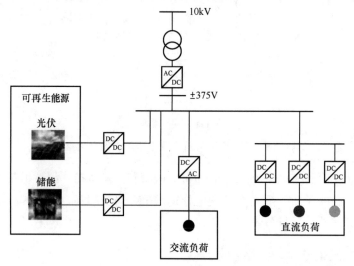

（b）分布式电源集中接入直流配电网

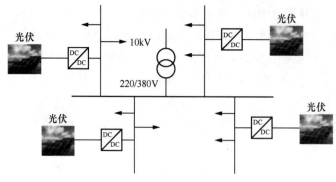

（c）分布式电源用户侧接入

图 4-15　新能源接入低压配电网拓扑结构

图 4-16 所示为 3 台区低压互联拓扑结构，台区之间通过低压直流母线互联，汇集了分布式光伏、储能、交直流负载等元素，实现了低压台区间互济供电、峰谷调电、有序充电、电能质量控制、微电网运行控制等功能，达成了源网荷储的友好互动，有效提高了配电资产的利用率，大大提升了供电可靠性，成功解决了传统分布式光伏接入的电能质量和运行调度问题。

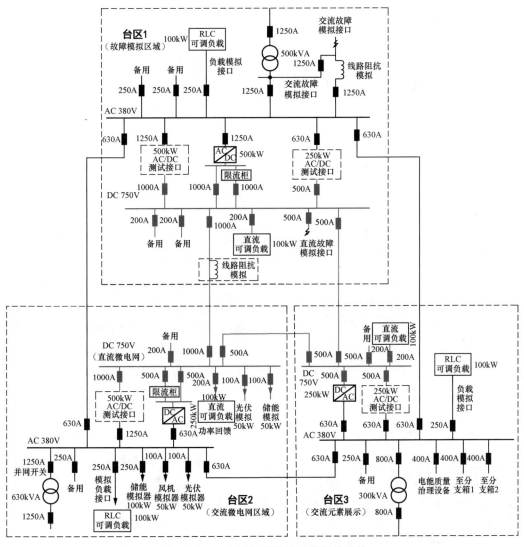

图 4-16　3 台区低压柔性互联拓扑结构

4.2　智能配电设备

智能配电设备将传感技术、控制技术、计算机技术、信息技术、通信技术与常规配电设备有机结合，具备了测量数字化、控制网络化、状态可视化、信息互动的新特征，实现了从模拟接口到数字接口、从电气控制到智能控制的跨越，从而有效提升了配电设备与配电网的互动水平。

4.2.1 智能配电设备发展历程

中压智能配电设备的发展主要经历了从一/二次分体式设备到成套化设备，再到一体化深度融合设备的三个阶段；低压智能配电设备的发展则主要经历了从一次设备到一/二次设备的智能化融合一个阶段。

1. 一/二次分体式设备

早期的配电一次设备和二次设备是分开、分步安装部署的，缺乏统一接口和规范，供货、安装不同步，要在现场进行一/二次设备的接口匹配、互感器安装改造、操动机构改造等工作。一/二次分体式设备结构如图 4-17 所示。

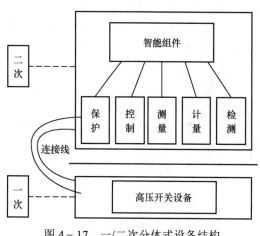

图 4-17 一/二次分体式设备结构

一/二次分体式设备存在以下问题：①配电网一次开关设备与二次配电终端由于是分体设计安装的，接口标准化程度不高且互换性较差，同时设备质量分体检测方式无法确保集成后产品的性能，一/二次设备厂家责任纠纷频出，缺乏一/二次设备联动测试机制；②配电网设备在运行过程中由于触点抖动、触点接触不良、强电磁干扰等原因，频繁出现遥信抖动问题；③设备在长期运行过程中，裸露金属体（不锈钢板、镀锌板）温度低于周围空气温度会导致凝露问题，雨水进入还会导致设备无法运行；④电气接口防护不足。

2. 一/二次成套化设备

2016 年 5 月，国家电网公司提出了配电设备一/二次融合的技术需求，通过提高配电一/二次设备的标准化、集成化水平，提升配电设备运行水平、运维质量与效率，服务配电网建设改造行动计划。国家电网公司以打造"安全可靠、融合高效"为技术目标，以需求为导向、检测为保障，主要面向配电网建设改造中的增量设备，按照总体设计标准化、功能模块独立化、设备互换灵活化的思路，分阶段推进配电设备一/二次融合工作。

为了稳妥推进一/二次设备融合技术，协调传统成熟技术的可靠性与新技术的不确定性之间的矛盾，技术方案分两个阶段推进：第一阶段为配电设备的一/二次成套阶段，主要工作是将常规电磁式互感器（零序电压除外）与一次本体设备组合，并采用标准化航空插接头与终端设备进行测量、计量、控制信息交互，实现一/二次成套设备招标采购与检测；第二阶段为配电设备的一/二次融合阶段，结合一次设备标准化设计工作同步开展，主要工作是将一次本体设备、高精度传感器与二次终端设备融合，实现"可靠性、小型化、平台化、通用性、经济性"目标。

一/二次成套化设备结构如图 4-18 所示。

柱上开关一/二次成套装置由开关本体、控制单元、电源电压互感器（TV）、连接电缆等构成。开关本体内置高精度、宽范围的电流互感器和零序电压传感器，应提供 I_a、I_b、I_c、I_0（保护及测量合一）电流信号和零序电压 U_0 信号，满足故障检测、测量、线损采集等功能要求。在开关两侧安装 2 台电磁式电压互感器，电磁式电压互感器应采用双绕组，为成套设备提供工作电源和线路电压信号。柱上开关一/二次成套装置具备采集三相电流、零序电流、2 个线电压、零序电压的能力，满足计算有功功率、无功功率、功率因数、频率和线损采集的功能。

环网柜由环进环出单元、馈线单元、电压互感器单元、DTU 公共单元柜、DTU 间隔单元组成。DTU 公共单元采用独立二次

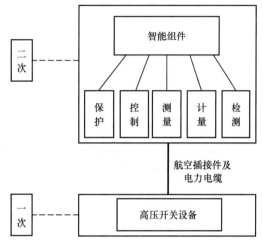

图 4-18 一/二次成套化设备结构

柜，含 DTU 公共单元核心装置、电源管理模块、后备电源；DTU 间隔单元嵌入式安装在开关间隔二次箱，其电源由 DTU 公共单元统一提供。DTU 间隔单元实现本间隔的"三遥"、线损采集、相间与接地故障处理、与 DTU 公共单元通信功能，与 DTU 公共单元实现互联、互通、互换。环网柜具备即插即用、小型化、平台化、通用性、统一运维、批量检测、经济性等特点。

3. 一/二次深度融合设备

在一/二次设备成套化阶段，一次设备和二次设备之间仍处于相对分离的状态，二次设备智能单元内嵌在一次设备是第二阶段的研究方向，以打破电力设备企业的市场格局，使得企业向一/二次设备深度融合的方向发展、转变。一/二次设备的深度融合不仅仅是技术发展的趋势，也是市场发展的必然结果。

对于一/二次深度融合开关，针对第一阶段一/二次设备融合程度低、组成设备多、安装工作量大等问题，构建了配电终端、量测传感器、大功率电容取电模块、隔离开关等多维元件全集成于开关本体的超融合构架，配电终端模块和后备电源模块采用插接式结构设计，并配有专用操作工具，可在不停电工况下进行更换，易装易卸易维护。

对于柱上开关、开关柜（环网柜）、变压器等主要配电设备，从设备安全可靠及寿命匹配角度使用配电一/二次设备深度融合新型材料及传感方案的兼容匹配技术，按照结构集成化、功能模块化、接口标准化、易于检修运维等要求，开展配电一/二次设备深度融合功能、结构、电气、通信、接口等方面的设计与优化，研制出高度嵌入集成的一/二次融合模块和集成多参量传感或（和）智能终端的多功能数字化装备。

一/二次深度融合设备结构如图 4-19 所示。一/二次深度融合设备包括结构紧凑、性

能稳定、安全可靠的配电一/二次深度融合柱上开关、开关柜（环网柜），实现配电一/二次设备的高度集成和同步生产。

4.2.2　典型智能配电设备

智能配电设备以配电一次设备为基础，集成各类互感器或传感器，通过标准化接口融合二次配电终端，并配套取电装置、后备电源及辅助设施等。

1. 柱上开关

柱上开关是用在电线杆上保障用电安全的一类开关，主要作用是隔离电路的高压。柱上开关常见的有柱上断路器、柱上负荷开关、柱上隔离开关，三者之间性能是完全不同的，使用地点、方式也有所区别。柱上开关外形如图 4-20 所示。

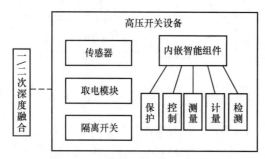

图 4-19　一/二次深度融合设备结构　　　　图 4-20　柱上开关外形

（1）柱上断路器主要用于配电线路区间分段投切、控制、保护，能开断、关合短路电流。

（2）柱上负荷开关具有承载、分合额定电流的能力，但不能开断短路电流，主要用于线路的分段和故障隔离。

（3）柱上隔离开关主要用于隔离电路，分闸状态有明显断口，便于线路检修、重构运行方式，有三极联动、单极操作两种形式。柱上隔离开关能承载工作电流和短路电流，但不能分断负荷电流，可开合励磁电流不超过 2A 的空载变压器、电容电流不超过 5A 的空载线路。柱上隔离开关一般动稳定电流不超过 40kA，操作寿命在 2000 次左右。

2. 环网柜

环网柜是将电力线缆或电气设备通过金属或非金属封闭开关设备进行连接的组合式开关柜。它主要用在发电厂、变电站等场所。环网柜是一种静止式成套配电装置，主要用于接收和分配电能，可对电压等级在 35~1000kV 的电力系统中的发电机组、变压器等各种高压电气设备和线路进行集中控制。

环网柜组成部件包括主母线、断路器、隔离开关、接地开关及避雷器等，辅助元件有互感器及测量仪表等，保护元件有熔断器组合电器、自动重合器和分段器等。主母线一般采用三相五柱钢架结构或者单相两柱结构，由绝缘子串支持并固定在基础支架上。

主母线上的各出线回路均设有断路器以实现分路功能：当某一回路的电流超过额定值时，跳闸切除该回路；当某一回路上发生短路故障时，跳开另一侧断路器的动断接点，以使该回路与电源断开，从而保证其他正常回路不受影响地继续运行。隔离开关的作用是将高压交流电流按一定比例分配到各个低压配电支路中去。当某一支路发生故障时，将其隔离以保证其他正常支路的用电安全。隔离开关也可用来接通和切断某些重要电路的联络。接地开关用于将主母线的零序电位引入大地，以防人身触电事故的发生。分段器和自动重合器的作用是配合断路器实现线路的分段和选择性连接以及过载长度的限制等功能。自动空气开关主要用于防止因误操作引起的事故，并对供电系统的紧急停止有一定的作用。环网柜外形如图 4-21 所示。

环网柜一般分为空气绝缘、固体绝缘和六氟化硫（SF_6）绝缘三种，用于分合负荷电流，开断短路电流及变压器空载电流，对一定距离架空线路、电缆线路的充电电流起控制和保护作用，是环网供电和终端供电的重要开关设备。

3. 配电变压器

配电变压器可分为单相、三相变压器，有油浸式、干式等冷却方式。常见的配电变压器有普通油浸式变压器、密封油浸式变压器、卷铁心式变压器、干式变压器、非晶合金变压器等。配电变压器的铁心和绕组构成变压器的电磁部分，除此之外有绝缘、冷却、调压、保护等部件。配电变压器铁心材料有硅钢片及非晶合金材料两种，结构有平面叠铁心、平面卷铁心和立体卷铁心三种。配电变压器外形如图 4-22 所示。

图 4-21 环网柜外形　　　　　　　图 4-22 配电变压器外形

配电变压器在结构、材料、绝缘、控制等方面一直向着节能型、小型化、低噪声方向发展。可靠的绝缘是保证配电变压器长期稳定运行的重要条件：一方面，通过研究绝缘材料的电气性能、耐热性能、力学性能和理化性能提升配电变压器的本体性能；另一方面，智能化的首要目标是保证配电变压器安全、可靠、经济运行和实现功能优化，通过与电网系统的交互管理，可实现设备状态的可视化、监控终端的网络化。

4. 低压断路器

低压断路器是一种既有手动开关作用，又能自动进行失电压、欠电压、过载和短路保护的电器。低压断路器具有过载、短路和失电压保护装置，在电路发生过载、短路、电压降低或消失时，可自动切断电路，以保护电力线路及电源设备。常见的低压断路器有塑壳断路器、微型断路器等。塑壳指的是用塑料绝缘体作为装置的外壳，用来隔离导体及接地金属部分。塑壳断路器能够在电流超过跳脱设定后自动切断电流。塑壳断路器通常含有热磁跳脱单元，而大型塑壳断路器会配备固态跳脱传感器。塑壳断路器跳脱器分为热磁跳脱器与电子跳脱器。低压断路器常用的额定电流共有以下几种100、125、200、250、400、630A等。低压断路器外形如图 4-23 所示。

4.2.3　配电设备发展趋势

图 4-23　低压断路器外形

配电设备通过采用环保气体、新介质、新材料、新技术等方式，正在向环保节能化、紧凑小型化、结构标准化、操作智能化、一/二次深度融合方向发展。

1. 一/二次深度融合柱上开关

未来的一/二次深度融合柱上开关将采用一/二次融合式结构，本体由通用户外式交流真空断路器的开关主箱和操动副箱以及与其连体的智能副箱组成，结构简洁。开关部分和操动机构位于两个连体的开关主箱和操动副箱内，开关主箱和操动副箱均能达到电气安全要求，电气安全性能高。

一/二次深度融合柱上真空断路器将会有更多的智能模块，智能模块为免维护的黑匣子形式，故障处理速度快，运行维护安全、方便。智能模块采用旋转插接式设计，外壳有导向条，保证其与智能副箱的精准定位安装。智能模块配有专门设计的操作工具杆，可在不停电工况下进行更换，人员无须进行额外的技术培训。

一/二次深度融合柱上真空断路器未来将配置电压传感器、电流传感器用于电气量采集以及保护功能的实现。电子式传感器均安装在开关主箱中，线性度高，温度特性好。同时配置双侧电容式取电装置安装在开关主箱中，替代传统电磁式电压互感器。产品安装使用时电气接线简单，安装后杆状简洁美观。一/二次深度融合柱上开关外形如图 4-24 所示。

2. 一/二次深度融合环网柜

未来的一/二次深度融合环网柜成套设备可实现环网箱设备自动化数据和状态感知数据的本地集成和融合，实现物理设备和信息系统的有机集成。一/二次深度融合环网柜将会总体按照接口标准化、功能模块化的原则设计，终端单元基于分散式智能站终端设计原则实现。一/二次深度融合环网柜外形如图 4-25 所示。

图 4-24　一/二次深度融合柱上开关外形

图 4-25　一/二次深度融合环网柜外形

一/二次深度融合环网柜实现思路如下：

（1）二次回路模块化。将电压互感器柜和间隔柜二次回路优化组合，形成数个二次回路模块，并规范各模块的实现原理。

（2）一/二次模块融合。取消 DTU 操作模块，将其融入间隔柜二次模块中。

（3）连接器标准化。二次模块主要采用矩形连接器，规范定义，兼容分散式 DTU 和集中式 DTU 的接线标准，采用定制线束实现各二次模块之间的连接，减少扎线，无裸露端子。

（4）状态信息全景感知。深度解析状态传感器接入数据，建立多维度分析模型，实现基于站端协同的开关态势感知功能。接入的传感器包括温湿度、水位监测、烟雾、SF_6 气体、蓄电池在线监测、开关机械特性监测、局部放电、电缆头测温等传感器。

3. 10kV 网源并网开关

10kV 网源并网开关的未来趋势也是向一/二次融合发展，将电压/电流传感器、大功率电容取电模块、内置隔离开关、馈线终端、后备电源与断路器本体进行一体化深度融合，形成整体式结构，实现同使用寿命设计。馈线终端模块和后备电源模块采用插接式结构设计，并配有专用操作工具，可在不停电工况下进行更换。大功率电容取电模块可不通过后备电源直接驱动开关动作，并同时为 FTU、通信模块供电以及为后备电池充电，可单侧或双侧配置。10kV 网源并网开关外形如图 4-26 所示。

4. 光伏并网断路器

未来的光伏并网断路器将以小型并网开关为主体，采用更多智能驱动模块，实现一体化、小体积、大电流设计，以及可靠分合闸指示、隔离、失电压自动分闸并闭锁合闸、复电自动合闸功能。光伏并网断路器外形如图 4-27 所示。

光伏并网断路器具备以下功能：

（1）可靠隔离功能。公网电源停电时，并网点断路器断开分布式电源并网主回路，该开关分合指示与开关触头联动，与公网电源实现可靠隔离功能。

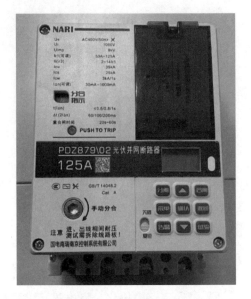

图 4-26　10kV 网源并网开关外形　　　　图 4-27　光伏并网断路器外形

（2）防孤岛保护功能。公网停电时，断开分布式电源并网主回路，实现合闸闭锁，闭锁后断路器不可进行人工合闸操作。

（3）延时合闸功能。公网恢复供电后，并网点断路器实现检测并延时自动合闸功能。该功能在公网恢复送电后，保证分布式电源可以及时恢复送出，提高用户分布式电源的发电效率与发电收入。

（4）闭锁功能。公网电源停电时，并网点断路器断开分布式电源并网主回路，该开关与公网电源实现隔离后具备合闸闭锁功能，可防止人工合闸后影响电网检修人员的生命安全。

（5）拓展大容量。光伏并网断路器旁热式方案设计，具备灵活性与兼容性，自适应能力强。

（6）安全功能拓展。该系列并网开关具有过载、短路保护功能，可进行自动或手动操作。可根据公共电网端的电压和频率的变化，通过被动的检测方式判断是否产生孤岛现象，作为光伏发电系统中孤岛现象的后备保护，提高检修人员的生命安全。

（7）安装方便。新研发的并网断路器传承了传统低压开关的尺寸，具备导轨安装、方便快捷、便于更换的特点。

5. 直流设备

（1）中压直流断路器。直流系统故障发展迅速，且系统中的交直流变换设备难以承受长时间的短路电路冲击，因此要求直流系统发生故障后能够在 10ms 以内切除。纯机械式的断路器无法满足直流快速开断的要求，目前中压直流断路器以混合式直流断路器为主，结合了机械式直流断路器和全固态直流断路器的优点，已经成为直流断路器的重要发展方向。混合式中压直流断路器原理图如图 4-28 所示。该直流断路器主要包括快速机械开关支路（主通流支路）、电力电子开关-耦合负压支路（转移支路）和避雷器支路（能量吸收支路），三条支路并联后与控制系统相连，控制系统控制三条支路的通断。正常导通情况下，电流流过快速机械开关支路；故障发生时断路器动作，快速机械开关分闸，电流转移至电力电子器件串联开关支路；随后电力电子器件串联开关关断，线路能量被能量吸收支路吸收，线路电流下降至零。

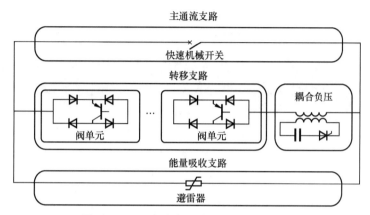

图 4-28 混合式中压直流断路器原理图

除主电路回路外，直流断路器自身也含控制保护系统，能够快速、准确地判断线路的运行情况，并根据后台综合自动化系统的指令进行动作；能够实时监测自身的运行情况，快速准确地执行控制命令，快速判断故障并做出响应。控制保护系统一般包含直流断路器控制主机（DBC）、机械开关控制器（SCU）、电力电子器件驱动器（ICU）、耦合负压装置控制器（NCU）、开关充电机（SPU）、耦合负压装置充电机（NPU）、人机操作部分等。

（2）低压直流成套开关设备。低压直流成套开关设备主要应用于轨道交通、直流配用电网、直流微电网等场景，是直流配用电成套一/二次集成设备，额定电压在直流 750V 及以下，由低压直流断路器、直流保护测控装置、多功能直流表、直流电能表、分流器、电压/电流传感器、避雷器等组成，具有保护、测控、通信、计量功能。低压直流成套开关设备根据应用场景分为进线柜、分段柜、馈线柜，根据电源特性分为真双极和伪双极断路器柜，根据直流母线和直流馈线容量又分为多种规格的断路器柜，其中低压直流断路器目前以机械式断路器为主。

（3）低压直流柔性互联系统。低压直流柔性互联系统主要实现电能治理、重载转供、负载均衡、失电支援、源荷转供、故障隔离、动态组网等功能，同时通过柔性互联实现分布式新能源、电力电子设备等的友好接入，提升分布式能源的接纳能力。低压直流柔性互联系统由配电物联网云主站、智能融合终端、低压直流柔性互联设备三层构成。其中，配电物联网云主站主要对安装低压直流柔性互联设备的配电台区进行数据监视、策略控制下发、运行管理；在智能融合终端部署柔性互联 App，负责本配电台区内电压、电流、功率、开关状态等配电变压器信息的采集，以及对柔性互联变换器、协调控制装置进行监视与控制，与相邻台区智能融合终端进行信息交互，实现低压直流互联的各控制策略的站控层控制，对上与配电物联网云主站进行通信；低压直流柔性互联设备由柔性互联换流器、限流器、交流进线开关、智能融合终端、协调控制装置、交换机、直流开关、同期装置等组成，实现台区间柔性互联的数据采集、就地控制功能，执行功率与运方控制指令，实现保护故障定位与隔离、同期合闸等快速控制功能。台区低压直流柔性互联系统架构如图 4－29 所示。

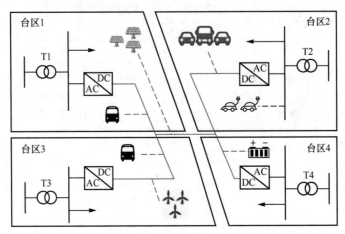

图 4－29　台区低压直流柔性互联系统架构

参考文献

[1] 李鹏，王瑞，冀浩然，等.低碳化智能配电网规划研究与展望[J].电力系统自动化，2021，45（24）：10-21.

[2] 吴争荣，包新晔，尹立彬，等.基于微服务架构的智能配电网基础平台开发[J].计算机应用与软件，2022，39（9）：38-44.

[3] 姚卓磊，黄文焘，余墨多，等.智能配电网电力-通信灾害故障动态协调恢复方法[J].电力系统自动化，2022，46（19）：87-94.

[4] 李振坤，何苗，苏向敬，等.基于生物体免疫机制的智能配电网故障恢复方法[J].中国电机工程学报，2021，41（23）：7924-7937.

[5] 张晖，佘蕊，张宁池，等.基于 5G 通信的智能配电网改造经济性综合评估方式[J].科学技术与工程，2021，21（25）：10746-10754.

[6] 秦立军，张国彦，陈晓东，等.含 DG 的智能配电网快速自愈技术研究[J].电测与仪表，2021，58（7）：67-73.

[7] 胡鹏飞，朱乃璇，江道灼，等.柔性互联智能配电网关键技术研究进展与展望[J].电力系统自动化，2021，45（8）：2-12.

[8] 汤波，杨鹏，余光正，等.基于负荷峰谷耦合特性的中压配电网供区优化方法[J].中国电机工程学报，2022，42（19）：7051-7063.

[9]　黄毕尧，张明，李建岐，等.联合高低频电力线通信的中压配电网拓扑自动识别方法[J].高电压技术，2021，47（7）：2350-2358.

[10]　陈沛东，曹华珍，何璇，等.中压配电网近邻交互式分布式拓扑辨识算法[J].电力工程技术，2023，42（2）：139-146.

[11]　张国驹，裴玮，杨鹏，等.中压配电网柔性互联设备的电路拓扑与控制技术综述[J].电力系统自动化，2023，47（6）：18-29.

[12]　葛少云，蔡期塬，刘洪，等.考虑负荷特性互补及供电单元划分的中压配电网实用化自动布线[J].中国电机工程学报，2020，40（3）：790-803.

[13]　梁栋，张煜堃，王守相，等.基于非线性回归的含隐节点低压配电网参数和拓扑联合辨识[J].电力系统及其自动化学报，2021，33（11）：28-36.

[14]　李浩，曹华珍，吴亚雄，等.含光伏低压配电网边端功率-电压控制方法[J].南方电网技术，2022，16（11）：139-148.

[15]　王华清，黄道春，陈鑫，等.一二次融合开关设备操作电磁骚扰特性及防护研究进展[J].高电压技术，2022，48（1）：269-280.

[16]　国网电力科学研究院武汉南瑞有限责任公司.一二次融合成套柱上断路器[J].电力系统自动化，2020，44（19）：209.

[17]　贾勇勇，朱孟周，杨景刚，等.12kV 一二次融合开关设备接地故障信号的高可靠性解析[J].高压电器，2021，57（10）：158-166+175.

[18]　张志华，宋光达，甄建辉，等.配电网一二次融合开关传导电磁干扰试验方法研究[J].高压电器，2021，57（8）：69-77.

[19]　刘东超，陈志刚，崔龙飞.基于物联网的环网柜在线监测技术研究[J].电力系统保护与控制，2022，50（20）：60-67.

[20]　朱彦卿，蒋成博，娄源通，等.基于一体式极柱的 12kV 环保气体绝缘环网柜的研制[J].高压电器，2020，56（11）：46-50.

[21]　冯祥伟，张永辉，娄源通，等.一种 12kV 双隔离干燥空气绝缘环网柜的研发[J].高压电器，2021，57（2）：153-158.

[22]　车伟，陈洁，胡亚杰，等.光伏快速充电站配电变压器端电能质量综合控制研究[J].电力系统保护与控制，2022，50（21）：128-137.

[23]　崔凤新，卢思佳，邱仕达.采用 IEWT-SAE 算法的配电变压器故障诊断方法[J].福州大学学报（自然科学版），2022，50（6）：760-766.

[24]　吴昊天，赵阳，刘子卓，等.基于小波变换的配电变压器差动保护相位补偿方法[J].电力系统保护与控制，2022，50（10）：76-83.

[25]　赵成晨，李奎，胡博凯，等.变应力条件下低压断路器剩余电寿命预测[J].中国电机工程学报，2022，42（21）：8004-8016.

[26]　尹健宁，李兴文，刘超，等.频率对低压断路器空气电弧燃弧特性影响的实验研究[J].高电压技术，2021，47（11）：3913-3922.

第 5 章

智能配电网感知

本章介绍智能配电网数据的感知体系、感知方法和感知设备的配置原则，首先介绍了配电网的感知体系和感知类型，然后重点阐述了智能配电网的主要感知设备及配置原则，用以指导中低压配电网的各类传感器部署，以最小化采集和计算推演实现智能配电网的全景感知。

5.1　配电网感知概述

5.1.1　配电网感知体系

配电网感知是指通过对配电设备配套各类传感器，实现对配电网及其自身状态的感知，判别所在位置线路和设备的运行状态、健康状态，以实现配电网监测、控制、保护、计量和状态评价等功能。

配电网感知体系架构如图 5-1 所示，从上到下依次为系统层、网络层、感知层。其中，系统层包括系统应用和平台，网络层包括远程通信和就地通信，感知层包括采集的端设备和汇聚及边缘计算的边设备。

5.1.2　配电网感知类型

智能配电设备感知的量分为电气量、设备状态量和运行状态量。

（1）电气量。电气量包括遥测、遥信和遥控三个部分。遥测包括电压（相电压、线电压、零序电压）和电流（相电流、零序电流）等。电压/电流感知设备有电压/电流互感器、电压/电流传感器。常用的电压/电流互感器为电磁式电压/电流互感器。电压传感器有电容分压传感器、阻容分压传感器和电阻分压传感器等；电流传感器有铁心线圈式低功率电流互感器（LPCT）、霍尔电流传感器、罗氏（Rogowski）线圈电流传感器等。遥信是为了将断路器、隔离开关、中央信号等位置信号上送到监控后台。主站系统应采集的遥信包括断路器状态、隔离开关状态、变压器分接头信号、一次设备告警信号、保护跳闸信号、预告信号等。遥控是由监控后台发布命令，要求测控装置合上或断开某个断路器或隔离开关。

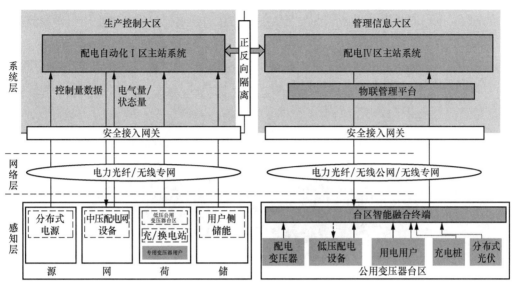

图 5-1 配电网感知体系架构

（2）设备状态量。配电设备状态感知对象有柱上开关、环网箱/室、配电变压器、电力表（箱）、低压配电柜等，状态量有温度、湿度、局部放电量、气压、开关状态、机械特性等。综合环境状态感知对象有开关站、箱式变压器、配电室等，状态量有温度、湿度、有害气体、门禁、视频、入侵情况，以及烟雾、气体灭火信息等。以温度感知传感器为例，有微型电流互感器取电测温传感器、智能测温螺栓、吸附式测温传感器、智能堵头、智能测温螺母等。物联网技术的发展，推动了以智能配电室为代表的站室监控多维度室内检测，包括室内运行环境的温湿度、电缆室内积水、屋顶渗水、电缆沟槽积水、烟雾报警、入室安防、室内监控等多方面感知技术的应用。

（3）运行状态量。配电网运行状态包括正常状态、警戒状态以及故障状态。当系统无故障且无警戒状态指标越限时，系统即为正常状态。正常状态又分为安全状态与优化状态。在安全运行的前提下，优化状态主要为经济运行状态，运行状态量包括网络损耗率、可再生能源利用率等。当系统警戒状态指标越限时，系统的运行状态即转化为警戒状态，运行状态量包括馈线、变压器的容量，节点电压等参数。当系统发生故障时，若系统通过故障恢复控制无法恢复所有的失电负荷，则系统处于故障失电状态。故障是一个过渡过程，故障发生后继电保护会相继动作，故障恢复方案也会相继执行，最后表现为未造成负荷失电。

5.2 配电网感知设备

5.2.1 配电终端

一次设备智能化的重要支撑是配电终端。配电终端通过采集配电一次设备和配电网的运行工况实时数据，在配电网正常运行时，配合实现配电网的透明化管理；在配电网发生故障时，就地智能化故障判断，或通过设备间对等信息交换判断，抑或与配电主站配合完成配电网的故障处理。通过与配电主站的互动，对配电设备进行控制和调节，从而实现配电网的优化管理。

配电终端根据不同的应用场景，通常可分为馈线终端（FTU）、站所终端（DTU）、配电变压器终端（TTU），以及近年来基于物联网技术发展推进的智能融合终端。常见配电终端外形如图 5 - 2 所示。

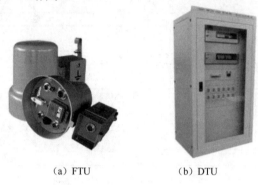

（a）FTU   （b）DTU

图 5 - 2　常见配电终端外形

常用的配电终端主要实现"三遥"功能、计量功能、录波功能、故障处理功能、分布式馈线自动化功能、通信功能、信息安全功能、状态检测功能、物联网功能、自检功能、就地维护功能及远程维护功能等。

5.2.2　台区智能融合终端

台区智能融合终端安装于配电站室、箱式变压器或柱上台式变压器处，具备对配电变压器、0.4kV 低压设备、无功功率补偿设备的运行监测、就地化分析决策、主站通信及协同计算等功能。台区智能融合终端采用平台化硬件设计和分布式边缘计算架构，以软件定义方式支撑业务功能实现及灵活扩展，支撑业务融合共享平台，如实现配电台区设备及环境等信息的物联网接入和数字化、低压台区拓扑就地自动生成、台区电能质量监测与调节、低压故障就地研判、主动式故障抢修等；支持采集台区户表业务、与营销集中器交互实现营配融合；支持电动汽车充电桩的等电能替代有序充电管控、新能源入网监控等能源互联网场景。

台区智能融合终端是智慧物联体系"云-管-边-端"架构的边缘设备，具备信息采集、物联代理及边缘计算功能，支撑营销、配电及新兴业务。台区智能融合终端采用硬件平台化、功能软件化、结构模块化、软硬件解耦、通信协议自适配设计，满足高性能并发、大容量存储、多采集对象需求，集配电台区供用电信息采集、各采集终端或电能表数据收集、设备状态监测及通信组网、就地化分析决策、协同计算等功能于一体。台区智能融合终端外形如图 5 - 3 所示。

5.2.3　智能电能表

智能电能表是以微处理器应用和网络通信技术为核心的智能化仪表，具有自动计量/

测量、数据处理、双向通信和功能扩展等功能，能够实现双向计量、远程/本地通信、实时数据交互、多种电价计费、远程断供电、电能质量监测、水气热表抄读、与用户互动等功能。以智能电能表为基础构建的智能计量系统，能够支持智能电网对负荷管理、分布式电源接入、能源效率、电网调度、电力市场交易和减少排放等方面的要求。智能电能表的基本原理为：依托模数（A/D）转换器或者计量芯片对用户电流、电压开展实时采集，经由 CPU 开展分析处理，实现正反向、峰谷或者四象限电能的计算，进一步将电量等内容经由通信、显示等方式输出。智能电能表外形如图 5-4 所示。

图 5-3　台区智能融合终端外形

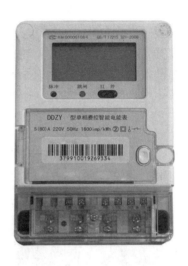

图 5-4　智能电能表外形

智能电能表从结构上大致可分为机电一体式和全电子式两大类。

（1）机电一体式。机电一体式电能表是在原机械式电能表上附加一定的部件，使其既能完成所需功能，又能降低造价且易于安装。一般而言，其设计方案是在不破坏现行计量表原有物理结构、不改变国家计量标准的基础上，通过加装传感装置变成具备机械计量和电脉冲输出的智能表，使电子计数与机械计数同步，其计量精度一般不低于机械计度式计量表。这种设计方案采用原有感应式电能表的成熟技术，多用于老旧电能表的改造。

（2）全电子式。全电子式电能表是从计量到数据处理都采用以集成电路为核心的电子器件，从而取消了电能表上长期使用的机械部件。与机电一体式电能表相比，该电能表具有体积减小、可靠性和精确度增加、耗电减少，以及生产工艺大为改善、不必只在原有意义上的专业电能表厂生产等优越性，最终会取代带有机械部件的电能表。

5.2.4　智能感知巡检机器人

智能感知巡检机器人由上位机控制系统、电气控制箱、音视频及控制信号发射接收系统、轨道机器人、吊装或壁装组件、轨道机器人移动主体机构、可控云台等部分组成。

其采用后台控制的方法，让摄像机在水平、垂直轨道或沿环形轨道上任意位置移动，通过后台上位机软件下发的指令，精准地执行设定的摄像要求；根据三维坐标设置巡检点，能根据设置的任务巡检点定时完成巡检任务，高效准确地记录设备开关位置、仪表状态、指示灯等状态，方便运维人员日常巡检及查看故障记录。

5.2.5 传感器

传感器是指用来感知配电网、采集配电网运行参数、获取配电设备运行状态及保护配电系统的稳定运行的一种设备，主要包括传感设备和智能感知机器人。

传感设备主要包括非电气量传感器和电气量传感器。非电气量传感器主要包括水位、烟感、视频监控、温湿度、门禁管理、风力监测、位移监测及红外探测等传感器，实现非电气量的监测。电气量传感器主要包括电压传感器、电流传感器以及电容分压传感器等，实现电气量的监测。常用传感器外形如图 5-5 所示。

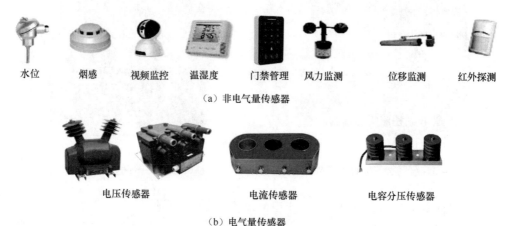

图 5-5　常用传感器外形

5.3　配电网感知设备配置原则

配电网设备规模大、范围广、位置分散，从经济合理性原则出发，需要有选择、差异化地部署感知设备，实现关键节点数据采集。通过变电站配电网出线侧和终端用户侧采集数据，结合配电网静态网架拓扑，可初步实现对配电网各节点电能量、电气量的计算并对拓扑进行校核，即通过实体电网采集和数字系统计算可基本实现配电侧可观测、可描述。可进一步提升设备本体和采集装置的数字化、智能化水平，按照"最小化精准采集+数字系统计算推演"的技术路线，充分应用现有感知设备，统筹优化新增感知设备部署策略。应以实现故障精准定位、快速隔离、非故障区段快速复电为目标，以馈线为基本单元，优化配电终端布点，针对不同区域电缆、架空线路，因地制宜，差异化地部署感知设备。

5.3.1　配电终端配置原则

配电终端在配电自动化系统中的地位非常重要，做好其配置优化意义重大。配电终端的配置涵盖安装位置、数量配置和终端类型选择。配电终端配置需要综合考虑供电区域划分、可靠性以及经济性等因素，主要包括按线配置和按节点配置两种方式。现阶段，配电终端覆盖主要采用按线配置方式，但是随着配电自动化的深化应用，需要考虑关键区域供电可靠性因素，提高对关键节点的可观、可测、可控能力，对此需要采用按关键节点覆盖方式。

中压配电终端设备包括 DTU/FTU（一/二次成套设备和"三遥""二遥"）、故障指示器，其中 DTU/FTU 主要采集 10kV 开关设备的电压、电流、功率、开关状态等数据，故障指示器主要采集 10kV 线路的电流、故障信号等数据，实时上送至配电主站，实现配电网实时监控、故障处理等功能。

DTU/FTU、故障指示器等具备模拟量采集、状态量采集、遥控输出、故障处理、遥信输出、控制输出、校时、守时等功能。应以实现故障精准定位、快速隔离、非故障区段快速复电为目标，以馈线为基本单元，优化配电终端布点，针对不同区域电缆、架空线路，因地制宜，"差异化"地选择馈线自动化模式，明确相应终端配置标准，切实保障配电自动化建设的合理性和先进性。从架空线路长度上考虑，2km 以内应至少部署一套配电终端；从电缆长度上考虑，1km 以内应至少部署一套配电终端。

按关键节点配置，是指根据供电区域类型划分、供电可靠性要求差异化进行配置，配置原则如下：

根据用户数量或线路长度，合理对架空线路分段、联络、大分支首端等开关进行"三遥"改造，新建开关均选用一/二次融合开关，同步实现"三遥"功能。

A+、A 类区域架空线路全部分段（架空、电缆混合线路主要分段），联络开关实现"三遥"功能；B、C 类架空线路至少有 2 个分段开关、1 个联络开关、大分支线路首端开关、大专用变压器用户分界开关、中压分布式光伏接入点并网开关实现"三遥"功能；D 类区域架空线路至少有 2 个分段开关、大分支线路首端开关、大专用变压器用户分界开关、中压分布式光伏接入点并网开关实现"三遥"功能；E 类区域架空线路至少有 1 个分段开关、大分支线路首端开关实现"三遥"功能；其他位置可配置远传型故障指示器。

A+、A 类区域电缆线路全部实现"三遥"功能；对于 B、C 类区域电缆线路，开关站全部实现"三遥"功能，双环网联络点所在站室实现"三遥"功能，联络点两侧线路中段各有 1 个站室实现"三遥"功能，单环网所有站室实现"三遥"功能。

5.3.2　台区智能融合终端配置原则

台区智能融合终端按照"一台区一终端"原则进行配置，主要安装于低压配电变压器处。配置台区智能融合终端时，需要综合考虑可靠性、经济性等因素，对分布式电源接入容量较大、三相不平衡较明显、供电可靠性要求高、故障发生概率较大地区需要重点进行配置。

台区智能融合终端采用硬件平台化、软件 App 化开发设计,可采集配电变压器低压侧电压、电流、功率等数据,收集智能开关、智能电能表、光伏逆变器、无功功率补偿等端设备的电压、电流、开关状态等数据信息,上送至物联管理平台。以台区智能融合终端为核心,台区网架各支线及重要节点部署采集终端,采集各节点的电压、电流及停电事件;变压器端部署台区智能融合终端,由其汇集台区各节点数据并结合低压台区拓扑,就地判断及预警,并分层级主动上报低压停电事件。

台区智能融合终端基于实际业务需求,针对不同场景进行差异化部署。有分布式电源接入需求的存量台区通过设备改造安装智能融合终端,实现数据交互和负荷控制。新建台区(含集中器需轮换的已建台区),按照"一台区一终端"原则建设,采用新型融合终端,实现营销和配电业务数据的一发多收。台区数据采集参考设备配置见表 5-1。

表 5-1　　　　　　　　　　台区数据采集参考设备配置表

序号	设备名称	安装位置	数量	单位	通信方式
1	台区智能融合终端	综合配电箱内/外箱	1	台	交采接口
2	低压出线设备 (低压智能断路器/低压融合开关等)	综合配电箱内/低压开关柜/户外安装	根据出线数量核算	台	RS-485
3	低压感知设备 (低压故障传感器、低压智能断路器、低压融合开关等)	架空线/分支箱	根据分支线、分支箱出线数核算	套	载波/无线/双模
		用户表箱	根据用户表箱数核算	套	载波/无线/双模
4	智能传感单元	架空线/分支箱	根据分支线、分支箱出线数核算	套	载波/无线/双模

5.3.3　智能配电房配置原则

智能配电房配置主要包含传感器配置和机器人配置两个方面。对于传感器配置,主要是针对智能配电房设备运行中所处环境的电力供应及照明、环境温湿度、烟雾消防、有害气体、水位水浸、入侵安防、视频联动等进行配置。对于机器人配置,主要是在电网建设规模不断扩张、建设速度不断加快、对供电质量的要求日益提升、工作量较大时,对人工巡检就地率和及时性得不到保证的场合进行配置。

(1)配电网传感器主要用于对配电房环境、安防、设备运行状态等进行全面监控,实现配电房运行的可视、可测、可控,缓解传统的人工巡检维护面临的困境,提升服务水平。配电网传感器主要具有以下功能:

1)对配电室变压器、高低压开关柜等设备的电气接点温度进行在线监测。

2)对配电室电流、电压等电力参数进行监测与显示,并生成报表。

3)对配电室负荷及用电量、功率因数等进行实时监测。

4)对设备在线载流量进行动态监测。

5)对配电室运行环境及周边安防情况进行监测,对报警进行远程确认。

(2)智能配电房辅助监测终端包括蓄电池监测、桩头测温、局部放电监测等设备监测终端，温湿度、烟感、水浸等环境监测终端，枪机、球机等图像监测终端，其中设备、环境监测数据上送至物联管理平台，图像监测数据上送至统一视频平台。智能配电房辅助监测终端的功能是对配电网开关站（所）、配电室（房）、电缆管道（沟）等节点场景设备及辅助设施进行数据信息采集感知，感知信息分为配电网运行状态、配电网设备状态、配电网运行环境三大类。

根据供电可靠性需求，智能配电房配置分为基础型、标准型、高端型三类，具体见表 5 – 2。

表 5 – 2　　　　　　　　　　　智能配电房配置

功能模块	功能描述		所需设备名称	配电站房		
				基础型	标准型	高端型
环境监测单元	温湿度监测		温湿度传感器	√	√	√
	浸水监测		水浸传感器	√	√	/
			水位传感器	/	/	√
	站房空间噪声监测		空间噪声传感器	/	/	√
	有害气体监测		SF$_6$气体监测传感器	/	/	√
			臭氧传感器	/	/	√
	站房火灾监测		烟雾传感器	√	√	√
	环境联动控制	环境除湿	风机联动装置	√	√	√
			空调/除湿联动装置	/	/	√
		温湿度联动空调启停	—	√	√	√
		有害气体联动风机启停	—	/	√	√
		烟感联动风机启停	—	/	√	√
安防监测单元	人员进出红外布防		红外双监探测器	/	√	√
	人员进出开门管理		智能门锁装置/门禁	√	√	√
	安防联动控制	联动装置	灯光联动装置	√	√	√
		智能门锁联动灯光开关	—	√	√	√
设备状态监测单元	站内电池电压、电流等运行状态监测		蓄电池监测传感器	/	√	√
	变压器运行噪声监测		变压器噪声探测器	/	/	√
	变压器连接桩头温度监测		变压器桩头温度探测器	/	√	√
	开关柜内电缆桩头温度监测		开关柜电缆桩头温度探测器	/	√	√
	开关柜局部放电监测		三合一局部放电探测器	/	/	√
	站房空间局部放电监测		特高频局部放电探测器	√	√	√
	开关柜电缆舱内防凝露监测		防凝露控制装置	/	/	√
视频监控单元	站房视频图像监控		球型摄像头	√	√	√
			枪型摄像头	√	√	√
			网络视频录像机（NVR）	√	√	√
	视频联动	烟感联动视频监控	—	/	√	√
		红外监测联动视频监控	—	/	√	√
		智能门锁/门位移联动视频监控	—	/	/	√

续表

功能模块	功能描述		所需设备名称	配电站房		
				基础型	标准型	高端型
视频监控单元	人工智能分析	人员倒地	—	/	/	/
		安全帽佩戴	—	/	/	/

注　√选择；/ 无。

5.3.4　其他配置原则

其他配置包括环境量感知设备配置和设备状态监测量感知设备配置，总的配置原则是要依据具体情况进行配置。

（1）环境量感知设备配置主要针对配电网运行环境恶劣、对配电网供电质量和供电可靠性造成影响的场合进行，实现环境的实时监测。如果出现异常，可以提前发现并采取人为措施，减少配电网的稳定运行因恶劣环境而遭到破坏，进而减小对整个电力系统的影响，提高重点区域的供电可靠性和供电质量。例如，对于环网柜，在南北地区的配置就有差异，在四川山区可以配置相应视频摄像头、风速传感器等。

（2）设备状态监测量感知设备配置主要在以下场合进行：配电设备工作环境恶劣，造成设备故障损坏，影响电网可靠稳定运行；还会造成检修过剩，产生不必要的停电，造成人力物力资源浪费，降低劳动生产率。通过状态监测手段并利用计算机网络及通信技术，可对设备的历史状况、当前状况以及同类设备的运行状况进行比较分析，判断设备的异常，识别设备故障的早期征兆，对故障部位严重程度及发展趋势作出判断，从而确定其在故障发生前的最佳检修时机。

参考文献

[1] 黄蔓云，卫志农，孙国强，等.数据挖掘在配电网态势感知中的应用：模型、算法和挑战[J].中国电机工程学报，2022，42（18）：6588-6599.

[2] 雍明超，王磊，魏勇，等.配网开关设备智能物联感知与关键技术研究[J].高压电器，2022，58（7）：73-82.

[3] 葛磊蛟，李元良，陈艳波，等.智能配电网态势感知关键技术及实施效果评价[J].高电压技术，2021，47（7）：2269-2280.

[4] 黄蔓云，卫志农，孙国强，等.基于历史数据挖掘的配电网态势感知方法[J].电网技术，2017，41（4）：1139-1145.

[5] 田书欣，李昆鹏，魏书荣，等.基于同步相量测量装置的配电网安全态势感知方法[J].中国电机工程学报，2021，41（2）：617-632.

[6] 吴阳，张品佳.基于漏电流测量的配电网电缆高精度状态感知技术研究[J].中国电机工程学报，2022，42（8）：2929-2940.

[7]　陈锐智，李析鸿，陈艳波.适应不同网络架构的配电终端与开关选型选址模型[J].电力系统自动化，2022，46（11）：151-160.

[8]　朱吉然，康童，王凤华，等.基于智能电子装置建模方法的配电终端自描述技术研究[J].电力系统保护与控制，2022，50（6）：149-157.

[9]　孙亮，杨远，张程，等.分布式电源接入配电网的配电终端优化配置[J].太阳能学报，2021，42（5）：120-125.

[10]　刘洪，滑雪娇，韩柳，等.配电网网架规划与多模块智能终端配置联合优化方法[J].电力自动化设备，2023，43（1）：41-47.

[11]　刘小春，伍惠铖，李映雪，等.配电自动化终端配置的双层优化模型[J].电力系统保护与控制，2020，48（24）：136-144.

[12]　项添春，戚艳，董逸超，等.提高配电网供电可靠性和状态可观性的终端优化配置方法[J].电力系统及其自动化学报，2017，29（6）：107-112.

[13]　张强，杨云杰，赵妙，等.递归搜索与遗传算法融合的终端优化配置方法[J].河北大学学报（自然科学版），2020，40（1）：87-94.

[14]　刘浩，赵伟，温克欢，等.低压配电台区模组化智能融合终端构建方案与实现[J].电测与仪表，2022，59（1）：168-175.

[15]　陈泽涛，王增煜，刘秦铭，等.配电房安全智能监控平台接地刀闸状态位监控方法研究[J].电网与清洁能源，2022，38（12）：95-100+106.

[16]　苗振林，徐伟，杨靖玮，等.基于多物理量的复合传感技术在智慧配电房中的应用研究[J].电网与清洁能源，2021，37（3）：78-85.

[17]　牛博，张欣宜，李亚峰，等.基于特高频法识别配电站房开关柜的局部放电类型研究[J].电测与仪表，2019，56（23）：43-47+69.

[18]　王鹏，林佳颖，宁昕，等.配电网全景信息感知架构设计[J].高电压技术，2021，47（7）：2293-2302.

[19]　刘喜梅，马俊杰.泛在电力物联网在电力设备状态监测中的应用[J].电力系统保护与控制，2020，48（14）：69-75.

[20]　方静，彭小圣，刘泰蔚，等.电力设备状态监测大数据发展综述[J].电力系统保护与控制，2020，48（23）：176-186.

第 6 章
智能配电网信息模型与融合技术

配电网标准建模是智能配电网跨资源域、跨专业、跨系统的基础，是配电网多元信息全景感知的前提条件。本章首先通过对智能配电网标准体系的研究，描述了由国际电工委员会（International Electrotechnical Commission，IEC）制定的面向站端的 IEC 61970/61968/61850 模型体系；其次结合我国配电物联网对信息感知的高效、低冗余、扁平化需求，阐述了智能配电物联网模型体系思路；最后阐述了我国智能配电网信息共享的三个重要技术演进阶段。

6.1 模型的基本概念

6.1.1 智能电网概念模型

模型方法是指以研究模型来揭示原型的形态、特征和本质的方法，是逻辑方法的一种特有形式。模型一般可分为概念模型、物理模型和数学模型三大类。概念模型是对真实世界中某个问题域内的事物的描述，概念模型包括中心概念、内涵和外延。概念模型一般利用图示的方法来表达人们头脑中的概念、思想、理论等，是把人脑中的隐性知识显性化、可视化，便于人们思考、交流、表达。物理模型是为了形象、简洁地处理问题，人们经常把复杂的实际情况转化成一定的容易接受的简单情境，从而形成的一定的经验性规律。数学模型是指用来描述系统或其性质和本质的一系列数学形式。数学模型就是为了某种目的，用字母、数学及其他数学符号建立起来的等式或不等式，以及图表、图像、框图等描述客观事物的特征及其内在联系的数学结构表达式。

本书描述的智能电网信息模型属于电力系统概念模型范畴，是由全球电力系统从业人士总结提炼出来的电力系统描述方法论，其可通过概念、关系、约束、规则和操作等要素来描述电力系统，主要由对象、对象间的逻辑关系和场景构成。信息共享、服务复用、组件重用、组件即插即用是各个行业、各个企业进行自动化、信息化建设所追求的共同目标。智能电网框架中各个关键领域的互通，是基于网络通信为桥梁实现的。智能电网建设需要各个领域电力流、信息流和业务流的融合，智能电网信息模型就是各业务、各专业、各系统交互与共享的基础保障。

智能电网的概念模型为电力系统各层级的信息共享与资源复用提供了一个环境，为实现电力系统各层级互操作和标准化，以及为论述智能电网集成提供了分析基础。以美国为例，美国国家标准技术研究院（National Institute of Standards and Technology，NIST）提出的智能电网概念模型包括发电、输电、配电、市场、运行、服务提供商、客户 7 个业务领域，这 7 个域覆盖电力行业的各个环节，每个域中的执行单元（软件、硬件设备和系统）通常需要通过双向通信与其他域的执行单元进行交互。

智能电网模型体系包含 IEC CIM 电力系统标准、IEC 61850 标准、CIM 电力市场标准，覆盖电力系统进程、领域、业务、企业、市场等维度，如图 6-1 所示。

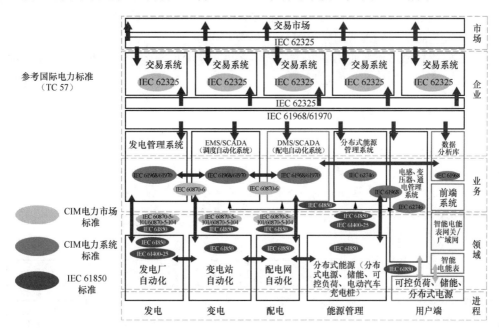

图 6-1　智能电网体系模型

6.1.2　智能配电网信息模型

智能配电网管理主要包含配电网自动化与信息化。配电网自动化主要聚焦配电网可靠运行与快速故障自愈能力；配电网信息化主要聚焦通过信息共享、数据挖掘分析来支撑配电网运维管理。构建智能配电网信息模型，需要深入剖析配电自动化与信息化业务范围以及解耦、抽象、聚合电网对象。

1．配电自动化与信息化

配电自动化通常与连接到配电系统的现场一次设备以及用于监控和控制这些设备的基础设施相关联，包括基于控制中心的系统，如远程控制系统、SCADA 及配电管理系统。大多数通信是通过设备对设备或者设备对计算机进行的，很少需要人员交互。配电信息化主要应用于进行业务处理的电力企业后台信息系统，如具备成本核算、会计账单、资产跟踪等功能的企业资源计划（enterprise resource planning，ERP）系统，完成设备资产管理及相关工作的生产管理系统，以及面向客户服务和计量计费的营销系统。

以"云大物移智链"为代表的新一代电力技术革命，正在推动配电网系统的自动化技术和信息化技术不断融合。

2. 配电网信息模型

NIST 给出的定义："信息模型是通过概念、关系、约束、规则和操作等要素来表示特定领域的数据语义。"

建立信息模型的目的是便于系统集成（system integration）及应用。通俗地说，就是"便于多个 IT 系统、设备之间进行信息交流与沟通"。信息模型主要由对象、对象间的逻辑关系和场景构成，对象之间的关系可以通过属性的形式表现，可以认为信息模型提供了必要的通用语言来描述对象的特性和能力。任何智能配电网的实体和业务均可根据以上三种情况按照一定的方式组合建模。

配电网信息模型主要应用于系统与系统之间、系统与设备之间、设备与设备之间的信息交流与沟通，支撑配电网运行、运维、运营管理。

6.1.3　智能配电网模型体系

面向电力系统业务、功能、信息、通信、组件各层级，IEC 国际标准体系提供了相应的标准作为支撑。配电信息化逻辑模型和 IEC 相关国际标准的映射关系如图 6－2 所示，IEC 的相关标准主要涉及信息层和通信层的内容，信息层有 IEC 61970/61968/62325/62056/61850 等，通信层有 IEC 61850/61968/62056 等。

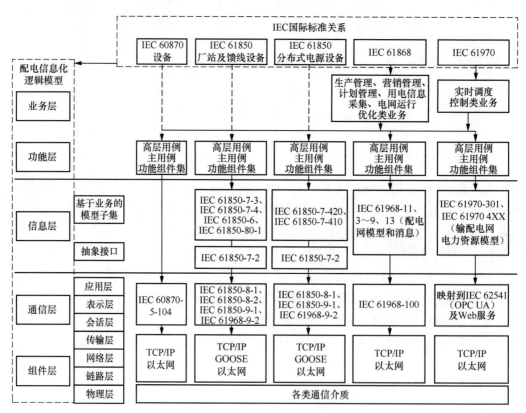

图 6－2　配电信息化逻辑模型和 IEC 相关国际标准的映射关系

信息层的互联互通涉及主站侧公共语义的定义,在智能电网领域主要是指 IEC CIM,其中智能配电网信息模型主要基于 IEC 61970-301、IEC 61968-11 和 IEC 62325-301 构建。CIM 采用面向对象的建模技术,使用统一建模语言(unified modeling language,UML)作为表达方法,将定义成一组逻辑包:IEC 61970-301 主要定义了面向能源管理系统应用支撑的包,IEC 61968-11 定义了面向配电网管理应用支撑的包,IEC 62325-301 定义了面向电力市场和市场管理应用支撑的包。CIM 中的每一个包包含一个或多个类图,用图形方式展示该包中的所有类及其关系,然后根据类的属性以及与其他类的关系,用文字形式定义各个类。类之间的关系揭示了它们相互之间是如何构造的。

通信层的互联互通涉及终端侧公共语言的定义,以及主站与边端公共语言的映射和兼容。配电终端作为智能配电网的关键设备,通过通信系统完成相互之间以及与配电主站之间的信息交互。在通信层互联互通标准化模型方面,一是配电自动化系统运用 IEC 60870-5-104、IEC 60870-5-101 等通信协议解决了数据传输的问题,配电终端与配电主站之间通过人工对点表方式开展数据传输;二是运用 IEC 61850 标准的相关方法及理念来支撑配电自动化系统建设过程中配电终端的自描述、自动识别以及即插即用功能,配电终端与配电主站之间通过主站-终端模型映射与融合技术实现终端自描述、即插即用和信息采集。

随着物联网技术与配电网业务的融合及应用推广,电力行业提出了将 IEC 体系标准与物联网交互模式相融合的模型——物模型(thing specification language,TSL)。在物联网体系下,对配电物联网云-边-端互联互通的通信层定义了标准化的交互模型,面向物联网体系的标准模型设计兼容考虑互联网的敏捷思维(物模型)、电力标准化思路(IEC标准),提出了符合电力物联网交互场景需求的配电网物模型。配电网物模型消息结构在 IEC 基础上进行了简化,消息交互方式从可扩展标记语言(extensible markup language,XML)格式向 JSON 格式转变,形成了具有互联网特色的电力物联网信息模型,支撑低压配电物联网云-边-端的即插即用、感知、云边协同业务。

6.2　面向主站与终端的信息模型

6.2.1　面向主站的信息模型

公共信息模型(common information model,CIM)是一个抽象模型,它描述了电力企业的所有主要对象,特别是那些与电力运行有关的对象,是一种通过提供对象类和属性及其关系来表示电力系统资源的标准方法,主要用于站端以及系统间的信息交互。

CIM 对电力运行对象的描述是多维度的,可以是面向电力系统的设备资产信息、量测信息、设备的拓扑关联信息、客户信息等,也可以是面向电网运维的停电信息、抢修信息、缺陷信息等业务信息,还可以是系统与系统之间交互的信息交互接口模型。通过 CIM 可实现电力系统跨业务、跨专业、跨系统的信息交互共享和业务协同,支撑电力系统运行、运维、运营。

通常描述的 IEC CIM 由两部分组成：一部分是 IEC 61970 的核心 CIM 内容，从面向能量管理系统的 IEC 61970 的 CIM 对象逐渐扩展到电力系统运行的所有公共模型对象，可以应用于配电、电力市场和变电站等领域的模型构建；另一部分是 IEC TC 57 WG 14 和 IEC TC 57 WG 16 分别在开发配电管理系统接口标准（IEC 61968）和电力市场运营标准 IEC 62325 时建立的电网和运行管理的信息模型。由于两部分存在较多重叠和关联，由 IEC TC 57 对 IEC 61970、IEC 61968、IEC 62325 等标准中的信息模型进行了统一规范，最终形成了一个适用于 IEC TC 57 范围的 CIM，又称 IEC TC 57 CIM。

IEC TC 57 CIM 描述的电力系统运行公共模型范围，其构成如图 6-3 所示。CIM 按其特性分为 13 个类包、290 多个类，标准中的 301 部分包括域包、核心包、电线包、测量包、拓扑包、负荷包、停运包、保护包和发电包 9 个包，302 和 303 部分分别包括剩下的资产包、预测包、能量包和 SCADA 包。其中，核心包定义了厂站类、电压等级类等许多应用公用的模型；拓扑包定义了连接节点和拓扑岛等拓扑关系模型；电线包定义了断路器、隔离开关等网络分析应用需要的模型；停运包建立了当前及计划网络结构的信息模型；保护包建立了用于培训仿真的保护设备的模型；量测包定义了各应用之间交换变化测量数据如测点和限值等的描述；负荷包定义了负荷预测用的负荷模型；发电包分为生产包和发电动态特性包两个子包，前者定义了用于自动发电控制（AGC）等应用的发电机模型，后者定义了用于电网调度员培训系统（DTS）的原动机和锅炉等的模型；域包是量与单位的数据字典，定义了可能被其他任何包中任何类使用的属性的数据类型。

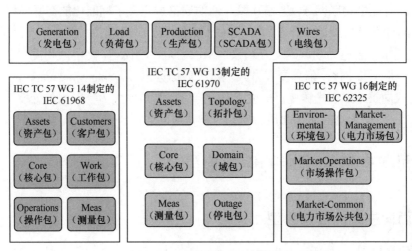

图 6-3 IEC TC 57 CIM 构成

CIM 中的每一个包都是一组类的集合，每个类包括类的属性以及与该类有关系的类。例如，电线包中的断路器类，它有 ampRating（短路分断能力）和 inTransitTime（断流时间）两个属性，与该类有关系的类有 protectionEquipment（保护设备类）和 Reclosesequence（重合顺序类）。事实上，断路器类还有名称属性 name，是从其父类 switch 继承的属性；switch 再从其父类继承，依此类推，直到核心包中的 Naming 类。

以设备模型为例，对设备进行建模，主要包含两个类：设备类（Equipment）和导电设备类（ConductingEquipment），用于描述电力系统电子元件的物理设备，如图 6-4 所示。

可根据设备特性构建相应的模型，如根据承载电流或通过端子导电连接的部件设备特性，构建导电设备模型（ConductingEquipment），形成开关模型（Switch）、变压器模型（PowerTransformer）等；根据开关位置的组合关系，构建组合开关模型（CompositeSwitch），并与开关模型产生聚合关系。

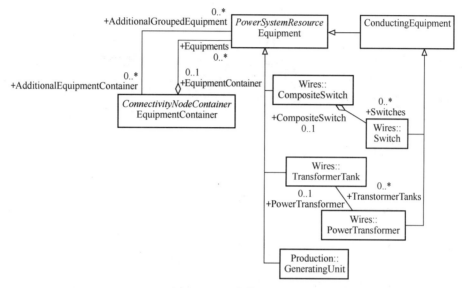

图 6-4　设备模型示例

6.2.2　面向终端的信息模型

IEC 61850 标准是采用面向对象建模方法按照功能分层分布原理定义了电力自动化信息模型。IEC 61850 标准建模的思路就是将电力系统的功能进行分解，分解的过程就是模块化处理的过程，最终形成一个一个小的模块。IEC 61850 标准引入逻辑设备、逻辑节点的概念对电力设备功能对象进行抽象信息建模。逻辑节点是切割的最小功能单元，每个逻辑节点就是一个模块，代表一个具体的功能；逻辑节点之间通过逻辑相互关联和引用共同完成某一物理功能。

IEC 61850 标准对智能配电网终端设备的描述是以设备能力划分逻辑设备而进行的，如配电智能终端主要包括柱上环网柜 DTU、开关的 FTU、开关站监控终端 DTU、配电变压器监测终端 TTU 等，主要完成测量与控制功能，即"三遥"功能，以及短路故障检测等功能。对于不同的应用环境，终端层包含的 IED 设备数量也不同，柱上开关 FTU、配电变压器 TTU 可能包含一个 IED，而环网柜 DTU、开关站 DTU 可能包含多个 IED。可通过 IEC 61850 标准模型实现终端设备的信息模型描述，通过逻辑设备解耦配电终端受到的环境、组件模块造成的差异影响，提高模型描述的适配性和灵活性，实现配电终端的自描述、自识别，以及设备和设备间的交互，为站端协同的即插即用、信息采集、区域就地协同等配电网业务应用提供支撑。

IEC 61850 标准主要由 IEC TC 57 WG 17 牵头制定，该小组已致力于将 IEC 61850 标准从变电领域扩展到涵盖水电、风电、分布式电源、配电自动化、电动汽车、储能等电力自动化领域，同时在很大程度上丰富了信息模型语义集。

以 FTU 为例，其实现的基本功能包括 SCADA、保护、设备状态实时监测、远程维护等。根据以上功能为 FTU 进行信息建模，如图 6−5 所示。

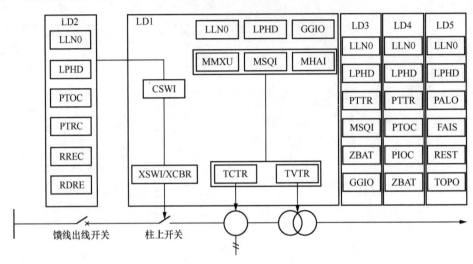

图 6−5　FTU 信息模型

服务器被划分为 5 个逻辑设备，分别为 LD1（SCADA）、LD2（保护）、LD3（远程维护）、LD4（实时监测）和 LD5（故障处理）。

6.3　主站−终端模型的映射与信息融合

IEC 61968、IEC 61970 定义的 CIM 和 IEC 61850 定义的兼容性逻辑节点模型都是针对电力系统信息进行建模，建模方法均采用面向对象建模方法。但由于建模的出发点、角度不同，解决的实际问题、技术体系不同，甚至是商业利益问题等诸多历史和发展原因，实际应用中在系统侧和现场侧各存在一套 CIM，导致配电主站端与配电终端无法直接识别、接入与兼容，因此，需要开展 IEC 61970、IEC 61968 和 IEC 61850 标准之间的融合。

围绕智能配电网领域的应用的 IEC 61968 和 IEC 61850 模型的映射方法，需要从配电网静态拓扑模型、量测模型两个层面进行探索，为不同厂商终端与主站之间接入、自适配提供支撑。

6.3.1　配电网静态拓扑模型的映射与信息融合

IEC 61968 标准的静态拓扑模型是 CIM 的一个子集，基于 IEC 61970-452 部分完成输电网拓扑的建模，基于 IEC 61968-13 部分完成配电网拓扑的建模。IEC 61850 标准的静态拓扑模型就是指通过变电站配置语言（SCL）定义的变电站模型（对应 SCL 配置文件的 Substation 部分），用以描述变电站内设备、逻辑节点、功能、容器之间的关联关系。IEC 61968 标准的静态拓扑模型与 IEC 61850 标准的静态拓扑模型存在建模范围、定义方法、类间关系的差异。

因此，配电网静态拓扑模型的映射和融合是双向的，即部分模型需要从 IEC 61968 融合到 IEC 61850 中，而部分模型则需要从 IEC 61850 融合到 IEC 61968 中。

1．配电网静态拓扑模型映射与信息融合的原则

为了不改变现有标准的基本规则，保证标准的继承性，使得未来应用时尽可能少修改既有系统的内容，配电网静态拓扑模型的映射和融合，应从类定义和类间关系定义两方面制定原则：

（1）当把 IEC 61850 的模型信息融合到 IEC 61968 中去时，需要遵循 IEC 61968 的类定义和类间关联风格。一般来说 IEC 61968 的类是直接命名的（即不带前缀 "t"）；类间关联一般使用不强制规定双向导航性的普通关联或聚集关系，不使用组合关系。

（2）当把 IEC 61968 的模型信息融合到 IEC 61850 中去时，需要遵循 IEC 61850 的类定义和类间关联风格。一般来说，IEC 61850 的类命名以 "t" 开头，从而便于和 IEC 61968 的类进行区分；类间关联一般使用单向导航型的组合关系，少数可使用聚集关系，但不使用普通关联。

2．配电网静态拓扑模型映射与信息融合的内容

配电网静态拓扑模型需要映射和融合的内容分为两个部分：一部分是变电站外的静态拓扑模型；另一部分是变电站内的静态拓扑模型。

（1）变电站外的静态拓扑模型。对于变电站外的部分，由于 IEC 61850 的静态拓扑模型无法表达，因此需要将 IEC 61968 的站外拓扑相关类，如馈线、负荷开关、等效负荷等，以及主动配电网自治控制区域和分布式能源的拓扑模型，都融合到 IEC 61850 的静态拓扑模型中。

站外需要融合的模型可分为非设备类、导电/普通设备类和新建类间关系三部分。站外非设备类和类间关系在 IEC 61968 中体现但是不在 IEC 61850 中，因此需要新建；站外的普通设备和导电设备，需要增补到 IEC 61850 已有的普通设备和导电设备枚举类型中；新建类间关系，中间抽象类如 Connector、Conductor 等，在融合时把最终的实体设备类如 DERInverter、PVArray 等分别添加到 IEC 61850 的导电设备或普通设备枚举类型中。

（2）变电站内的静态拓扑模型。对于变电站内的部分，考虑到如果终端都实现了 IEC 61850 标准化，配电网主站的 SCADA 数据来源于 IEC 61850 的模型数据上送，需要分析两套标准在变电站内静态拓扑模型的异同。

变电站内需要融合的模型可分为 IEC 61968 和 IEC 61850 共同建模的部分，以及 IEC 61850 模型中特有而 IEC 61968 没有设计和表达的部分。在两个标准中都涉及的部分，但是由于 IEC 61968 CIM 对于电网拓扑的表述更加完整和成熟，IEC 61850 的拓扑模型只是 IEC 61968 拓扑模型的一个子集，因此这部分以 IEC 61968 的模型为准，将模型融合到 IEC 61850 中，修改 IEC 61850 中与之有差异的部分；模型中功能、子

功能、子设备模型以及逻辑节点和电力系统资源之间的关联关系，是 IEC 61850 模型中特有的部分，它们在 IEC 61968 模型中没有涉及，为了便于终端与主站之间的数据来源分析和数据解析，防止信息集成过程中发生信息误读，因此需要将 IEC 61850 的这部分模型融合到 IEC 61968 中。

配电网静态拓扑模型的映射与信息融合如图 6－6 所示。

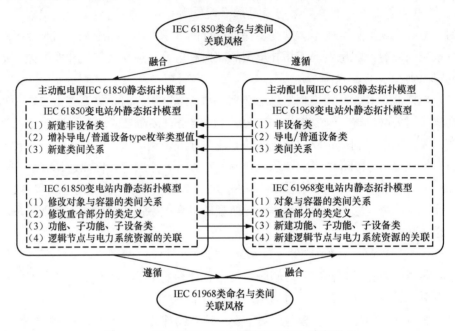

图 6－6　配电网静态拓扑模型的映射与信息融合

6.3.2　量测模型的映射与信息融合

IEC 61968 的量测模型完全继承于 IEC 61970，主要类包含在 Meas 包内，通过直接与电力系统资源（包括各种子类设备）或通过端子关联到导电设备。IEC 61850 的量测模型是 IEC 61850 的 IED 模型（对应 SCL 配置文件的 IED 部分和 DataTypeTemplates 部分）的一部分，描述了量测数据在 IED 中的存放路径、整体结构和数据类型，通过构建电气量测（MMXU）逻辑节点实例关联导电设备。IEC 61968 的量测模型与 IEC 61850 的量测模型在量测值数据结构、数据类型以及单位、时间戳、品质类型存在差异。

量测模型的映射和融合主要采用两种方式：一是采集测量是从终端层的 IEC 61850 装置中通过实时通信通道上送给主站；二是通过信息交互方式从采集源端系统到主站的 IEC 61850/61968 模型转换服务上，转换成 IEC 61968 消息后接入主站总线。因此，量测模型的只需要满足 IEC 61850 向 IEC 61968 单向映射和融合即可。

量测模型映射和融合的原则是：须保证 IEC 61968 的量测模型能够支持 IEC 61850 的量测模型，使得量测量在主站能够容易被识别或转换成 IEC 61968 消息，即应将 IEC 61850 的量测模型融合到 IEC 61968 的量测模型中，而 IEC 61850 的量测模型则不需要改变，即单向融合。

量测模型的映射和融合内容分为四个部分模型数据类型的融合：

（1）基于 IEC 61850 量测值的数据类型，修正 IEC 61968 的 AnalogValue、DiscreteValue、AccumulatorValue 类。根据 IEC 61850 量测类对 IEC 61968 量测类中的模拟值类、累积值类、离散值类进行修正。

（2）基于 IEC 61850 的 SIUnit 和 Multiplier 属性枚举，扩展 IEC 61968 的 UnitSymbol 类、UnitMultiplier 类的枚举值。根据 IEC 61850 Unit 类的 SIUnit 和 Multiplier 属性枚举，对 IEC 61968 UnitSymbol 和 UnitMultiplier 类中缺少的枚举值进行补充，使得 UnitSymbol 类支持 IEC 61850 中量测值可能使用的所有国际标准单位，并将 UnitMultiplier 范围扩大。

（3）基于 IEC 61850 的 TimeStamp 类，修正 IEC 61968 DateTime 类的精度。IEC 61850 的时间戳类比 IEC 61968 的时间戳类在表达方式上复杂很多，但事实上两者最关键的差异是在精度上，只要精度匹配，格式上的转换并不困难。因此，时间类模型的融合不改变 IEC 61968 时间戳类的格式，但是应对其精度进行修正以支持 IEC 61850 的时间戳精度。

（4）基于 IEC 61850 的 Quality 类，扩展 IEC 61968 的 Quality61850 类和 Validity 类。根据 IEC 61850 的 Quality 类，IEC 61968 的量测品质类 MeasurementQuality 可以从父类 Quality61850 中继承，以实现两个标准的融合。

6.4　配电物联网模型

6.4.1　物模型

随着"云大物移智链"等互联网技术的发展与成熟，物联网基础设施将成为新一代的信息基础设施，未来也必将形成"物联""数联""智联"三位一体的体系结构。物联网往往包含着大量的设备，同时具备以通信协议为依托，对数据进行识别并处理的能力。物模型是物联网建设的基石。物模型是指将物理空间中的实体数字化，并在云端构建该实体的数据模型。在物联网平台中定义物模型就是定义产品功能。

基于物模型定义功能的物联网已在工农业、环境监测以及医疗保健等领域得到了广泛运用。近年来，电力行业也逐步开展电力业务与物联网技术的融合，尤其在配电专业领域先行先试，开展配电物联网建设，探索配电物联网体系、核心软硬件装备以及相关安全设施和标准规范。

配电物联网信息模型是随着配电物联网"云-管-边-端"架构而提出的，结合物联网信息流对带宽、频率的要求，参照 CIM、IEC 61850 标准和物联网模型定义方法，对模型结构体进行简化、扁平化设计，形成了具有互联网特色的电力物联网信息模型，简称"物模型"。

配电物联网信息模型是表征配电网设备、数据对象的一种方式，用于设备管理、数据存储、应用服务使用，包含各种设备对象（如一次设备、二次设备、拓扑关系等）和数据对象（如量测、配置参数等）。因此本小节重点考虑低压配电网部分的物联网模型，具体应用框架如图 6-7 所示。

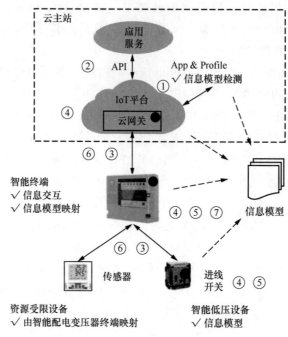

图 6-7　低压配电物联网模型应用框架

①—设备入网管理（模型检测等）；②—主站应用服务信息交互、存储、应用；③—设备在云主站上注册；
④—设备的参数配置；⑤—设备的静态描述信息；⑥—设备的信息交互；⑦—边缘计算对模型的需求

应从电网精益化运维的需求出发，梳理电网设备，设计设备物模型，满足电网设备即插即用、信息采集的需求。

6.4.2　物模型信息交互

本小节只讨论电网二次设备信息建模，一次设备建模遵循原有模型标准，这里不再赘述。

1. 建模原则

（1）模型管理标准化原则。对标准化模型与采集 App 进行统一管理和升级，由统一管理机构进行定期检测管理，对模型库进行统一维护和发布（增量维护）。

（2）基础模型版本统一原则。参考 IEC 61968/61970/61850 模型标准，结合物联网信息流对带宽、频率的要求，对模型结构体进行简化、扁平化设计，统一标准化定义各属性标签。

（3）模型基础属性及扩展原则。为满足物联网中二次设备接入的功能要求和抽象建模的共性要求，同一模型类低压二次设备应实现模型中要求的基础物理量，同时根据实际需求可扩展相关物理量。

2. 物模型框架

配电网物模型实际是一个 JSON 格式的文件，包含面向设备的配电网一次设备、感知设备等物理空间中的实体信息，面向感知的配电网量测、拓扑等采集信息，面向分析的线损、故障等边缘计算类信息，并在配电主站的云端进行数字化表示。如图 6-8 所示，配电物联网信息模型框架，是建立配电物联网设备模型的基础。抽象分类为 basic（基本信息，如制造厂商、设备型号等），config（参数配置，如通信参数、保护参数等），topology（拓扑，电网一次拓扑信息），capability（按设备能力抽象分类，包括 analog 模拟量，discrete 离散量，accumulator 累积量，command 命令等）。配电物联网交换模型，由信息模型抽取组合构建，是设备能力和控制信息的交互格式。

配电物联网信息交互框架是配电物联网信息交互和模型使用的基本结构框架，如图 6-8 所示，以云主站应用服务需求、边/端层设备需求、信息交互需求为基础，实现和规范配电物联网各层级的信息交换。

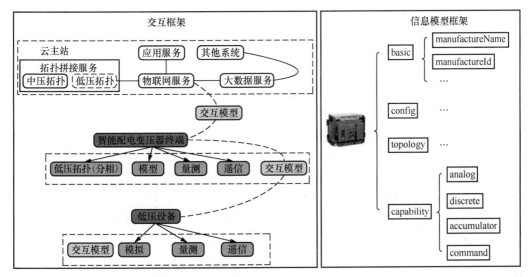

图 6-8　配电物联网信息模型框架

6.4.3　物模型与 IEC 模型体系

电力行业中物模型与 IEC 60870-5-104、IEC 61850 模型支撑主站-感知之间纵向数据交互，支持 TCP/IP、UDP 实现数据传输；IEC 61968、IEC 62325 等模型支撑站-站之间的横向信息交互，支持 HTTP 实现信息交互。

电力行业中物模型与 IEC 模型的关系，根本上与配电网设备的发展、配电网管理系统的发展息息相关，是工业控制系统与互联网信息系统的融合。如何在保障电力行业对配电网可靠稳定安全要求的基础上，做到灵活高效地演进，是配电物模型网管理系统发展过程中需要做好的工作。模型是电力行业工业体系与互联网体系融合的基础，经过世界各国电力行业精英们不断修编完善的 IEC 模型体系，与以敏捷灵活为目标的互联网物模型，需要相互借鉴，共同支撑配电物联网建设。

随着配电物联网的建设推广，配电网领域中同时存在传统的 IEC 配电终端和新型的物联网终端。传统 IEC 终端的数据模型在主站按终端提供的点表人工配置生成，物联网终端的数据模型在终端接入时注册生成。如图 6-9 所示，配电主站到业务应用、配电主站到 IEC 终端的信息交互遵循 IEC 标准，物联管理平台到边缘代理设备、端设备的信息交互遵循物模型标准。由此可见，这两种数据模型的应用场景、技术手段和使用方法都有差异，但都是对配电网物理实体及感知的数字化描述。

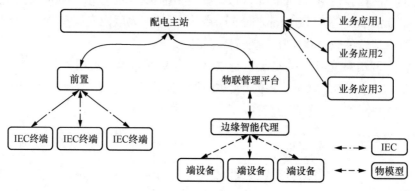

图 6-9　模型应用关系框架

为了接入 IEC 配电终端和新型的物联网终端这两种配电终端，在配电主站需要适配这两种数据模型。面向高敏捷、高可靠的调控类业务以及业务互操作，采用 IEC 模型体系；面向海量数据弹性接入及区域自治的信息化类业务，采用物模型体系。

6.5　智能配电网信息融合

智能配电网的发展技术路线和应用思维是希望将配电网运行、运维、运营业务融合在企业整体自动化、信息化和互动化之中，而不是在各个业务孤岛系统中封闭运行。因此，需要通过智能电网信息融合，实现跨系统、跨专业、跨业务的协同支撑。

智能电网的特征主要包括坚强、自愈、兼容、经济、集成和优化等。其中，"集成"所提出的电网信息的高度集成和共享，采用统一平台和模型，实现标准化、规范化和精益化的管理模式，是实现其他所有特征的基础。配电网信息融合以遵循"全局数据统一、源端维护"为原则，将企业各类实时、准实时及非实时系统进行信息集成、资源共享、互动应用，实现城市电网整体运行控制和管理目标。

智能配电网信息融合与交互技术主要经历了信息交互总线技术、配电网模型中心技术、企业中台技术三个阶段的演进，对源端数据的访问与获取也经历了"搬服务-搬数据-搬服务"的几个阶段。

6.5.1　基于信息交互总线技术的信息融合

企业相关系统通过信息交换总线完成各系统的应用集成整合，如图 6-10 所示。基于信息交换总线，可以采用"搭积木"的方式进行系统建设，使不同供应商的应用软件方便地接入系统，实现各个业务系统的信息服务。不论是旧系统还是新建系统，都能够通过服务的包装，成为"即插即用"的 IT 资源，通过服务的形式向外发布，以松耦合的原则实现共享；还能将各种服务快速整合，开发组合式应用，从而达到整合即开发、提高运维效率的目的。

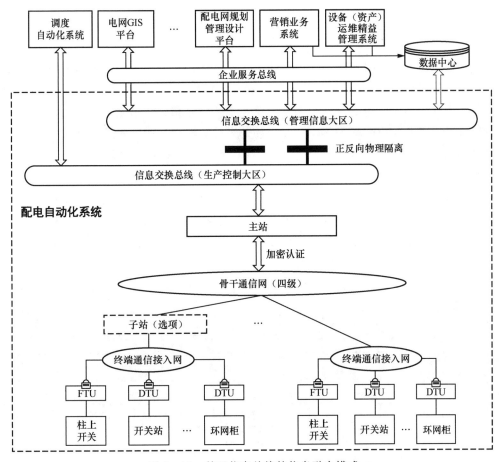

图 6-10　基于信息总线的信息融合模式

这个阶段的配电自动化以面向配电网运行监控的业务为主，主要功能部署在生产控制大区，信息化技术主要是信息交换总线技术，遵循"源端统一、数据源唯一"原则，通过同源维护及模型异动管理实现配电自动化系统与生产管理系统的图模交互。

基于信息交互总线的信息融合模式，将原有业务系统间点对点的交互模式转变为通过"信息高速公路与邮局-总线"的交互模式，并提供快速的服务封包、协议转换、模型定义与校验。该模式具有以下特点：

（1）完全 SOA 化，构建接口、文件等基于多种协议的公共服务组件，提高重用性和敏捷服务。

（2）基于 IEC 61970/61968 标准构建，实现 CIM 语法语义校验。通过统筹制定接口规范、提供接口适配等手段，使系统间数据交互标准化，提高数据可用性，减少重复开发。

（3）支持以面向服务的方式实现跨越Ⅰ、Ⅲ区的安全信息交换以及端到端的消息监控。

（4）实现针对电力系统集成状态展示、服务监控、业务流程、消息流、数据流的便捷、可视化监控。

6.5.2 基于配电网模型中心技术的信息融合

采用配电网模型中心技术实现模型信息共享，基于电力系统 CIM 建设标准化、分布式、虚拟化的配电网模型资源中心，实现标准化模型资源的存储、版本管理、数据迁移，以及以配电网模型资源中心为核心的结构化、半结构化和非结构化电网相关数据的在线一体化关联。建立配电网模型建模、发布和升级维护机制，构建两级部署的标准化配电网模型资源中心，实现国家电网公司总部、省、地三级一体化配电网模型应用。

这个阶段的配电自动化已在完善面向工业控制的配电网运行监控业务的基础上，拓展面向信息化的配电网运行状态管控业务。通过 $N+N$、$N+1$、$1+1$ 三种典型配电网一四区建设架构，实现生产控制大区与信息管理大区不同定位的配电网管控业务支撑。如图 6-11 所示，信息化技术主要是通过信息管理大区汇集中压配电网全景信息感知，采用配电网模型中心技术和大数据中心技术，开展配电网数据分析与挖掘，支撑配电网智能决策。

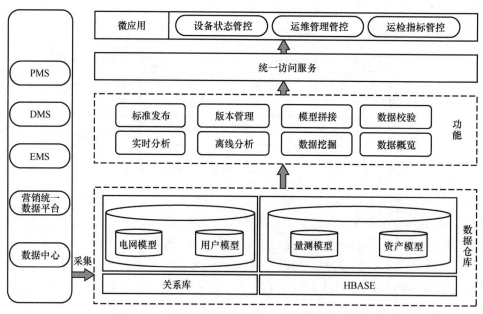

图 6-11 基于配电网模型中心技术的信息融合

模型中心作为配电网数据的重要存放平台，从各业务系统和数据中心批量抽取电网拓扑数据、设备量测数据、设备资产数据，用户数据，并对数据进行检验转换，最后把加工好的有序数据放入数据仓库，为上层的离线分析和实时分析提供数据支撑。该模式具有以下特点：

（1）模型中心管理所有元数据、图形数据、模型数据、量测数据等。

（2）对图模进行过标准化的入库数据校验、版本管理及发布。

（3）为第三方的业务应用提供标准统一、模型规范、数据完整的基础数据服务，为互操作应用提供数据支撑。

6.5.3　基于企业中台技术的信息融合

为及时响应互联网市场快速变化的用户需求，促进业务高效协同和数据深度融合，2015 年阿里巴巴集团控股有限公司率先提出"大中台、小前台"战略，将产品技术力量和数据运营能力从前端业务系统中剥离，汇聚至企业中台重新封装，由企业中台统一向前端数字化系统提供服务，有效推动了企业业务协同、数据共享和流程贯通。与此同时，电力行业为加快市场需求和业务管理的响应速度，开展了符合自身特点的企业中台建设。

开展企业中台建设，为核心业务处理提供共享服务，将各核心业务中共性的内容整合为共享服务，通过服务应用形式供各类前端服务调用，实现业务应用的快速、灵活构建，如图 6 - 12 所示。企业中台包括业务中台和数据中台，其中业务中台是将具有共性特征的业务沉淀形成企业级共享服务中心，各业务系统不再单独建设共性应用服务，而是直接调用业务中台服务，实现各业务前端应用的快速构建和迭代；数据中台是聚合跨域数据，对数据进行清洗、转换、整合，实现数据的标准化、集成化、标签化，沉淀共性数据服务能力，以快速响应业务需求，支撑数据融通共享、分析挖掘和数据运营，形成数据业务化、业务数据化的动态反馈闭环，创造业务价值。

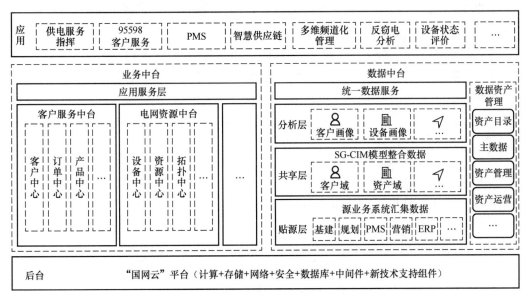

图 6 - 12　基于企业中台技术的信息融合

这个阶段的配电自动化系统基于"云-管-边-端"架构，实现中低压配电网全景感知与运行状态管控。面向数字化架构，梳理配电网运行状态管控功能的共性服务，并沉淀至业务中台，向各业务应用提供量测服务、电网分析服务及设备状态分析服务。同时，图模、设备台账、设备运维信息等通过电网资源业务中台同源维护服务及各中心服务进行交互。

配电网专业在企业中台中,主要支撑及应用于电网资源业务中台。电网资源业务中台整合多专业业务数据,支撑规划、物资、基建、调度、运检、营销等业务部门和各专业"业务一条线"前端应用。该模式具有以下特点:

(1)基于云平台技术,遵循公司统一数据模型 SG-CIM 对发、输、变、配、用各环节进行数字建模,整合分散在各专业的电网资源、设备资产等数据。

(2)构建电源、电网到用户的全网数据统一标准,实现同源维护、统一管理、统一发布及可视化服务监控。

(3)构建电网资源、资产、拓扑、图形等 12 大共享服务中心,支撑跨业务、跨专业的前端应用。

参考文献

[1] 郑毅,刘天琪.配电自动化工程技术与应用[M].北京:中国电力出版社,2016.

[2] 张烨华,张子仲,顾建炜.语义网技术及其在供电企业中的应用前景[J].浙江电力,2018,37(5):12-15.

[3] 余昆,吴雪琼,沈兵兵,等.基于 IEC 61970/61968 的智能配电网二次一体化技术架构与应用[J].南方电网技术,2016,10(6):49-53.

[4] 刘鹏,吕广宪,康先果,等.基于 IEC 61968 的配电网信息交互一致性测试技术应用[J].电力系统自动化,2017,41(6):142-146.

[5] 张正凯,许胜之.基于企业中台的跨国公司数字化建设模式研究[J].商场现代化,2021(19):97-99.

[6] 卫思明,周慷,张健荣,等.用于台区线损治理的 HPLC/低压配电网监测系统及其构成的泛在电力物联网模型初探[J].上海电力,2019(6):28-32.

[7] 孔垂跃,陈羽,赵乾名.基于 MQTT 协议的配电物联网云边通信映射研究[J].电力系统保护与控制,2021,49(8):168-176.

[8] 印奇,王绪洪.基于数据和业务中台的数据治理技术应用[J].电子技术与软件工程,2021(10):160-162.

[9] 应俊,蔡月明,刘明祥,等.适用于配电物联网的低压智能终端自适应接入方法[J].电力系统自动化,2020,44(2):22-27.

[10] 吴海,滕贤亮,周成.基于 IEC 61850 的台区设备即插即用实现方法[J].南方电网技术,2021,15(5):72-78.

第7章

智能配电网数据传输

本章介绍智能配电网的数据传输技术，包括智能配电网的通信发展与架构、主要通信方式、通信组网典型场景以及通信协议，重点介绍了各电压等级下智能配电网通信系统的组网方式，描述了中压配电网通信和低压配电网通信的典型组网方式、通信方式选择以及通信协议。

7.1 智能配电网通信发展与架构

7.1.1 我国配电网通信发展概述

经过多年的投资建设，我国配电网通信系统的主干网络已基本实现了传输媒介光纤化、业务承载网络化、运行监视及管理自动化和信息化。目前，配电终端、台区智能融合终端与配电主站的远程通信网以光纤通信和无线通信为主，并在智能电网试点工程中得到了应用，能够提高传输带宽的可靠性，从而成为智能配用电通信组网的发展趋势。配电网自动化站点涉及的范围广泛，主要包含开关站、配电室、柱上开关、配电变压器、低压开关等，用来实现监测和控制功能。从总体上看，配电自动化通信系统在东部沿海地区发展情况较好，发展水平较高，覆盖率相对较高；而在中、西部地区发展较为缓慢。总的来说，我国配电通信网多采用工业以太网、EPON、无线公网等通信方式。在错综复杂的电网系统中，由于缺少统一的网络规划和技术体制，导致各地区电力通信发展参差不齐，基础性资源得不到有效利用，严重制约着我国智能配电网通信技术的发展。

7.1.2 智能配电网通信整体架构

智能配电网通信整体架构主要包括远程通信网和本地通信网，如图7-1所示。

（1）远程通信网通信方式主要包括光纤（EPON和工业以太网）、电力无线专网、无线公网（4G/5G）、北斗卫星通信等，为远程通信信息交互提供可靠的通信信道，具体通信方式应根据设备的实际应用环境进行选择。

（2）本地通信网通信方式主要包括HPLC、国网微功率无线（RF 470/920MHz、ZigBee、LoRa等）、HPLC+RF双模方式等，具体通信方式应根据TTU、出线开关、无功功率补

偿装置、分支开关、进线总开关、分布式电源、充电桩、传感类设备等设备之间的实际
应用场景进行选择。

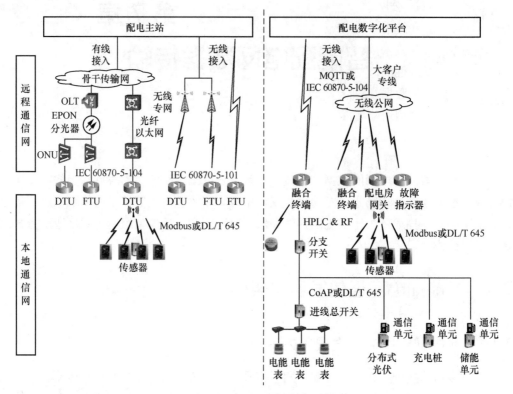

图 7-1   智能配电网通信整体架构

7.2   智能配电网主要通信方式

7.2.1   骨干通信网通信方式

1. 光纤通信

光纤通信主要是通过专用或租用光缆，将终端设备组成点对点、链路、星形、环形
或手拉手网络，实现数据传送功能。在配电通信网中，采用的光纤通信技术有光纤专线
通道、EPON、光纤工业以太网三种方式，其中光纤专线通道是 2000 年前后采用的主要
通信方式，目前大多采用 EPON 和工业以太网通信方式。

中压光纤通信的技术特点是通信速率高、传输延时低、通信可靠性高，是建设配电
通信网时优先考虑的一种通信技术；但是，在实际应用中也存在一些问题，如运维工作
量大，光缆铺设受市政规划影响，建设成本高，难以实现各类供电区域的全覆盖。

2. 无线公网

无线公网是借用运营商已有商用通信网络的通信技术，主要包括 2G、3G、4G 和 5G

技术。经过运营商多年的建设，2G、3G、4G 技术及其商用网络已经比较成熟，并已成为配电自动化业务的重要通信方式，尤其是在用电信息采集终端的上行通信中已普遍使用。目前，双 4G、公网/专网一体模块的应用需求日益凸显；5G 技术作为一种新兴的通信技术，在电力系统中已开展应用。

中压无线公网技术特点是无须申请专用无线频段、网络建设成本低、维护方便等；但是，由于是开放性的商用网络，其安全性、可靠性和实时性难以保障，用于传输安全性要求较高的遥控数据及馈线自动化数据时存在安全风险。

目前，无线公网通信主要用于非涉控业务，如配电线路馈线自动化主要采用就地型逻辑，发生故障时，难以通过远方遥控快速恢复非故障区域的供电、实现多联络线路的最优故障恢复策略；在迎峰度冬、迎峰度夏、自然灾害等特殊情况下，无法通过远方遥控快速调整运行方式，容易造成大面积停电；日常的开关操作只能由人工现场进行，增加了开关操作时间和操作人员风险，因此有必要研究论证无线公网作为涉控业务补充手段的可行性。

3. 无线专网

无线专网是电力公司投资建设的无线通信网络，主要由基站和无线终端组成，主要包含 230、1800MHz 频段等。工业和信息化部下发《关于调整 223~235MHz 频段无线数据传输系统频率使用规划》（工信部无〔2018〕165 号），明确 223~226 和 229~233MHz 频段可用时分双工（time-division duplex，TDD）方式载波聚合的宽带系统、鼓励共网模式建设、不再审批 1785~1805MHz 频段电力专网以及技术要求、干扰保护等事宜。无线专网的核心网部署在地市，基站部署在变电站等电力场所，无线终端部署在柱上开关或环网柜位置。配电终端的数据经无线终端在基站实现汇聚，再通过骨干通信网传输到主站系统。

中压无线的专网特点是组网灵活，适宜进行区域性覆盖；但是，基站数量有限，信号整体覆盖较弱，需要专业的基站到终端模块的运维队伍。

4. NB-IoT

NB-IoT 是一种低功耗、广覆盖的物联网技术。NB-IoT 是运营商建设的网络，企业使用时需要租用运营商公网，通信速率为 10~100kbit/s，传输距离为 1~5km，支持接入单基站数量为 1~10 万个。NB-IoT 的组网方式：租用运营商网络，需通过安全接入区接入电力内网。

NB-IoT 具备低功耗、广覆盖、低成本、大容量等优势，可以广泛应用于多种垂直行业，如远程抄表、资产跟踪、智能停车、智慧农业等。每个载波占用带宽只有 200kHz，实际通信速率在 100kbit/s 以下，因此不适用于边缘计算终端到云主站之间的远程回传网络，只适用于末端设备信息直接上传到云主站的场景，如智能井盖等。

5. 北斗卫星通信

北斗卫星导航系统是中国着眼于国家安全和经济社会发展需要，自主建设、独立运行的卫星导航系统，是为全球用户提供全天候、全天时、高精度的定位、导航和授时服务的国家重要空间基础设施。北斗卫星导航系统采用差分定位，由基准站发送修正数，由用户站接收并对其测量结果进行修正，以获得精确的定位结果。进行高精度授时，利用卫星作为时间基准源或转发中介，通过接收卫星信号和进行时延补偿的方法，在本地恢复出原始时间。根据工作原理，卫星授时分为卫星无线电导航服务（radio navigation service of satellite，RNSS）授时（精度可达 20ns）和卫星无线电定位服务（radio determination service of satellite，RDSS）授时（精度可达 10ns）两种方式。采用短报文通信提高了服务容量，增强了通信能力，降低了用户机发射功率。

北斗卫星通信的技术特点是覆盖范围广，适用于单点通信，应用灵活（无须设立基站、数据传输无须组网），采用短报文通信。但是，北斗卫星导航系统的运营费用较高，通信频度低（民用最快 1min 通信一次），设备功耗大，单次通信的数据量小。

7.2.2 骨干通信网通信方式选择

中压配电自动化通信的主要目的是为配电终端与配电主站之间或不同配电终端之间提供互相通信的通道。目前，通信内容已由最初的"遥信"发展成"三遥"，对于通信通道的要求也在不断升级。而不同的配电网自动化方案对于通信通道的要求也不尽相同，因此应统筹配电网通信的各类技术特点，再结合工程实际特点进行选择。配电网通信技术发展迅速，光纤通信、无线公网通信、无线专网通信等方式均在电网内有着成熟的应用。无线专网和无线公网是按照网络性质进行划分的，目前应用的无线专网有窄带数传电台、扩频电台、无线宽带通信等几种形式，而无线公网主要是通用分组无线服务（general packet radio service，GPRS）、码分多址（code division multiple access，CDMA）、3G、4G、5G 技术。

配电网通信方式的选择首先要满足当地配电网规划的总体原则，并能够结合当地实际，在满足现有通信能力的情况下适度超前。然后应根据不同业务类型、不同供电分区等级、不同用户重要程度等，有针对性地选择具体的通信方式。远程通信技术对比分析见表 7-1。

表 7-1　　　　　　　　　　　远程通信技术对比分析

分类	230MHz 电力无线专网	4G 公网	光纤（EPON）	光纤（工业以太网）	5G 公网	NB-IoT	北斗卫星通信
业务承载能力	"三遥"	"三遥"，需要安全加密	"三遥"	"三遥"	（解决端到端分片隔离的前提下）"三遥"	"二遥"（直连到云主站场景）	定位、授时、应急通信
通信速率	0.5～1.7Mbit/s	10～100Mbit/s	2.5～10Gbit/s	100Mbit/s～1Gbit/s	1～10Gbit/s	10～100kbit/s	一次传送40～60个汉字的短报文
时延	20～100ms	50～100ms	<5ms	5～30ms	1～20ms	300～3000ms	时延：500～1000ms；授时精度：20～100ns；定位精度：20m
传输距离	1～10km	500～1000m	10～20km	50～100m	频率影响大，3.5GHz的5G覆盖约300～800m	1～5km	依赖北斗卫星通信系统规划

续表

分类	230MHz 电力无线专网	4G 公网	光纤（EPON）	光纤 （工业以太网）	5G 公网	NB-IoT	北斗卫星 通信
接入 数量	单基站 2000～ 20 000	单基站 >1200	单节点最大 光分路比 1：64	单节点 >32	10～1 000 000	单基站 1～100 000	540 000 户/ 小时
安全 性	高	一般	高	高	较高	一般	高
可靠 性	高	一般	高	高	较高	低	高
成本	一次性建设成本 高	一般，长期租 用成本	一次性建设 成本高	一次性建设成本高	一般，长期租用 成本	低，长期租 用成本	高
部署 周期	一般，建设周期	快	慢，建设周期	慢，建设周期	依赖运营商部 署节奏	快	依赖北斗卫 星通信系统 部署节奏
技术 商用 程度	较成熟	成熟	成熟	成熟	不成熟	成熟	一般

骨干通信网通信方式可按以下方法选择：

（1）控制类业务、中压配电网的高可靠业务，推荐采用光纤专网或电力无线专网承载；视频类业务也建议采用光纤专网承载。光纤专网可根据应用场景选择采用 EPON 技术或工业以太网技术。

（2）针对不具备光纤专网或电力无线专网通信的情况，推荐采用无线公网（4G），主要承载信息管理类业务。

（3）针对末端设备（如智能井盖、RFID 等传感类设备）与云主站直接交互的业务，推荐采用 NB-IoT 公网通信承载相应业务。

（4）对于光纤、公网、专网均未覆盖的偏远地区的单点采集类业务，可以考虑北斗卫星短报文通信方式。

7.2.3　终端接入网通信方式

1. 电力线载波通信技术

电力线载波通信是指利用电力线作为通信介质进行数据传输的一种通信技术，其将所要传输的信息数据调制在载波信号上，并沿电力线传输，接收端通过解调载波信号来恢复原始信息数据。配电网低压电力线通信分为窄带电力线载波通信和宽带电力线载波通信两种。

2. 无线通信技术

配电网低压无线通信技术主要分为短距离无线通信和长距离无线通信两种。短距离无线通信主要包括国网微功率无线通信、ZigBee、蓝牙等，长距离无线通信主要包括NB-IoT、LoRa。

（1）国网微功率无线通信技术采用多跳中继自组织网络构架，符合 DL/T 698.44《电能信息采集与管理系统 第 4-4 部分：通信协议—微功率无线通信协议》。工作在 470～510MHz 频段，发射功率不大于 50mW。信号带宽在 200kHz 以内，采用频率键控调制方式，传输速率为 10/100kbit/s 自适应（GFSK 调制）或 250kbit/s（4GMSK 调制）。接收灵敏度为-117dBm@10kbit/s。在额定发射功率下，开阔场地点对点通信距离可达 500m；在实际的居民用电环境中，通过多级中继路由，有效通信覆盖半径达到 300～2000m。

（2）ZigBee 技术是一种近距离、低复杂度、低功耗、低速率、低成本的双向无线通信技术，其物理层遵循 IEEE 802.15.4 标准，采用双相移相键控（binary phase-shift keying，BPSK）、四相移相键控（quaternary phase-shift keying，QPSK）调制方式，工作在 2400～2483.5MHz 频段时，物理层通信速率小于 250kbit/s，单跳通信距离 10～100m；在 IEEE 802.15.4 MAC 层基础上扩展了网络层和应用层协议并进行了标准化，可自组网形成星形、树形、网状网络，提高了网络覆盖能力；传输时延为秒级，通过周期性监听和定时唤醒的方式实现低功耗；可适用于传输数据量小、监测点多、要求设备成本低、取能受限、设备体积小、供电能力受限的应用场景。

（3）蓝牙是一种低成本、近距离的无线通信技术，采用 GFSK 调制方式，工作频段为 2400～2483.5MHz，可实现固定设备、移动设备和个域网之间的短距离数据交换。蓝牙技术从诞生至今，已发展出多个版本，通信距离、数据传输速率、组网方式等能力在不断提升。蓝牙 4.0 版本理论传输速率最高可达 24Mbit/s，实际最大传输速率能够达到 1Mbit/s；蓝牙 5.2 版本实际最大传输速率为 2Mbit/s，最大传输范围可达到 300m。蓝牙系统采用一种灵活的自组网方式，支持点对点数据传输和一对多连接的星形拓扑，通过可管理的网络洪泛方式实现 Mesh 网络。蓝牙系统设计了快速连接断开和空闲状态"深度休眠"的低功耗技术，因此可广泛应用于取能受限的设备，如在线监测的无线传感器等。

（4）NB-IoT 是一种低功耗、广覆盖物联网，是由运营商运营管理的无线公网通信技术，企业通过向运营商租赁公网使用数据传输服务，数据经由运营商传输给业务主站。上行数据采用 QPSK 调制方式，下行数据采用正交频分复用（orthogonal frequency-division multiplexing，OFDM）调制方式，数据传输速率最高可达 250kbit/s，传输时延为 2～10s。基站与终端之间组成星形网络，单跳覆盖范围为 1～3km，在地下室等信号难以到达区域需部署增强设备。NB-IoT 非常适合末端设备信息直接上传至主站的应用场景，如智能井盖、智能门锁等，可以大大降低管理成本，让网络管理者随时掌握各种运行数据。

（5）LoRa 是一种低功耗、长距离的无线通信技术，其利用线性调频信号作为载波，线性调频初始频率承载信息的调制技术，可以工作在 470MHz、2.4GHz 等非授权频段，带宽可选 125、250、500kHz，数据传输速率为 300bit/s～37.5kbit/s。LoRa 无线网关和终端之间采用星形网络拓扑，组网简单。LoRa 通信技术抗衰减和干扰能力非常强，在城市环境中单跳通信距离为 2～3km，在郊区环境中单跳通信距离可达 10km。LoRa 通信技术非常适合功耗要求严苛、数据采集量小、采集频次低、覆盖要求高的应用场景。

3. 双模通信技术

双模通信是将电力线载波和国网微功率无线两种通信技术进行融合，以无线与电力线载波为传输媒介，实现本地通信网络健壮性和覆盖能力提升的技术。双模通信技术物理层通常采用现有的技术标准。典型的双模通信技术方案包括融合窄带电力线载波G3-PLC 和符合 IEEE 802.15.4 物理层标准的国网微功率无线的双模通信方案、融合宽带电力线载波 HPLC+国网微功率无线物理层的双模通信方案，以及国网 HPLC+HRF 双模通信技术方案。

双模通信技术的核心在于数据链路层协议的设计。双模通信模块同时具有电力线载波和无线两种通信接口，对于业务应用只呈现单一的地址，需要通过数据链路层协议将两种物理接口融为一体，实现双模链路混合组网以及通信链路的自动切换，确保网络连接的稳定可靠。

双模网络适用场景比单一的电力线载波或无线本地通信网络更加广泛，更适合低压配电网对链路可靠性要求较高的场景或者实时性要求高的场景。

4. 多模通信技术

多模通信是以无线与电力线为传输媒介，融合高速电力线载波、高速无线、低功耗无线等通信模式，可扩展接入 ZigBee、蓝牙、Wi-Fi、LoRa 等多种协议设备，实现深度覆盖的本地异构通信网络技术，能够支撑多样化的设备连接和服务需求。

多模通信网络采用统一数据链路层实现无线和电力线两种介质的接入，采用单网模式、混合路由，支持多种通信模式融合组网和多跳传输，实现配电台区通信的深度覆盖；采用高速无线技术，实现设备免配置组网和多信道并发传输，提升网络抗干扰能力和吞吐量；采用低功耗通信技术，支持主动上报和周期唤醒等多种低功耗传输模式，用一张网络实现台区内各类设备和传感器的全接入；通过设计系列化通信模块，支持单载波、单无线和多模组网，能够满足不同场景的应用需求。

多模通信网络通信由于覆盖能力强、设备接入方式多的特点，可以有效适应设备繁多、数据量大的配电网应用场景，提升低压配电网的"可观、可测、可控、可调"能力。

7.2.4　本地通信方式选择

配电物联网的本地通信网，结合配电业务的实际需求因地制宜地选择电力线载波、国网微功率无线、电力线载波+国网微功率无线双模通信技术。由于 HPLC 通信方式会受到线路停电的制约，故对于停电类告警事件业务，建议采用国网微功率无线的通信技术或 HPLC+RF 双模通信技术。由于主动上送类业务（如异常事件、告警信息等）及控制类业务对实时性、可靠性要求高，建议采用 HPLC+RF 的通信技术。对于高频次实时数据的采集，建议采用 HPLC 的通信技术。对于状态监测、环境监测类业务的传感器类设备的通信，建议采用国网微功率无线的通信技术（如 RF、LoRa、ZigBee 等）。对于历史数据、统计数据及文件传输等业务，由于传输频次较低、数据量较大，建议采用 HPLC 通信技术或 HPLC+RF 双模通信技术。

本地通信技术对比分析见表 7-2。

表 7-2 本地通信技术对比分析

分类	低压窄带载波	高速载波	认知载波	国网微功率无线	Wi-Sun RF	LoRa	ZigBee	Wi-Fi	蓝牙
通信速率	<40kbit/s	<1Mbit/s	<1Mbit/s	<100kbit/s	150kbit/s	<1kbit/s	<250kbit/s	54Mbit/s	<1Mbit/s
通信时延	几百毫秒到秒	<20ms	<5ms	<50ms	<50ms	数秒	<30ms	<1ms	<10ms
传输距离	<300m	<400m	<500m	<500m	300~1000m	1~15km	75m 左右	<100	<20m
接入数量	256~1024	1000+	<1000	1000	5000	1800	254	<30	15
安全性	较高	较高	较高	较高	较高	较高	较高	低	低
可靠性	较高	高	高	高	高	高	高	中	中
成本	较低	较高	较高	较低	较高	较高	较高	较低	较低
部署周期	短	短	短	短	短	短	短	短	短
技术商用程度	成熟	较成熟	较成熟	成熟	较成熟	成熟	成熟	成熟	成熟

7.3 智能配电网通信组网典型场景

7.3.1 中压智能配电网通信组网典型场景

1. 架空线路

通过本地通信网接入的近端核心感知设备包括：①封装在避雷器内部的避雷器感知传感器，利用泄漏电流进行供电，在产品寿命周期内无须维护，用以监测避雷器总泄漏电流、阀芯温度、动作次数等参数；②安装在线路接头的无线红外测温传感器，内嵌电池，设计带电周期为 8~10 年，用以采集架空线接头温度。10kV 架空线路通信组网典型架构如图 7-2 所示。

通过本地通信网接入的远端感知设备包括安装在配电线路的同步精确测量传感器，采用不停电安装设计，支持精确同步测量录波数据，支持录波数据 1h 回放调阅；与 FTU 共同实现配电线路边缘计算，如单相接地判断等。

FTU 采用电力无线专网或 4G、5G 无线公网通信方式与云主站进行信息交互。架空线路宜通过国网微功率无线通信方式完成本地通信网组网，实现感知设备的接入。

2. 电缆线路

通过本地通信网接入的远端感知设备包括：①局部放电传感器，安装在开关等一次设备外侧，实现放电量不间断监测、故障预警；②温升传感器，集成在一次接头内部，精确测量温升并报警；③电缆头温度、柜体问题、环境温湿度、电缆堵头温度、烟感检测、视频监测等传感器。10kV 电缆线路通信组网典型架构如图 7-3 所示。

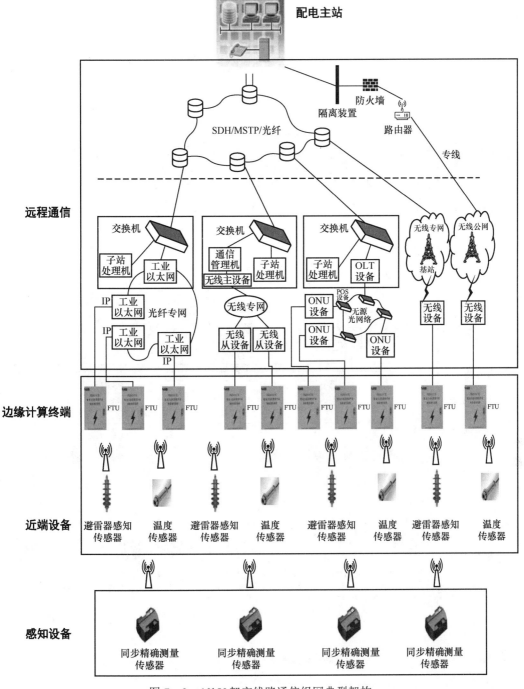

图 7 - 2　10kV 架空线路通信组网典型架构

DTU 采用光纤通信，不具备光纤通信条件的区域宜采用电力无线专网或 4G、5G 无线公网通信方式与云主站进行信息交互。作为近端接入的 DTU 间隔单元，宜通过以太网通信方式接入 DTU 公共单元。感知设备宜采用以太网或国网微功率无线方式完成本地通信组网。

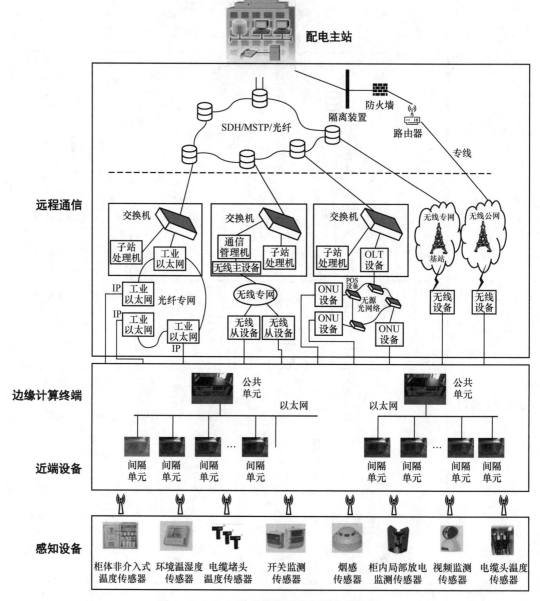

图 7-3　10kV 电缆线路通信组网典型架构

7.3.2　低压智能配电网通信组网典型场景

低压配电台区通信组网设计如图 7-4 所示。边缘计算终端建议选择电力线载波+国网微功率无线双模通信技术，以支持多种通信方式的接入，实现设备间的广泛互联。对于开关类设备、无功功率补偿类设备，建议选择电力线载波通信技术或国网微功率无线通信技术；对于智能传感类设备，建议选择国网微功率无线通信技术；对于线路监测类设备，建议优先选择电力线载波通信技术，其次选择国网微功率无线通信技术；对于末端采集设备，建议优先选择电力线载波通信技术，其次国网微功率无线通信技术。

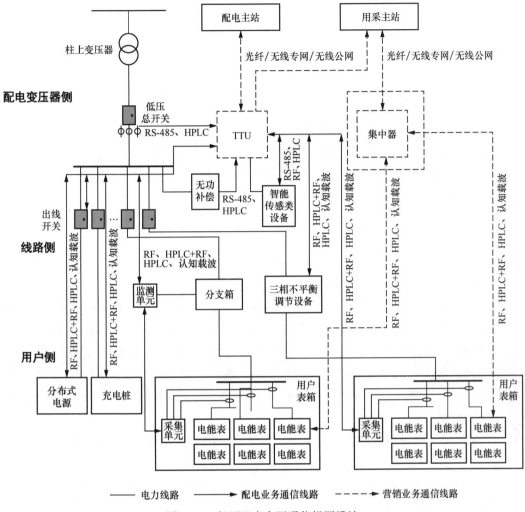

图 7－4　低压配电台区通信组网设计

7.4　智能配电网通信协议

信息交互是实现设备快速接入、设备间广泛互联、大数据处理及相关业务流程的关键和重点，通信协议是实现信息交互的有效载体。配电网通信协议主要包括电力工控协议和物联网协议。

电力工控协议如 IEC 60870-5-101/60870-5-104、DL/T 645、Q/GDW 1376.1 等，针对电力行业设计，业务耦合度、可靠性、容错性、实时性高；但是，面对端设备种类繁多的问题，缺乏统一的标准规范，且传输帧报文短，结构复杂，扩展灵活性差，规约非面向对象，自描述功能较弱，设备接入及业务应用受到了极大的限制，同时增加了大量的工作，无法满足海量端设备快速接入、即插即用的需求。

物联网协议开销低，支持数百万个连接的客户端，传输可靠，异常连接断开时能通知相关各方，减少了传统的点对点通信方式的通道维护工作；但是，物联网协议存在实时性、可靠性稍低等问题，需要根据配电系统的特点进行相应改进。

7.4.1 电力工控通信协议

目前，在配用电系统中，采集终端可以实现配用电数据的采集、数据管理、数据双向传输以及转发或执行控制命令。这一系列功能的实现依托于一套较为完整的采集终端与配用电主站、采集终端与通信模块之间的通信协议。

1. IEC 60870-5-101/60870-5-104 规约

（1）规约介绍。IEC 60870-5-101/60870-5-104 规约是在 IEC 在一系列远动规约基本标准的基础上，制定的用以实现对地理广域过程进行监视和控制的通信协议。该规约规定了配电自动化系统中云主站和终端之间以问答方式进行数据传输的帧格式、链路层的传输规则、服务原语、应用数据结构、应用数据编码、应用功能和报文格式等。IEC 60870-5-101、IEC 60870-5-104 对应的国内行业标准为 DL/T 634-5-101、DL/T 634-5-104。

（2）应用场景。IEC 60870-5-101 规约主要应用于采用无线通信方式，网络拓扑结构为点对点、点对多点、多点星形结构的网络中。通道可以是全双工或半双工通道。点对点和点对多点的全双工通道，采用非平衡式传输的链路传输规则和子站事件启动触发传输规则进行平衡式传输。通常，RS-232/485 通信方式采用非平衡式 DL/T 634-5-101，无线通信采用平衡式 DL/T 634-5-101。采用无线通信时，若设备 IP 固定，一般主站作为客户端，设备作为服务器端；若设备 IP 地址不固定，则主站作为服务器端，设备作为客户端。

（3）应用特点。IEC 60870-5-104 规约支持 TCP/IP、UDP，适用于网络拓扑结构为点对点、点对多点、多点共线、多点环形和多点星形结构的光纤通信方式或通信速率比较高的无线通信方式，具备差错控制机制，以保证数据传输的可靠性。

2. IEC 61850 标准

（1）标准介绍。IEC 61850 是 IEC TC 57 小组制定的一套通信协议标准，国内对应的行业标准为 DL/T 860《电力自动化通信网络和系统》系列。IEC 61850 是变电站自动化领域最完善的通信标准，它结合了变电站自动化的发展历史和未来趋势，在传统变电站自动化通信协议以及通信技术发展所形成的成果基础上，采用面向对象的建模技术和面向未来通信的可扩展架构，实现设备间互联互通互换互操作和信息共享的目标。

（2）应用场景。IEC 61850 主要应用于变电站中，为变电站自动化提供统一的标准，实现不同 IED 之间的无缝接入。随着 IEC 61850 的逐渐成熟和广泛应用，其技术和方法逐渐推广至变电站自动化以外的监控应用领域，包括水力发电（IEC 61850-7-410）、分布式能源（IEC 61850-7-420）、风力发电（IEC 61400-25）等。将 IEC 61850 引入配电网自动化领域，采用统一的数据模型、统一的服务接口，实现配电主站与配电终端、不同配电终端之间的互操作，可以解决大量配电终端的有效接入问题，减少维护工作量。但其报文冗余度比较高，数据量大，不适用于配用电远程通信。

（3）应用特点。IEC 61850 的信息模型表示方法采用面向对象方式，每种标准化对象都有数据属性和标准服务方法，一个电子设备实体可抽象为对象（物理设备对象、逻辑设备对象）的组合，其中逻辑设备由逻辑节点组成，逻辑节点由基本数据类型和复合数据类型构成，可包括报告控制块、日志控制块、数据集合等。通信服务有关联、读数据属性、写数据属性、读数据集、创建数据集合、定值操作、控制操作、缓存报告、非缓存报告、日志检索、文件操作、对时等。

IEC 61850 信息交换方法和信息体的编码方式推荐采用多媒体消息业务（multimedia messaging service，MMS）格式，其冗余度较大，协议开销大。

3．Q/GDW 1376.1 标准

（1）标准介绍。Q/GDW 1376.1《电力用户用电信息采集系统通信协议　第 1 部分：主站与采集终端通信协议》为国家电网公司企业标准，对应的行业标准为 DL/T 698.41《电能信息采集与管理系统　第 4-1 部分：通信协议－主站与电能信息采集终端通信》。

（2）应用场景。Q/GDW 1376.1 支持点对点、多点共线及一点对多点的通信方式，适用于云主站对终端执行主从问答方式以及终端主动上传方式的通信场景。该标准定义了终端、云主站、测量点等实体或逻辑对象。物理层支持短消息业务（short message service，SMS）、网络（TCP/UDP）、串行接口、红外传输接口。帧格式应用了 GB/T 18657.3《远动设备及系统　第 5 部分：传输规约　第 3 篇：应用数据的一般结构》规定的三层参考模型"增强性能体系结构"。

（3）应用特点。该标准规定了电力用户用电信息采集系统云主站和采集终端之间进行数据传输的帧格式、数据编码及传输规则。

4．DL/T 645 标准

（1）标准介绍。DL/T 645《多功能电能表通信协议》是国家电网公司制定的关于多功能电能表的通信标准，也是目前使用最多的多功能电能表通信标准。该标准有两个版本，分别是 DL/T 645—1997 和 DL/T 645—2007。

（2）应用场景。DL/T 645 适用于本地系统中多功能电能表的费率装置与手持单元（HHU）或其他数据终端设备进行点对点或一主多从的数据交换方式，规定了它们之间的物理连接、通信链路及应用技术规范。DL/T 645 采用主-从结构的半双工通信方式。

（3）应用特点。手持单元或其他数据终端为云主站，多功能电能表为从站，每个多功能电能表均有各自的编码地址。通信链路的建立与解除均由云主站发出的信息帧来控制，每帧由帧起始符、从站地址域、控制码、数据域长度、数据域、帧信息纵向校验码及帧结束符 7 个域组成，每部分由若干字节组成。

5．Modbus 协议

（1）协议介绍。Modbus 是一种串行通信协议，是由 Modicum 公司于 1979 年使用可编程逻辑控制器（programmable logic controller，PLC）通信而发表。Modbus 已经成为工业领域通信协议的业界标准，是工业电子设备之间常用的通信协议。控制器之间、控制器经由网络（如以太网）和其他设备之间可以通过该协议通信。

（2）应用场景。Modbus 协议是应用于电子控制器上的一种通用语言通用工业标准。基于 Modbus 协议，不同厂商生产的控制设备可以连成工业网络，进行集中控制。

（3）应用特点。Modbus 协议包括 ASCII、RTU、TCP 等。Modbus TCP 基于以太网和 TCP/IP 协议，Modbus RTU 和 Modbus ASCII 则是使用异步串行传输（通常是 RS-232/422/485）。该协议定义了控制器能够识别和使用的消息结构，而不管它们是经过何种网络进行通信的。该协议支持多种通信接口，如 RS-232、RS-485、光纤和无线等方式。PLC、DCS、智能仪表等都在使用 Modbus 协议作为它们之间的通信标准。

Modbus 协议是一个主/从（master/slave）架构的协议。有一个节点是主（master）节点，其他使用 Modbus 协议参与通信的节点是从（slave）节点，每一个从（slave）设备都有一个唯一的地址。

6. DL/T 698.45 标准

（1）标准介绍。DL/T 698.45《电能信息采集与管理系统　第 4-5 部分：通信协议—面向对象的数据交换协议》为电力行业标准。该标准规定了电能信息采集与管理系统云主站、采集终端或电能表之间采用的面向对象、具有互操作性的数据传输协议，包括通信架构、数据链路层、应用层，以及接口类及其对象和对象标识。

（2）应用场景。该标准适用于云主站、采集终端、电能表之间采用点对点、多点共线以及一点对多点的数据交换方式。

（3）应用特点。该标准最大的特点是应用面向对象的思想将各类业务数据抽象成逻辑对象；同时，该标准数据编码采用了 DL/T 790.6《采用配电线载波的配电自动化　第 6 部分：A-XDR 编码规则》定义的 A-XDR 编码规则。

7.4.2　物联网通信协议

1. MQTT 协议

（1）协议介绍。消息队列遥测传输（message queuing telemetry transport，MQTT），由 IBM 于 1999 年发布，是一种基于发布/订阅（publish/subscribe）模式的轻量级通信协议。MQTT 最大的优点在于可以以极少的代码和有限的带宽，为远程设备提供实时可靠的消息服务。

（2）应用场景。作为一种低开销、低带宽占用的即时通信协议，MQTT 在物联网、小型设备、移动应用等方面有着广泛的应用。该协议运行在 TCP/IP 的有序、可靠、双向连接的网络连接上。

（3）应用特点。MQTT 使用发布/订阅消息模式，提供了一对多的消息分发和应用之间的解耦；消息传输不需要知道负载内容，具有很小的传输消耗和协议数据交换，能够最大限度地减少网络流量；连接异常发生时，能通知到相关各方。

2. CoAP 协议

（1）协议介绍。约束应用协议（constrained application protocol，CoAP）是一种物联

网的协议，《RFC 7252》对其进行了详细的规范定义。CoAP 协议通常应用于资源受限的物联网设备上。

（2）应用场景。CoAP 协议应用场景一般分为两种：请求/响应模式和观察者模式。CoAP 协议在应用端点（endpoint）之间使用请求/响应模型，支持内部自定义的服务和资源发现，包含统一资源标识符（uniform resource identifier，URI）等 Web 相关的关键概念。CoAP 采用和 HTTP 协议相似的请求响应工作模式：作为客户端的 CoAP 端点向作为服务器端的 CoAP 端点发送一个或多个请求，服务器端响应客户端的 CoAP 请求。CoAP 协议定义了扩展机制，引入了观察者模式。在该模式下，作为观察者的 CoAP 端点（客户端）向作为主题的 CoAP 端点（服务器端）进行注册，只要资源状态发生变化，服务器端就可以主动通知观察者，适用于机器与机器（machine-to-machine，M2M）通信中常见的休眠/唤醒场景。

（3）应用特点。CoAP 协议的网络传输层采用标准 UDP 协议，资源占用小。CoAP 的资源地址格式与互联网的统一资源定位符（uniform resource locator，URL）格式类似，具有通用性。CoAP 编码采用二进制格式，更加紧凑与轻量化，最小长度仅仅 4B；支持可靠传输，数据重传，块传输；支持 IP 多播，即可以同时向多个设备发送请求；非长连接通信，适用于低功耗物联网场景。

3．HTTP 协议

（1）协议介绍。超文本传输协议（hypertext transfer protocol，HTTP）是一个应用层的面向对象的协议，它基于 TCP/IP 来传递数据（HTML 文件、图片文件、查询结果等）。由于其简洁、快速的特点，HTTP 适用于分布式超媒体信息系统。

（2）应用场景。HTTP 工作于客户端/服务端架构之上。浏览器作为 HTTP 客户端通过 URL 向 HTTP 服务端即 Web 服务器发送所有请求。Web 服务器根据接收到的请求，向客户端发送响应信息。

（3）应用特点。HTTP 定义了 Web 客户端如何从 Web 服务器端请求 Web 页面，以及服务器端如何把 Web 页面传送给客户端。HTTP 采用了请求/响应机制。客户端向服务器端发送一个请求报文，请求报文包含请求的方法、URL、协议版本、请求头部和请求数据。服务器端以一个状态行作为响应，响应的内容包括协议的版本、成功或者错误代码、服务器信息、响应头部和响应数据。

4．XMPP 协议

（1）规约介绍。可扩展消息处理现场协议（extensible messaging and presence protocol，XMPP）是一种基于 XML 的近端串流式即时通信协议。它将上下文敏感信息标记嵌入 XML 结构化数据中，使得人与人之间、应用系统之间以及人与应用系统之间能即时相互通信。

（2）应用场景。XMPP 中定义了客户端、服务器、网关三个角色。通信能够在任意两个角色之间双向发生，服务器同时承担了客户端的信息记录、连接管理和信息路由功能；网关承担着与异构即时通信系统的互联互通，异构系统可以包括 SMS、MSN、ICQ 等。基本的网络形式是单客户端通过 TCP/IP 连接到单服务器，然后在之上传输 XML。

（3）应用特点。XMPP 的应用特点如下：

1）分布式。XMPP 网络的架构和电子邮件十分相像。XMPP 的核心协议通信方式是先创建一个流（stream），并以 TCP 传递 XML 数据流，没有中央主服务器。任何人都可以运行自己的 XMPP 服务器，使个人及组织能够掌控其实时通信体验。

2）安全。任何 XMPP 服务器可以独立于公众 XMPP 网络。

3）可扩展。XML 命名空间的威力可使任何人在核心协议的基础上建造客制化的功能。

4）弹性佳。XMPP 除了可用于实时通信的应用程序，还可用于网络管理、内容供稿、协同工具、文件共享、游戏、远程系统监控等，应用范围相当广泛。

5）多样性。用 XMPP 来建造、部署实时应用程序和服务的公司及开放源代码计划分布在各个领域。用 XMPP 技术开发软件时，资源及支持的来源是多样的，从而使得用户不会陷于被"绑架"的困境。

6）分布式的网络架构。XMPP 的实现，都是基于客户端/服务器的网络架构。但是，XMPP 本身并没有限定非该架构不可，其和电子邮件的架构非常相似，但又不仅限于此，所以应用范围十分广泛。

5. DDS 协议

（1）规约介绍。面向实时系统的数据分布服务（data distribution service for real-time systems，DDS）是由国际对象管理组织（Object Management Group，OMG）提出的以数据为中心进行连接的中间件协议和应用程序接口（application programming interface，API）标准。DDS 能很好地支持设备之间的数据分发和设备控制，以及设备和云端的数据传输。

（2）应用场景。在汽车领域，Adaptive AUTOSAR 在 2018 年引用了 DDS 协议，作为可选择的通信方式之一。DDS 的实时性，恰好适合自动驾驶系统。在这类系统中，通常会存在感知、预测、决策和定位等模块，这些模块都需要快速和频繁地交换数据。借助 DDS 协议，可以很好地满足它们的通信需求。DDS 在其他领域的应用也非常广泛，包括航空、国防、交通、医疗、能源等领域。在机器人开发领域，ROS2 相对于 ROS1 最主要的一个变化就是 DDS 的引入。

（3）应用特点。DDS 协议以数据为中心，采用分布式、高可靠性的数据传输方式，以及全局数据空间技术，数据分发的实时效率非常高，能做到秒级内同时分发百万条消息到众多设备；使用无代理的发布/订阅消息模式，支持点对点、点对多、多对多通信，提供多达 21 种服务质量（quality of service，QoS）策略，对物理信道要求极高。

7.4.3 通信协议对比分析

物联网通信协议、电力工控通信协议的性能对比见表 7-3。

本地通信协议对比见表 7-4。

表 7－3　　物联网通信协议、电力工控通信协议的性能对比

类型	协议名	架构	编码	传输层	并发数	报文长度	开销	QoS	实时性	安全性	点表配置
物联网通信协议	MQTT	一对多（发布/订阅）	二进制，可升级支持 JSON 编码（字符串）	TCP	协议自身不限制，受制于底层通信	可变，最小 2B，最大 256B	报头：固定 2B+可变 2B	3 种模式：最多一次；至少一次；仅一次	协议自身无保障，受制于底层通信	简单用户名/密码认证；SSL 数据加密	支持设备自描述
	HTTP	点对点（请求/应答）	超文本格式	TCP	协议自身不限制，仅受制于底层通信方式	可变	开销大	无	协议自身无保障，受制于底层通信	一般基于 SSL 和 TLS	支持设备自描述
	XMPP	点对点	XML	TCP	协议自身不限制，仅受制于底层通信方式	可变	开销大	—	协议自身无保障，受制于底层通信	TLS 数据加密	支持设备自描述
	DDS	一对多（消息过滤的主题订阅）	二进制	缺省 UDP，支持 TCP	协议自身不限制	可变	开销较小	—	实时性非常高	一般基于 SSL 和 DLS	支持设备自描述
电力工控通信协议	IEC 60870-5-101	点对点（请求/应答）	二进制	串行接口	协议自身不限制，仅受制于底层通信方式	可变，最小 5B，最大 255B	报头：固定 5B+可变字节	请求确认	实时性高	累加和校验	人工配置点表信息
	IEC 60870-5-104	点对点（请求/应答）	二进制	TCP	协议自身不限制，仅受制于底层通信方式	可变，最小 1B，最大 255B	报头：固定 1B+可变字节	请求确认	实时性高	累加和校验	人工配置点表信息
	IEC 61850	MMS：基于 TCP/IP，点对点；GOOSE/SV：一对多（组播）	ASN.1	TCP/GOOSE 和 SV 直接映射到数据链路层	协议自身不限制	可变，MMS 不限制，可通过 TCP 分帧；GOOSE、SV 最大报文长度 1518B	MMS 协议开销大；GOOSE、SV 报头：以太网固定 14B+固定 12B 开销	MMS 协议依赖于 TCP/IP；GOOSE 依赖快速传输机制；SV 为固定频率发送	实时性高	IEC 62351-4/6	支持设备自描述
	DL/T 698.45	基于 TCP/IP，点对点	二进制	RS-485/232、红外、TCP	在 TCP 通道传输时支持并发	可变，最大建议报文长度 1024B	报头：固定 1B 的 68H，1B 的结束符，自描述根据应用区别，开销较大	5 种模式：支持读取/设置/操作/上报/代理	实时性高	CRS 校验+累加和校验，同时支持 ESAM 加密	支持设备自描述

续表

类型	协议名	架构	编码	传输层	并发数	报文长度	开销	QoS	实时性	安全性	点表配置
电力工控通信协议	Q/GDW 1376.1	基于TCP/IP，点对点	二进制	RS-485/232、红外、TCP	在TCP通道传输时支持并发	可变，最大建议长度1024B	报头：固定2B的68H，1B结束符	5种模式：支持读取/设置控制/主动上报/透明传输	实时性高	累加和校验，同时支持ESAM加密	人工配置点，点表信息
	Q/GDW 1376.2	点对点	二进制	UART全双工	采用HPLC协议时支持并发	可变	报头：固定1B的68H；结束符：固定1B的16H；开销小	非确认	确认/非确认	累加和校验	不需要

表 7 – 4　本地通信协议性能对比

类型	协议名	架构	编码	传输层	并发数	报文长度	开销	QoS	实时性	安全性	点表配置
物联网通信协议	CoAP	点对点（请求/应答）	二进制，可升级支持JSON编码（字符串）	UDP	协议自身不限制，受制于底层通信方式	可变，最小4B，最大256B	报头：固定4B+可变8B	两种模式：确认、非确认	协议自身无保障，受制于底层通信	支持DTLS加密	支持设备自描述
	DL/T 645	点对点（请求/应答）；一对多（广播）	二进制	RS-485/红外	半双工通信，不支持并发	可变，最小12B，最大255B	报头：固定2B的68H，1B校验码，1B结束符，开销小	请求响应，请求/确认，广播/非响应	实时性低	累加和校验	不需要
电力工控通信协议	DL/T 698.45	基于TCP/IP，点对点	二进制	RS-485/232、红外、TCP	在TCP通道传输时支持并发	可变，最大建议长度1024B	报头：固定1B 68H，1B的结束符，开销小	5种模式：支持读取/设置操作/上报/代理	实时性高	CRS校验+累加和校验，同时支持ESAM加密	支持设备自描述，自描述，根据应用区别，开销较大
	Modbus	（一对多）主从	二进制	TCP/物理层（RS-485）	物理层有32个从设备，TCP层根据网络层配置而定	可变，最小4B，最大256B	报头：固定4B+可变 $n\times8B$	非确认	实时	LRC/CRC	人工配置点，点表信息

从表 7-3 和表 7-4 可以看出：

（1）现有电力工控通信协议具有如下特点：传统电力规约如 IEC 60870-5-101/60870-5-104、DL/T 645、Q/GDW 1376.1 等，针对电力行业设计，业务耦合度、可靠性、容错性、实时性高，但传输帧报文短、结构复杂，扩展灵活性差；规约非面向对象，自描述功能较弱，调试预配置工作量大，无法满足低压配电网海量终端设备的即插即用和快速接入。IEC 61850 针对变电站内部通信设置，适用于变电站内最多几十个节点通过以太网进行的通信，体系过于庞大，不适用于包含上百万个节点、覆盖范围达数万平方公里的配电物联网通信。

（2）针对现有电力工控通信规约非面向对象的问题，面向对象的物联网协议也就成为配电领域通信规约未来的发展趋势，如 DDS、XMPP 的应用。物联网协议数据表示灵活，支持二进制、UTF-8 编码等多种方式，可实现面向对象的数据描述；物联网协议还具有低开销、海量连接、可靠传输的特点。物联网协议需要借鉴电力工控通信协议的交互流程、应用场景、数据属性等，制定适用于配电物联网数据交互的消息格式。

（3）配电网远程通信通常采用无线公网或专网、光纤进行通信，通信速率高、传输可靠性强，可支撑面向连接的 TCP，确保可靠通信；且通信网络节点个数多，覆盖范围广，需要采用轻量级的物联网通信协议。因此，中压配电网建议采用 IEC 60870-5-101/60870-5-104 或 DDS 等协议，低压配电网建议采用 MQTT 协议来实现配电网远程通信。

（4）配电网本地通信通常采用电力线载波通信、国网微功率无线通信等方式。在消息传输层面，要求物联网协议具备协议开销小、通信延时低、低功耗、低成本等特点。在业务层面，智能配电变压器终端与终端间以短报文通信为主，且终端有主动上报需求，配电变压器终端有数据推送需求。通过前述对比分析，建议采用 CoAP 来制定智能配电变压器终端与端设备间的通信协议，原因如下：

1）CoAP 采用 UDP 连接方式，省去了 TCP 建立连接的成本以及协议栈的开销，有利于端设备实现低延时、低成本的信息传输。

2）CoAP 在数据包头部采用二进制压缩，削减了协议报文的数据量，进一步降低了协议的开销。

3）CoAP 支持异步通信方式，发送与接收数据可以异步进行，能够更好地支撑智能配电变压器终端各项操控业务的开展，实现主动向端设备推送数据的功能。

参考文献

[1]　李莉，朱正甲，任赟，等.基于绿色无线网络覆盖最优的配电通信网规划方法研究[J].电力系统保护与控制，2018，46（7）：56-62.

[2]　杨佳，段琪玥，许强，等.一种面向配电通信网 WSN 分簇路由优化算法[J].重庆理工大学学报（自然科学），2022，36（9）：187-194.

[3]　尼俊红，赵云伟，申振涛.基于业务流量的配电通信网可靠性分析[J].电力系统保护与控制，2017，45（7）：148-153.

[4] 吴昌钱，罗志伟，金凤.一种物联网通信能耗控制算法的设计与仿真[J].计算机仿真，2022，39（12）：445-448+453.

[5] 牟小令.光纤通信网络中节点故障定位方法研究[J].激光杂志，2023，44（2）：143-148.

[6] 佘凤.基于 EPON 技术的配网光通信网络[J].激光杂志，2017，38（5）：137-139.

[7] 王苏北，神祥明，杨光，等.光纤以太网在分布式配电自动化中的应用[J].光通信技术，2017，41（3）：58-61.

[8] 耿程飞，张东来，吴轩钦，等.大功率 IGBT 智能门极驱动光纤通信方法研究[J].电力电子技术，2022，56（9）：54-56.

[9] 刘志仁，薛明军，杨黎明，等.基于区域自组网的配电线路无线差动保护技术研究及应用[J].电力系统保护与控制，2021，49（21）：167-174.

[10] 程定国，曾浩洋.无线通信网络中流量分析技术综述[J].电讯技术，2023，63（3）：441-447.

[11] 张玉杰，刘强，李桢.Wi-Fi 设备的快速配网方法研究[J].电子器件，2019，42（3）：797-801.

[12] 邹晓峰，沈冰，蒋献伟.5G 通信条件下配网差动保护快速动作方案研究[J].电力系统保护与控制，2022，50（16）：163-169.

[13] 高厚磊，徐彬，向珉江，等.5G 通信自同步配网差动保护研究与应用[J].电力系统保护与控制，2021，49（7）：1-9.

[14] 郑欢，唐元春，林文钦.配电自动化无线专网中基于干扰抑制的小区深度覆盖和频谱分配策略[J].重庆邮电大学学报（自然科学版），2022，34（2）：320-330.

[15] 刘学武.NB-IoT 无线网络优化的特点及方法[J].物联网技术，2022，12（11）：48-50+54.

[16] 杨鑫鑫，陈昌鑫，任一峰.NB-IoT+云平台的分布式光伏监测系统[J].仪表技术与传感器，2023（1）：78-81.

[17] 王亚飞，李振松，吴韶波，等.面向智慧城市的 NB-IoT 网络规划设计虚拟仿真实验教学系统建设[J].实验技术与管理，2022，39（9）：211-216.

[18] 颜晓星，车明，高小娟.基于北斗卫星的可靠远程通信系统设计[J].计算机工程，2017，43（3）：62-68.

[19] 单坤，宋晓鸥，李国彬.序贯检测在"北斗"卫星信号捕获过程中的应用[J].电讯技术，2022，62（6）：729-733.

[20] 邓远帆，郭斐，张小红，等.北斗三号卫星多频多通道差分码偏差估计与分析[J].测绘学报，2021，50（4）：448-456.

[21] 张磊，高强伟，黄旭，等.基于电力载波通信的低压配电网拓扑结构辨识方法[J].电子器件，2021，44（1）：162-167.

[22] 熊威，何永秀，张岩，等.基于区块链的电力载波网络节点三维自身定位[J].计算机仿真，2020，37（11）：113-117.

[23] 马凤强，吕婷婷，张浩.应用于智能浮标的北斗铱星双模通信系统设计[J].传感器与微系统，2021，40（5）：107-110.

[24] 胡进坤，郭晓洁，等.基于深度学习的多模光纤通信系统的模式与模群识别[J].光学学报，2022，42（4）：46-53.

第8章
智能配电网控制与决策

本章首先分析了配电网调控业务；然后介绍了如何通过网络分析、运行调度、自愈控制等功能实现智能配电网协同控制，通过设备全景感知、综合故障研判等设备管控功能实现智能配电网的精益化管理；最后重点阐述了大规模分布式电源接入配电网后的源网荷储协同控制。

8.1 配电网调控业务分析

随着国民经济的高速发展，社会对电力的需求越来越大，电力网络的大规模发展及电价机制的市场化运行，对电网的安全性、可靠性、灵活性和经济性提出了新的要求。针对配电网运行中遇到的一些实时问题，以及发展过程中出现的新问题、新情况，依靠传统的离线网络分析方法和调度运行人员的经验已难以解决。因此，需要采用实用型分析工具来帮助合理调度电网负荷，在此情况下，配电网的控制与决策应用应运而生。这些应用软件成为配电网调度与管理的有效工具，使调度由经验型上升到科学的实时分析型。特别是近年来配电自动化技术的迅速发展，客观上为智能配电网控制与决策高级应用软件的研究与实践提供了广阔的平台，创造了良好的基础。

8.1.1 配电网控制与决策分析应用特点

由于配电网自身网架结构以及配电网自动化发展阶段等特点，与输电网高级分析应用相比，配电网控制与决策分析应用存在如下几个方面的典型特点。

1. 配电网网络规模庞大

输电网以网状拓扑结构为主，配电网正常运行时多呈辐射状拓扑结构，且分支较多，配电网在线路、设备的数量上大大超过输电网，使得配电网计算时需要面对一个规模异常庞大的网络；同时，配电网具有分区运行的特点，因此在一定程度上可以借助这一特点，对配电网分析决策进行降维简化。

2. 配电网量测数据不全

配电网中的实时数据包括网络建模、实时采集量测、人工录入等数据，由于配电馈线分支数量庞大，不可能对所有馈线分支配置采集装置，导致一些节点或支路的实时量测数据不能被采集到，造成数据收集不全。而在配电网分析计算中经常需要综合应用实时数据、准实时数据和离线数据，因此需要重点考虑解决量测数据不全、准确率不高等实际问题。

3. 配电网三相不平衡

输电网三相参数和负荷基本平衡，而配电网负荷三相不平衡。在配电网末端，存在大量的单相、两相线路，使得负荷分布不均匀，因此配电网（尤其是低压配电网）在分析计算时需要考虑三相建模处理。

4. 输配协同不足

在传统配电网中，配电网和输电网的高级应用功能相互独立，而两者数据来源不同，必然会在边界节点上产生功能失配和电压失配的问题，使得分析精度和控制效率受到严重影响。因此，配电网高级应用需要考虑与输电网的协同运行问题。

5. 配电网应用交叉复杂

输电网自动发电控制、安全静态分析等高级应用功能均运行在相对独立的系统上，而配电网的故障自愈、主配协同控制等高级应用功能融合在生产调度各个环节之中，很少单独存在。

6. 运行不确定性强

配电系统直接面向广大用户，不可避免地受到用户端各种不确定性因素的影响。同时，配电网设备点多面广、环境复杂。造成配电网调控难度大、运行风险偏高。

8.1.2 配电网控制与决策应用体系架构

智能配电网控制与决策全面支撑配电网的调度运行与设备运维。配电网态势感知包括设备全景感知、发电/负荷预测及运行态势预警等方面，以实现源网荷储各环节运行态势全景感知。运行调度决策主要从电网的网络分析、故障自愈和优化运行等三方面，实现常态化运行时配电网与大电网各个部分的协调运作。出现故障后对故障区段的迅速隔离、负荷转移及恢复等功能，为电力部门提供了高效、便捷的管理平台，从而实现了管理者、电力系统及用户三者之间的高度协调。配电网设备管控决策主要聚焦全景感知、配电网画像、智能运维等业务，实现配电网中低压一/二次设备的状态感知、运行统计分析与运维管理功能，提升运维人员精益化管理能力。源网荷储协同控制则从规划、调度、优化等角度，实现传统的"源随荷动"调度模式向"源网荷储协同控制"模式转变，从"可观、可测、可控、可调"四个维度提升负荷侧调节资源的调控能力，有助于电网安全稳定水平、新能源消纳水平、调度精益化水平的有效提升。智能配电网控制与决策应用体系架构如图 8-1 所示。

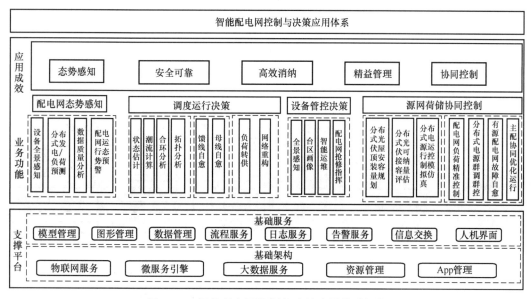

图 8 - 1　智能配电网控制与决策应用体系架构

8.2　配电网态势感知

配电网态势感知是指通过对负荷预测数据、气象数据及各类量测数据等的挖掘和分析，对系统及各类电气设备当前的运行状态进行评估，并对系统未来的运行状态进行预测，从而对各类扰动事件可能造成的影响进行预警并提前作出部署。

构建有效的智能配电网态势感知体系，增强对配电网的态势感知能力已成为当前的一个研究热点。通过态势感知可实现对配电网运行态势的全面准确掌控，为提高复杂配电网的调度控制水平提供有力支撑。本节主要从设备全景感知、分布式电源发电/负荷预测、数据质量分析等方面对配电网的态势感知进行阐释。

8.2.1　设备全景感知

1．基本概念

设备全景感知指在配电设备和线路上，通过感知设备与终端采集数据，基于大数据、物联网等数字化技术，在一定的时空尺度下对当前配电网核心设备和线路的环境量、状态量和电气量状态进行全景实时深度感知，并对可能引起电网态势发生变化的各种要素进行提取、综合，通过数据挖掘、仿真、可视化等技术对配用电系统发展态势进行评估和预测。设备全景感知通过配电网拓扑分析、设备实时监测等主要功能，实现配电一/二次设备状态感知与异常分析，并结合历史信息与人工智能、深度学习等关键技术，实现配电设备的健康状态评估。智能配电网设备全景感知流程如图 8 - 2 所示。

2．主要功能

（1）图形浏览。图形浏览指在管理信息大区 Web 端实现的配电网中低压网络拓扑专题图查看与浏览，通过广度优先搜索（breadth first search，BFS）算法、A*布线算法完成了图形的布局与布线，实现了站间联络图、环网图及低压台区图等配电网专题图浏览，展示设备台账、量测信息、历史动作等数据记录，方便调度与运维人员在 Web 端实时查看配电网设备的位置与参数信息。

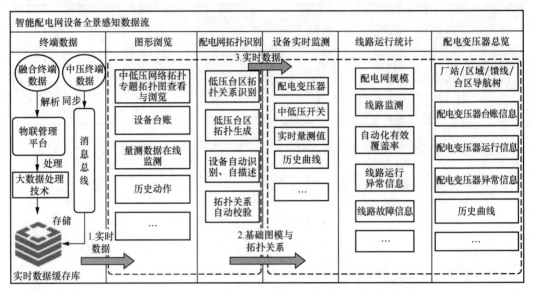

图 8-2 智能配电网设备全景感知流程

（2）配电网拓扑识别。配电网拓扑识别指在管理信息大区中实现低压台区拓扑关系的识别、校验以及拓扑生成，采用智能融合终端、低压传感器（故障指示器）检测等关键技术，利用台区网络通信生成二次设备拓扑层次关系，并形成低压拓扑文件及户变关系文件，在设备新增、设备变更及运方调整后，实现设备自识别、自描述和拓扑关系自动校验，将生成的文件与源端系统（如 PMS/图模中心）文件进行比对校验，如发现拓扑不一致即派送工单进行整改与检修。

（3）配电设备实时监测。配电设备实时监测指在管理信息大区接入配电变压器、配电网开关实时量测数据，基于大数据流式计算、海量数据缓存等大数据技术，通过分层分级导航树功能，分类展示配电变压器、低压设备等基础信息、所属组织、实时量测数据及历史曲线，支撑其他全景感知功能进行数据分析。

（4）线路运行统计。线路运行统计指对配电网线路的运行信息、历史信息以及一些事件信息进行统计展示，基于消息总线、分布式采样等大数据技术，结合当前及历史的线路运行负载情况，实现配电网规模、线路监测、自动化有效覆盖率、配电网运行异常明细等展示功能，用以评估配电网线路运行状态，辅助运维检修人员提前排除故障。

（5）配电变压器总览。配电变压器总览指专门针对配电变压器运行信息、故障、异常及告警等数据进行统一集成展示，基于消息总线、大数据处理等关键技术，通过区域、厂站、馈线、台区等多层级导航树，分层分区展示配电变压器总体信息、故障信息、异常信息及历史曲线，实现配电变压器一体化运维与全景监测。

8.2.2　分布式电源发电/负荷预测

1. 基本概念

分布式电源发电/负荷预测指通过对各台区、变电线路、变电站、区域的负荷/功率、气象数据、日类型数据等特征变量进行映射关系分析，利用人工智能算法建立配电网负荷自适应预测模型，提供超短期（未来 4h）、短期（未来 3 天）及中长期（未来 10 天）等多时间尺度下的负荷/光伏预测，同时输出相应评价指标以及可视化展示页面。

2. 主要功能

分布式电源发电/负荷预测是新型配电系统的基础功能，主要应用于配电网规划、台区/线路/变压器重过载预警、台区三相不平衡治理、配电网状态估计等方面。分布式电源发电/负荷预测功能架构如图 8-3 所示。

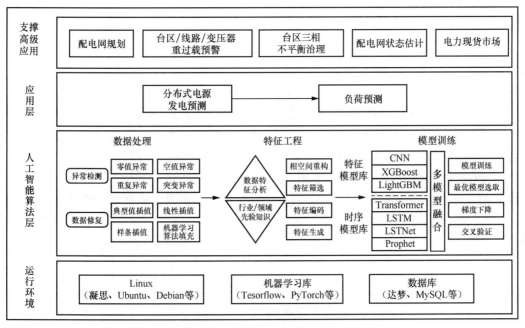

图 8-3　分布式电源发电/负荷预测功能架构

（1）配电网规划。电力负荷预测是城乡电网规划设计的基础。负荷预测工作可以从全面和局部两方面进行：一方面，对全地区总的需求量进行全面宏观预测，以确定规划年的输配电系统所需要的设备分量；另一方面，对供电区内每个分块（分区）需要量进行局部预测，以确定变电站的合理分布，一般变电站建在负荷中心。

（2）台区/线路/变压器重过载预警。从用户本身、气象数据和历史数据出发，通过负荷预测，判断设备的重过载情况，特别是对于春节期间的台区重过载预测，以便提前做好预备方案。

（3）台区三相不平衡治理。传统配电台区治理三相不平衡时，忽视了换相对负荷的影响，以及换相开关寿命、配电台区的经济性等问题。针对上述问题，这里提出一种基于负荷预测的配电台区三相不平衡治理方法，即采用 k 均值聚类（k-means）算法对历史日负荷进行聚类，利用支持向量机对已经做过统计归类处理的历史数据进行短期负荷预测，并计算对应配电变压器运行时三相负荷电流的不平衡度。该方法建立了以配电台区三相电流不平衡度最小、换相开关切换次数最少为目标的最优换相数学模型，通过遗传算法获得最优换相方案。该方法有效减少了线损，降低了三相负荷不平衡度，缓解了配电台区三相负荷不平衡问题。

（4）配电网状态估计。将超短期负荷预测应用于配电网的状态估计中，对各节点负荷进行实时预测，以此来达到对系统中各节点负荷进行实时追踪的目的。利用指数函数对错误数据产生的影响进行控制，以提升状态估计的精度。使用配电网中所用的前推回代对计算变量中的初始幅值与相角进行计算，从而增加算法的收敛。

（5）电力现货市场。在开展实时现货市场和辅助服务市场的过程中，负荷预测的精度和速度成为影响各主体报价结果的瓶颈。负荷预测越准确，越有利于保障各市场主体报价的公平性和经济性。

3．主要算法

目前，配电负荷预测模型主要有传统的线性预测回归模型和基于人工神经网络的新型预测模型两类。线性预测回归模型包括回归模型、随机森林模型、卡尔曼滤波法和时间序列模型等，常用于小型数据集的预测，在复杂的非线性关系的预测中效果较差。新型预测模型包括神经网络模型、灰色预测模型、小波分析法以及专家系统等，具有较高的预测准确率。新型预测模型中应用最广泛的是神经网络预测模型。

分布式电源发电预测方法主要有两种：一种是直接预测法；另一种是间接预测法。直接预测法是立足于气象数据、辐射数据等基础之上，对数据模型进行直接预测；而间接预测法要更复杂一些，这是因为其不仅要对辐射模型进行预测，而且要借助光转电模型对光伏电站功率进行科学评估。如果选择的是直接预测法，那么在建模这一环节就要面临很大的难度，并且该方法在不同的时间段内会有不同的应对算法，所以在进行光伏功率的预测工作时，很难做到面面兼顾，进而导致其有效应用性被限制。由此可知，应用直接预测法进行光伏功率预测会存在一定的误差。而如果应用间接预测法进行光伏功率预测，虽然其能够实现多个模型的转换，但是计算流程非常复杂。为了更好地对输出功率进行有效预测，相关人员需要对光伏功率和辐照度进行全面考量，进而通过明确其历史规律，以及结合统计学和物理学的研究方法，确定最终所需的模型。

8.2.3 数据质量分析

1．基本概念

针对配电网通信链路波动、潮流及负载不均衡等问题，进行中低压数据质量分析，支撑供电服务指挥中心生成数据异常类检修工单，缩短人工排查时间，指导运检人员进行针对性检修，保障检修作业精准高效。智能配电网数据治理分析流程如图 8-4 所示。

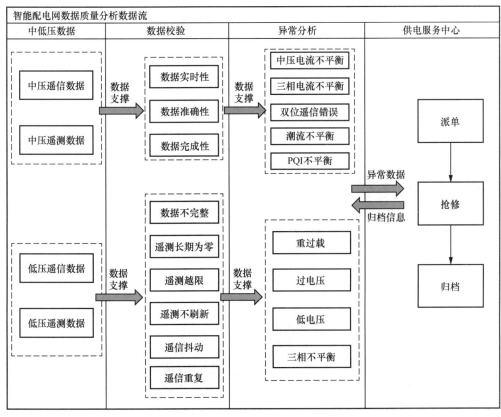

图 8-4　智能配电网数据治理分析流程

2. 主要功能

（1）中压数据质量分析。通过同步配电主站Ⅰ区中压"二遥"数据，进行中压数据实时性、准确性以及完整性校验，实现中压电流不平衡、三相电流不平衡、双位遥信错误等数据异常分析，指导运维检修人员安装换相装置、不平衡治理装置，采用终端遥测质量码、遥测系数纠正等措施，提升配电自动化系统数据准确性，为运维检修工作提供基础。

（2）低压数据质量分析。基于配电终端采集的低压"二遥"数据，通过对异常信号的可靠性研判，实现配电变压器重过载、过电压、低电压和三相不平衡等异常信号的正确性校验，并开展低压实时数据不完整、遥测长期为零、遥测越限、遥测不刷新、遥信重复、遥信抖动等数据异常识别，指导运维检修人员采用终端电流互感器/电压互感器变比、遥测质量码、遥测系数、通信异常配置纠正等措施，提升配电网供电可靠性。

8.2.4　配电网运行态势预警

1. 基本概念

配电网运行态势预警指通过对接入配电网的各类数据的融合分析，进行全配电网的状态评估，对涉及配电网运行变化的各类因素进行分析，并结合精准预测，准确分析出当前配电网的状态及变化趋势。

2. 主要功能

基于配电自动化、用电信息采集、高级量测体系和物联网监测等，扩展传统配电网量测对象与量测功能，应用信息通信技术，实现对配电网主要设备电量和非电量信息（配电变压器油温、设备运行状态、环境气候等）以及分支线运行信息的全景感知。

通过提升数据感知能力，扩展数据感知对象和范围，从电网设备的单一量测数据扩展到涵盖分布式电源、柔性负荷的配电网环境、气象、运行等多元信息，实现配电网状态全景全量感知；并在此基础上进行全配电网的状态估计，对涉及配电网运行变化的各类因素进行理解与预测，应用高精度功率预测和负荷预测技术，准确分析出当前配电网的状态及变化趋势，如正常状态、优化状态、故障状态等。

8.3 调度运行决策技术及应用

8.3.1 网络分析

网络分析是实现配电网高级应用决策的基石，主要包括网络建模、网络拓扑分析及动态着色、状态估计、潮流计算、合环计算等功能，实现对配电网设备及运行数据的实时辨识与修正，提高配电网安全运行水平，同时为后续故障自愈和优化运行等应用功能提供数据基础和拓扑以及计算服务支撑。配电网网络分析体系架构如图 8-5 所示。

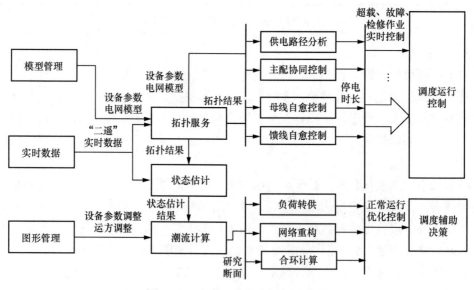

图 8-5 配电网网络分析体系架构

8.3.1.1 网络拓扑分析及动态着色

1. 基本概念

网络拓扑分析又称网络结构分析。由于系统网络随时可能发生变化，网络拓扑分析的基本功能是根据断路器的开合状态（实时遥信）和电网一次接线图，及时修正系统中各种元件（线路、变压器、母线段等）的连接状况，将电网一次接线图转化成一种"拓扑"结构，即以节点和支路来定义的结构，为其他各种应用做好准备。

2. 主要功能

在网络拓扑分析之前，需要进行网络建模。网络建模是将电网的物理特性用数学模型来描述，以便用计算机进行分析。其中，电网的数学模型包括发电机组、变压器、导线、电容器、负荷、断路器等的数学模型。网络建模用于建立和更新网络数据库，为其他应用如状态估计、潮流计算等定义电网的网络结构。网络模型分为物理模型和计算模型。物理模型（也称节点模型）是对网络的原始描述；计算模型与网络拓扑相联系，随开关状态变化，用于网络分析计算。电力系统的分析计算是面向电气节点的，而有时一条母线（bus）会包括多个物理节点（node）。当电网结构发生变化时，如一台断路器发生状态变位，则 node 与 bus 的对应关系也会随之发生变化。网络拓扑分析的任务就是通过实时检查电力系统中所有元件的连接情况，将面向 node 的节点模型转化成面向 bus 的母线模型，形成 node 与 bus 的对照表，为其他高级软件的应用做好准备。网络拓扑根据断路器状态和电网元件关系，将网络物理模型转化为计算模型。网络拓扑的主要功能包括：

（1）网络拓扑分析。可以根据电网连接关系和设备的运行状态进行动态分析。根据模型可进行带电区域划分和动态着色，分析电网设备的带电状态，按设备的拓扑连接关系和带电状态划分电气岛，分析确定配电区域的供电路径和供电电源。

（2）拓扑着色。包括电网运行状态着色、供电范围及供电路径着色、动态电源着色、负荷转供着色、线路合环着色、事故着色等。

（3）负荷转供。根据目标设备分析其影响负荷，并将受影响的负荷安全转至新电源点，提出包括转供路径、转供容量在内的负荷转供操作方案；并可依据结果采用自动或人工介入的方式对负荷进行转移。

网络拓扑分析是实现配电网高级应用的基础支撑功能，其架构如图 8-6 所示。

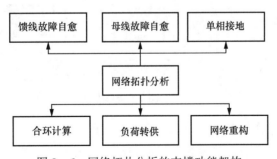

图 8-6　网络拓扑分析的支撑功能架构

3. 主要算法

目前，国内外在网络拓扑分析方面的算法有矩阵表示法、节点消去法、搜索法等。矩阵分析法结构性强，数据组织比较简单，适应性强；但是，大量的矩阵运算，以及在计算过程中所占的大量存储空间，都会影响网络拓扑分析的计算速度。节点消去法大大减少了计算冗余度和计算量，提高了计算速度，但会影响其他高级应用的功能分析。搜索法是当前网络拓扑分析中应用最广泛的一种分析方法，它主要通过搜索节点与其相邻节点之间的连通关系来进行拓扑分析。搜索法可分为深度优先搜索法和广度优先搜索法。其中，广度优先搜索法对每个节点只进行一次遍历，其搜索速度快于深度优先搜索法。采用面向对象技术及分类分层的思想对配电网中的设备进行建模，考虑静态拓扑与动态拓扑相结合的方式，对原有模型进行合并简化，正确反映配电网的特点，选择广度优先搜索法进行拓扑分析，可以得出其他高级应用软件所需的基础数据。

8.3.1.2 状态估计

1. 基本概念

状态估计是智能配电网高级应用功能最基础的组成部分，其利用系统的冗余量测对配电网运行数据进行滤波，排除偶然的错误信息和少量不良数据，估计或预报出系统的实时运行状态，并为配电调度管理系统的高级应用软件提供完整可靠的实时数据。

2. 主要功能

智能配电网状态估计不同于主网数据辨识与修正，因配电网本身量测数据不足、量测质量不高，其主要功能是将全网未采集的数据进行必要的补齐，如遥信数据补齐和遥测数据补齐；对已经采集到的数据进行辨识和分析，并提供快速数据修正手段等。智能配电网状态估计的功能流程如图8-7所示。

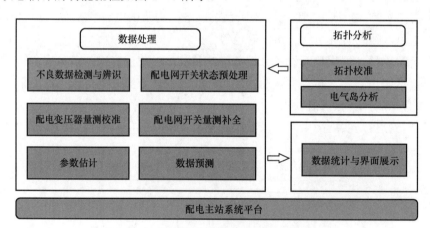

图8-7 智能配电网状态估计的功能流程

配电网状态估计的主要功能可以总结为以下几点：

（1）提高数据精度。根据量测量的精度和基尔霍夫定律，按最佳估计准则对生数据进行计算，得到最接近系统真实状态的最佳估计值。

（2）提高数据系统的可靠性。对生数据进行不良数据检测与辨识，对不良数据进行删除或修正。

（3）推算出完整而精确的各种电气量。例如，根据周围相邻变电站的量测量推算出某一装设有远动装置的变电站的各种电气量；或者根据现有类型的量测量推算出其他难以量测的电气量，如根据有功功率量测值推算各节点电压的相角。

（4）网络结线辨识或开关状态辨识。根据遥测量估计电网的实际开关状态，纠正偶然出现错误的开关状态信息，以保证数据库中电网结线方式的正确性。

（5）数据预测。可以应用状态估计算法以现有的数据预测未来的趋势和可能出现的状态，丰富数据库的内容，为安全分析与运行计划等提供必要的计算条件。

（6）参数估计。如果把某些可疑或未知的参数作为状态量进行处理时，可以用状态估计的方法估计出这些参数的值。例如，带负荷自动改变分接头位置的变压器，如果分接头位置信号没有传送到中调，可以将其作为参数估计求出。

（7）确定合适的测点数量及其合理分布。通过状态估计的离线模拟试验，可以确定配电网合理的数据收集与传送系统，用以改进现有的远动系统或规划未来的远动系统，使软件与硬件联合以发挥更大的效益，既保证了数据的质量，又降低了整个系统的投资。

3．主要算法

目前，配电网状态估计算法主要有加权最小二乘法、量测变换法和正交变换法。最小二乘法收敛性能好、估计质量高，但是计算时间过长和内存占用量高的缺点制约了其在配电网中的应用。量测变换法将所有的量测量在迭代过程中转化成等值的电流或功率量测量，与选定的状态变量形成增益矩阵，并进行常数化，使得计算速度和内存占用量都有明显的改进。正交变化法对量测数据进行线性或非线性变换，以便在新的坐标系中获得正交的测量值，能够减少传感器测量之间的相关性，从而提高状态估计的精确性和稳定性。

8.3.1.3　潮流计算

1．基本概念

潮流计算是根据给定的运行条件及系统接线情况，确定电网的运行状态，包括母线电压幅值、相角、支路上的功率和系统损耗等。潮流计算的本质就是求解多元非线性方程组，需迭代求解。根据潮流计算的特性，可以得知潮流计算的要求和要点如下：

（1）可靠的收敛性，对不同的网络结构以及在不同的运行条件下都能保证收敛。

（2）计算速度快。

（3）使用方便灵活，修改和调整容易，能满足工程上各种需求。

（4）占用内存少。

潮流计算基于状态估计的实时数据断面，根据配电网指定运行状态下的拓扑结构、变电站母线电压（馈线出口电压）、负荷类设备的运行功率等数据，计算节点电压以及支路电流、功率分布，计算结果支撑其他应用做进一步分析。

智能配电网潮流计算的功能流程如图 8-8 所示。

2．主要功能

潮流计算的主要功能有：

（1）支持实时态数据模型的潮流计算，也可以通过读取历史文件进行研究态模型的潮流计算。

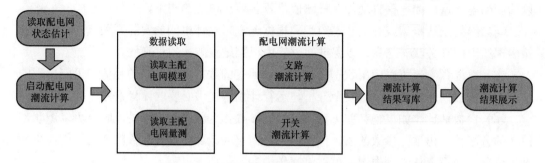

图 8-8　智能配电网潮流计算的功能流程

（2）可以在人机或服务界面通过区域计算设置框设置是全网计算、分区计算还是分馈线段计算，并对各种计算模式下所属馈线进行配置。

（3）在实时量测数据不全时，可以通过特殊算法补齐，也可以读取状态估计数据进行计算，还可以通过用电信息采集系统、负荷管理系统的准实时数据进行计算。

（4）支持对潮流计算后的开关、馈线、配电变压器功率及电流越限进行报警统计，并可对母线电压越限进行报警统计。

（5）可以在人机界面模拟各种开关设备的投退以及潮流分布情况，并可对前后任意计算断面进行结果比对。

3．主要算法

由于配电网中收敛性问题相对突出，因此在评价配电网潮流计算方法时，应首先判断其能否可靠收敛，然后在收敛的基础上尽可能提高计算速度。近年来，对于潮流算法的研究十分活跃，潮流计算的方法多种多样。随着对配电网管理技术的重视，涌现出了许多不同的配电网潮流计算方法。配电网潮流计算方法大致可分为三类：牛顿法，有牛顿-拉普逊法和 P-Q 分解潮流法；母线类方法，有 Zbus 和 Ybus 法；支路类方法，有回路法、基于支路电流的前推回代法以及基于节点功率的前推回代法。

（1）牛顿法。牛顿-拉普逊法是供配电网潮流计算的主要方法，但其在求解时需要形成雅克比矩阵，因此计算时间比较长，特别是针对配电网重构问题的分析，需要频繁进行潮流计算，从而影响了算法的效率；另外，牛顿-拉普逊法对初始值比较敏感，在初始值不合适的情况下，有可能不收敛。

（2）母线类方法。Zbus 和 Ybus 法基本一致，主要根据叠加原理，通过根节点在母线上所产生的电压与母线上等值注入电流所产生的电压叠加，得到母线上的电压值。

（3）支路类方法。回路类计算方法是指针对配电网暂时出现的环网（回路）问题所提出的，它可以处理配电网出现环网（回路）情况下的潮流计算问题。前推回代法必须逐层处理各个支路，且很难用一个简单明了的表达式来表示。前推回代法虽然根据对象的不同，分为两种方法，但这两种方法在本质上是一样的，其原理都是根据已知根节点电压和各支路的末端负荷电流（功率）来求解辐射状的网络潮流。

常见潮流计算方法对比情况见表 8-1。

表 8-1　　　　　　　　　　　　常用潮流计算方法对比

潮流计算方法	是否需要处理支路	双电源处理能力	收敛阶数	稳定性
母线类方法	不需要	无须改变计算模型	一阶	稳定
回路法	需要	不能直接处理	一阶	稳定
前推回代法	需要	不能直接处理	一阶	稳定
牛顿-拉夫逊法	不需要	无须改变计算模型	二阶	对初始值敏感

8.3.1.4　合环计算

1. 基本概念

配电网合环是指两条配电线路分别由两个变电站的低压侧母线所起，馈线之间设置有联络开关和隔离开关。正常运行时，两个变电站的低压母线各自带对应的配电线路，联络开关为断开状态；当其中某条馈线整条或部分线路停电工作时，先关合联络开关和隔离开关，再开断出线开关或分段开关，由另一馈线带上该线路整条或部分线路的用电负荷。

配电网合环是转供电或实现不停电检修的常规手段，但是合环操作可能会产生过大的合环电流，给配电网的稳定运行带来冲击。相比传统配电网，智能配电网的运行方式更复杂，合环电流冲击可能更严重，合环条件也更难通过经验来判断。因此，在合环操作之前，对合环后的电网进行分析以确定合环操作的安全性就显得尤为重要。

典型合环如图 8-9 所示，联络开关常规处于断开状态，各母线仅对其馈线的负荷供电；当右侧母线发生故障时，为避免右侧负荷失电，可先关合联络开关，再开断右侧母线 B 的出线开关，如此右侧负荷可由左侧电源继续供电。

配电网合环计算分析的主要特点如下：

（1）合环位置。配电网通常在馈线处合环，合环冲击对电网影响不大。

（2）合环路径分析。两条馈线在同一变电站不

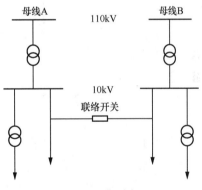

图 8-9　典型合环

同母线合环，合环冲击电流小，合环风险小；两条馈线在同一区域不同变电站合环，需要进行合环计算；两条馈线在不同区域不同变电站合环，合环开关两端相角差较大，合环风险较大。

2. 主要功能

配电网中通过先合环再解环转供电的技术实现不停电倒负荷，这是缩短用户停电时间、提高用户供电可靠性的重要技术措施。在现代配电网网架结构和运行方式中，采用双电源供电和多电源供电模式的情况日趋增多，这使得停电检修、负荷转

移或突发事件处理的情况更为简单。为了提升电网供电可靠性，提高供电公司优质服务水平，合环操作已经成为配电网运行管理中实用的操作手段。此外，多电源供电模式的推广使用，也使得运行人员能够更加灵活方便地选择供电方式。合环计算依赖于状态估计和潮流计算功能提供的实时网络模型以及设备状态，能够对指定方式下的合环进行计算分析并得出结论，同时通过主配电网协同服务，提高合环潮流计算的准确性。合环计算包括初始设置、环路路径搜索和校验、冲击电流和合环稳态电流计算、环路 $N-1$ 分析、环路遮断容量扫描、合环风险评估等若干子功能。通过读取状态估计结果得到电网模型，可以基于各种电网方式进行合环操作的设定。合环计算的功能流程如图 8-10 所示。

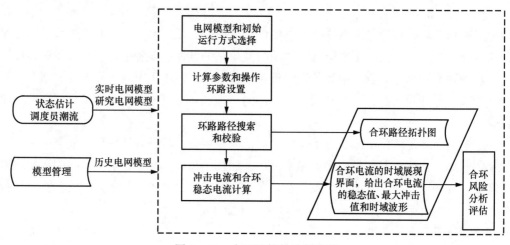

图 8-10　合环计算的功能流程

3．合环依赖条件

根据配电网合环操作概念分析可得知，合环操作需要满足如下要求后才具备合环条件。

（1）相序相位一致。合环前要确认合环点两侧的母线及线路相序一致、相位相同。合环相序相位校核主要分为变电站内核相、配电线路核相、开关站核相。

（2）合环潮流不越限。具体表现为：

1）电压差合理。合环点两侧电压差过大将导致合环时产生较大的合环电流，进而引起保护动作，因此合环前需校核电压幅值差。

2）线路负荷合理。合环点两侧总负荷不应大于线路开关的额定负荷，防止合环方式下转移负荷大于单一线路开关的最大承载能力而引起保护跳闸。

3）设备阻抗合理。参与合环的两侧母线所在变电站到合环点的阻抗差要在一定范围内，避免潮流大范围转移。

（3）一次设备满足条件。具体包括：

1）一次设备无缺陷。参与合环的设备应确保无影响运行的缺陷，能够正常运行。

2）设备满足合环操作条件。参与合环的线路或断路器要满足相关技术参数要求，具备合环、解环能力。

（4）二次设备满足条件。具体包括：

1）继电保护正确整定。合环前须确定保护定值整定正确，能够满足合环方式下的保护配置要求，正常情况下不能误动作。

2）自动装置配置合理。合环操作时原则上重合闸装置不退出运行，保持原方式不变，但需考虑合环时故障方式下的短路电流对设备的影响。

4. 合环操作方法

（1）操作设备选择。严禁使用隔离开关进行合环、解环操作，合环与解环必须使用开关操作。

（2）合环操作方式。具备遥控条件的应优先安排遥控合环操作；不具备遥控条件的，现场操作前应落实相应安全措施。

（3）合环操作时间。为减轻合环操作时的潮流，应选择在负荷低谷时段进行合环操作；合环、解环的操作时间应控制在 10min 以内。

8.3.2　故障自愈控制

配电网的自愈是指其在无须或仅需少量的人为干预的情况下，利用先进的监控手段对电网的运行状态进行连续的在线诊断与评估，及时发现并快速调整，消除故障隐患；在故障发生时，能够快速隔离故障、自我恢复，不影响用户的正常供电或将故障影响降至最低。就像人体的免疫功能一样，自愈使电网能够抵御并缓解各种内外部危害（故障），保证电网的安全稳定运行和供电质量。

自愈功能是智能电网的重要特征之一，也是智能电网的高级形态，对于不同运行状态提出不同的自愈控制目标。对于供电企业来说，具备自愈功能的电网能够有效避免大面积停电事故发生、提高供电可靠性；能够减弱外来攻击对电网运行的影响，增强电网健壮性。对于电力客户而言自愈电网提高了供电可靠性和电能质量。

故障自愈控制从故障范围大小可分为馈线故障自愈控制和母线故障自愈控制。馈线自愈是指如果配电网发生故障，系统能够快速定位并隔离故障区域，在没有人为干预或者很少的人为干预情况下恢复至正常运行状态，尽可能不失去负荷。母线自愈则是更大范围的故障，一般指当变电站全停或者母线发生故障情况，系统能够快速将整站或整条母线下的负荷快速转移到其他变电站或母线下面，同时，尽可能地减少损失负荷。

8.3.2.1　馈线故障自愈

1. 基本概念

馈线故障自愈是指在 10kV 线路发生故障时，电网可自动快速恢复供电，整个过程不需要人工干预，全部由主站系统自动完成。配电网自愈的基本要求为：

（1）故障定位时间要短。故障发生后，要在最短的时间内定位故障位置，以便尽快隔离故障区段、恢复供电。

（2）故障定位精度要高。故障定位精度越高，故障自愈的可靠性越大。

（3）尽量恢复所有负荷的供电。如果无法恢复全部负荷的供电，也要保证重要负荷的故障自愈，然后考虑采取其他措施，恢复其他非重要负荷的供电。

（4）网络结构不允许发生大的变动，尽量把故障自愈的范围控制在一个小的局部。

（5）考虑到开关操作的寿命问题，应使开关操作次数越少越好。

（6）系统自愈之后，仍要保证网络是辐射状供电网络。

（7）自愈过程中不允许出现设备过载、电压电流的急剧变化等容易造成网络不稳定的情况。

2．主要功能

配电网自愈系统的主要功能为：在故障发生后配电网自愈系统迅速、准确地定位故障位置，然后向故障区段两端的保护装置发出动作指令，保护装置动作，隔离故障区段；在满足配电系统的各种约束条件的前提下，考虑开关操作次数、系统网络损耗等目标函数的要求，通过操作开关将负荷转移到正常馈线上，尽快并尽可能多地恢复非故障区域的供电。

馈线故障自愈的主要功能包括：

（1）提高供电可靠性。馈线自愈的首要作用是提高供电可靠性，这主要表现在以下几个方面：

1）降低故障发生概率。通过对配电网及其设备运行状态进行实时监视，消除"盲管"现象，及时发现并消除故障隐患，减少故障的发生。例如，可以及时监视到配电设备过载现象，及时实施转供措施，防止设备因过热而损坏；通过记录并分析瞬时性故障，查找到配电网绝缘薄弱点，及时安排消缺，防止出现永久性故障。

2）减少故障的停电时间。受查找故障点困难、交通拥挤等因素的影响，依靠人工巡线进行故障隔离，通常需要几个小时的时间，而配电自动化系统的调控应用能够在几分钟以内就可以完成故障隔离、非故障段负荷的自动恢复，显著地减少了故障影响范围与停电时间。

3）缩短故障修复时间。利用配电网自动化系统的故障定位结果，可以及时发现故障点，进行快速调度抢修，缩短故障修复时间。

4）缩短倒闸操作时间。配电网经常会因用电扩装、设备检修而安排计划停电，这就需要进行负荷转供操作。依靠人工到现场对柱上开关或环网柜逐一进行倒闸操作会造成部分用户较长时间的停电，而应用配电网自动化系统进行"遥控"操作，则可以避免以上问题。

（2）提高用户服务质量。通过配电网自动化系统故障自愈控制应用在停电故障发生后，能够尽快确定故障点位置，查找故障原因，确定停电范围及大致恢复供电时间，快速给用户一个满意的答复。通过分析计算制定抢修方案，尽快修复故障，恢复供电，进一步提高用户满意度。

（3）提高设备利用率。配电网自动化系统为在不同的变电站、馈线之间及时转供负荷创造了条件，从而可以在不影响供电可靠性的情况下，压缩备用容量，减少一次设备的投资。

3. 主要算法

智能配电网馈线自愈在人类生活中所起的作用越来越明显，这引起了国内外众多专家学者的关注和研究，但这些研究还未形成统一的系统理论。从研究类别来看，配电网故障自愈分析方法大致可以分为数学优化故障自愈方法、启发式搜索故障自愈方法以及人工智能故障自愈方法三类。

（1）数学优化故障自愈方法。数学优化方法因为有严格的数学理论基础，在配电网故障恢复问题上得到了广泛的应用，包括整数规划法、分支界定法、混合整数法等。

（2）启发式搜索故障自愈方法。启发式搜索方法是配电网故障自愈中的常用方法，大多基于开关操作。在搜索的过程中要根据问题本身的特性，加入一些具有启发性的信息，确定启发性信息的方向，使其能够得到最优解。常用的算法有分级搜索法、基于树结构的搜索法等。

（3）人工智能故障自愈方法。近年来，人工智能方法以其独特的智能特性在众多领域得到了广泛的应用，配电网也不例外。国内外研究人员借助人工智能方法提出了配电网故障自愈的多种策略，主要方法有专家系统、模糊算法、遗传算法、禁忌算法等。

8.3.2.2　母线故障自愈

1. 发展背景

配电网故障主要集中于单条线路的短路跳闸，但是偶尔也会发生一条甚至多条 10kV 母线失电压这类影响较大的故障，如自然灾害（冰灾、雪灾、地震等）和外力破坏造成输电线路倒塌或输电线路故障检修等。此时，高压侧不能确保全部失电压母线恢复供电，会造成配电网多条供电线路停止工作，大面积负荷失去供电。

随着我国配电网自动化水平的显著提升，配电网大面积停电事故处理已具备可行性，无须再被动等待事故解除。但是，配电网大面积停电事故处理依然存在如下瓶颈：

（1）配电网网架复杂，线路数目众多，人工制定预案工作量巨大。

（2）配电网改造频繁，运行方式多变，事故应急预案维护困难。

（3）遥控开关数目较多，耗时偏长，停电转供后电网运行状态监视困难。

2. 基本概念

智能配电网母线自愈是指利用配电网自动化系统，根据当前电网运行状态，结合事故应急预案，通过远程遥控操作，实现多条失电线路的快速负荷转移。配电网母线自愈主要由应急预案编制、定期预案校验、事故预案执行、异常状态监视、运行状态恢复 5 个环节组成，如图 8-11 所示。

3. 主要功能

智能配电网母线自愈功能可实现自动监测母线状态、自动感知母线失电压、提前编制应急停电预案等功能，便于调度人员迅速了解电网情况，同时对主网无法恢复的 10kV

母线进行快速负荷转供。转供过程中充分考虑每条馈线的对侧馈线、主变压器、线路的过载情况，对生成的转供策略进行优先级排序，可实现全自动复电或人工参与选择复电操作。

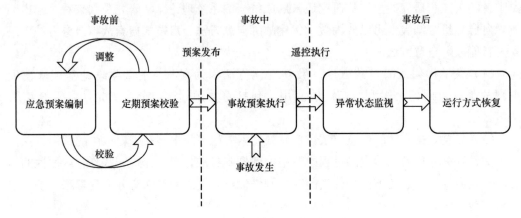

图 8-11　智能配电网母线自愈功能逻辑架构

4. 主要算法

目前，常用的母线故障自愈算法主要分为以下两大类：

（1）启发式算法。例如，最优潮流模式法、支路交换算法、树状网络结构算法等。这些算法结合了配电网的网络结构特点，计算速度较快，但同样受到网络结构的约束，算法表现不稳定，很难得到全局最优的结果，一般可用于配电网故障自愈初期或需要最短时间恢复供电的区域。

（2）人工智能算法。例如，禁忌搜索法、模拟退火法、遗传算法、人工神经网络算法、粒子群优化算法等。这些算法多采用随机算法，需要较长的计算时间，计算速度较慢，但全局收敛性好，一般能得到最优的结果。

在以上两大类算法的基础上，未来的配电网故障自愈应结合某两种或某几种算法的优点，使用混合算法作为母线故障自愈算法。既保证较短的恢复时间，又能得到最优的结果，是未来配电网故障自愈算法的发展方向。

8.3.3　优化运行

智能配电网的优化运行是指采用负荷转供、网络重构自动决策等涉及改变网络拓扑的技术，在配电网正常运行状态下，通过调整配电网的结构对负荷进行转移，从而不断改变潮流流向，使区域内电网网络损耗最小并维持功率平衡和电压水平，同时优化电网运行方式，提高电力设备利用率、系统运行效率和可靠性。

8.3.3.1　智能配电网负荷转供

1. 基本概念

智能配电网负荷转供是指针对配电网日常运行过载、越限、故障、检修、更改运行方式等应用场景，分析不同场景下的影响范围，对目标设备下游重要用户、负荷信息进行统计；根据统计结果进行转供策略分析，采用拓扑分析的方法，搜索获取所有合理的负荷转供路径，按照一定的规则对策略进行筛选，提供优化过的多种转供电策略供操作人员选择；根据转供策略分析得出的结果在图形上进行预演，最后操作人员根据转供策略分析结果，采用自动或人工介入的方式对负荷进行转移。智能配电网负荷转供的功能流程如图 8－12 所示。

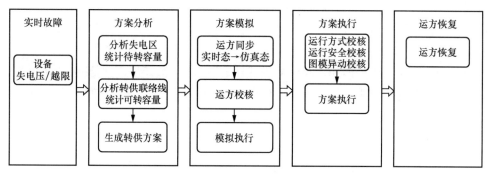

图 8－12　智能配电网负荷转供的功能流程

电网发生故障后，运行操作人员期望能够快速给出故障隔离方案以及负荷转移方案，这不仅要求求解快速，还要求有令人满意的负荷转移结果。故障后负荷转移的目标一般是尽可能多地恢复失电区域内负荷（包括重要负荷和非重要负荷等），同时可考虑网络损耗、开关操作次数、功率平衡等指标，所以负荷转供问题就转化为一种多目标的优化问题；同时，考虑到电力系统具有快速性和实时性的特点，需要在配电网发生故障后能够很快得到故障隔离方案和故障恢复方案。

2．主要功能

配电网发生故障后负荷转供的主要功能是恢复故障区域的所有失电负荷，此外需考虑转供过程中的网络损耗、开关操作次数、功率平衡、线路传输容量约束、节点电压约束、主变压器负载率约束等条件。总结起来，各功能要求如下：

（1）负荷切除量最小。一般负荷切除量越小，带来的经济效益越高，这也是负荷转供的主要目的。当负荷转供无法恢复所有失电负荷时，先切除非重要负荷再切除重要负荷。

（2）负荷转供后附加网络损耗最小。由于负荷转供之后网络结构会发生变化，从而导致网络产生的损耗发生变化。为保证经济性运行，负荷转供后产生的附加损耗应该越小越好。

（3）负荷转供后功率平衡。尽可能保证负荷转供后每个主变压器的负载率和之前相比变化不大。

（4）开关动作次数最少。过多的开关操作次数不仅会大幅度改变系统潮流分布，而且会引起一些附加的操作费用，还会缩短开关的使用寿命。

（5）负荷转供后线路传输容量不能过载。由于故障后失电负荷会转移到其他电源点，原有的线路传输容量就有可能超出其额定传输容量，所以要避免该情况的发生。

（6）负荷转供后每个节点电压在合理范围内。由于转供后末端负荷节点可能远离电源点，其节点电压由于传输距离过长会导致电压损耗过大，从而使其电压低于允许范围。

3. 主要算法

目前，负荷转供算法主要分为以下几种：

（1）神经网络算法。例如，反向传播（back propagation，BP）神经网络法、卷积神经网络法（convolutional neural network，CNN）等。这类算法无须进行潮流计算，但是负荷的波动性会影响转供方案的输出，训练样本需要不断更新，输出的转供方案质量无法保证。

（2）数学优化算法。例如，最优流模式法、动态规划法等。这类算法可以在满足负荷需求的情况下得出最优化解，但是当配电网结构庞大复杂、维数高时，容易出现组合爆炸问题，且占用计算机内存大，计算时间长。

（3）专家系统法。该算法实时性好，适用性广，但是库的建立和集成费时费力，以及后期维护成本巨大。

（4）随机搜索类算法。例如，遗传算法、禁忌算法、粒子群算法等。这类算法的鲁棒性往往较好，能以较大的概率保证收敛到全局最优解，但是搜索过程范围较大，需要进行大量的仿真计算，算法的优化选取规则复杂，计算时间往往较长，无法达到在线应用的计算速度，且不适用于大规模网络中。

8.3.3.2 智能配电网重构优化

1. 基本概念

网络重构是配电网优化的重要内容之一，是提高配电网安全性和经济性的重要手段。配电网重构分为正常运行时的网络重构和故障情况下的网络重构。正常重构是指在正常的运行条件下，根据运行情况进行开关操作以调整网络结构，从而改变网络中的潮流分布；故障重构是指根据故障定位信息，隔离故障区域，缩小停电范围，并在故障后迅速恢复非故障供电，提高供电可靠性。

2. 主要功能

配电网重构具有如下功能：

（1）降低网络损耗，提高运行经济性。降低配电网功率损耗，提高配电网运行的经济性是电力系统相关学者长期以来研究的问题。通过合理的网络重构可以优化配电网运行方式，提高运行经济性。

（2）均衡线路负荷，提高供电质量。配电网中存在不同类型的负荷，如工业型、商业型、民用型负荷等。由于这些负荷在配电网中所处的位置不均匀，各个变压器或馈线的负载率也不均衡，因此在配电网中长期规划阶段，通过网络重构将负荷从重负载变压器或馈线转到轻负载变压器或馈线上，可以均衡线路负载、改善电压分布、提高供电质量。

（3）提高供电可靠性。当配电网发生故障后，迅速隔离故障，将非故障区域的停电负荷及时转移到其他馈线，保证其正常供电，缩小停电范围，可以提高供电的可靠性。

3. 主要指标

配电网重构优化中常用的指标如下：

（1）负荷均衡率。将负荷均衡化作为目标函数，通过对联络开关和分段开关的操作，不断降低负荷均衡率，其目标函数为

$$\min f = \sum_{i=1}^{N_b} \left| \frac{S_i}{S_{i,\max}} \right|^2 \qquad (8-1)$$

式中：f 为负荷均衡率；N_b 为网络中的支路总数；S_i 和 $S_{i,\max}$ 分别为第 i 条支路的实际功率和容量。

负荷均衡率越小，表示配电网的负荷分配越平衡。

（2）网络损耗。配电网的网络损耗包含导线的功率消耗和变压器上材料的损耗等。一般而言，通过配电网重构所产生的损耗只会影响线路，那么配电网的网络损耗即为导线上有功功率的损耗，将其作为目标函数，函数表达式为

$$\min P_{nl} = \sum_{i=1}^{N} k_i r_i \frac{P_i^2 + Q_i^2}{U_i^2} \qquad (8-2)$$

式中：P_{nl} 为网络损耗；N 为支路总数；r_i 为第 i 条支路上的电阻；U_i 为第 i 条支路两侧注入的电压降落；k_i 为支路上开关的开合状况，1 表示闭合，0 表示断开；P_i 和 Q_i 分别为第 i 条支路上注入的有功功率和无功功率。

4. 主要算法

配电网重构算法大致可以分为数学优化重构方法、启发式搜索重构方法以及人工智能重构方法三类。

（1）数学优化重构方法存在维数灾害，同时存在计算量大、计算时间长、实时性不强等问题。

（2）启发式搜索重构方法在缩小了求解空间之后，能够快速得到恢复方案，比较适合在线计算；但当配电网发生多重故障时，关联区域之间会产生复杂的状况，可能导致启发式规则难以形成。

（3）人工智能重构方法以其独特的智能特性在众多领域得到了广泛的应用。在众多人工智能方法中，粒子群算法具有可并行处理、鲁棒性好、能以较大概率找到问题的全局最优解等特点，且计算效率比传统随机方法高，既适合科学研究，又适合工程应用。根据配电网的特点，全面考虑电源与支路容量限制、节点电压平衡、开关操作损耗以及网络损耗等因素，选择几种满足配电网运行要求、经济性要求以及用户满意度最好的目标，确定其权重并形成综合目标函数；采用基于环路的十进制编码策略的粒子群算法进行重构分析，制定网络重构和恢复供电方案，实现非故障区域的恢复供电。

配电网重构的基本流程如图 8－13 所示。

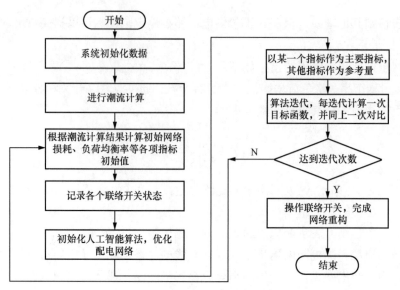

图 8-13 配电网重构的基本流程

8.4 设备管控决策技术及应用

设备管控决策技术及应用主要包括设备全景、站线变户画像、综合故障研判、数据质量分析、终端运维管理 5 类业务应用，以终端采集数据为数据源、以拓扑与图形为基础，实现配电设备的各类运行分析与应用。设备管控业务流程如图 8-14 所示。

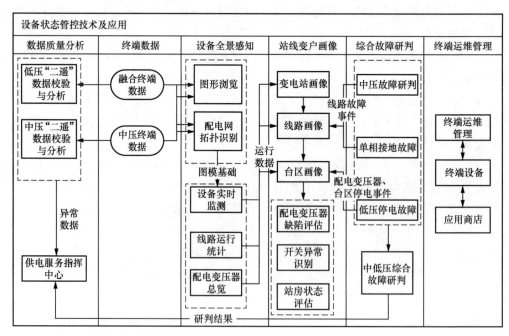

图 8-14 设备管控业务流程

8.4.1 站线变户画像

1. 基本概念

站线变户画像指通过知识图谱、智能画像等互联网技术，将传统的变电站、线路、配电变压器、用户用画像的形式表达出其供电关系、运行工况、关键特征以及在线监测的其他信息。其核心技术是以变电站画像、线路画像、台区画像为核心应用，通过负载率、电压合格率、运行及停电统计、画像分群等关键指标与功能，分层分区管理配电网各类设备运行工况及统计分析结果，最终实现站线变户一体化画像；并基于画像模块，实现中低压侧设备异常分析、区域停电统计与分析，如配电网线路重过载计算分析、低电压用户异常分析等功能。线路与台区画像流程如图 8－15 所示。

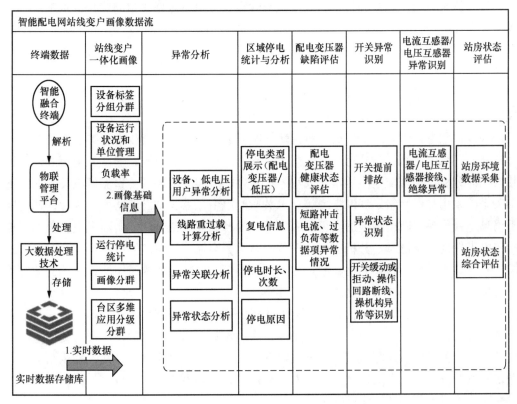

图 8－15 线路与台区画像流程

2. 主要功能

（1）变电站画像。变电站画像是指利用大数据分析与挖掘技术，以设备数据为基础，以标签化为手段，以设备为单位，构建多层次、多角度、立体化的画像，实现对变电站设备的数据采集、汇总、分析和安全隐患挖掘，从而实现消缺精准管控、检修作业计划全面管控和全寿命周期管理。对电网规划设计、设备运行、设备检修及退役工作给出有效的指导和建议，提升设备的全寿命周期质量、检修作业计划的时效与质量，提高电网的可靠性和安全性。

（2）线路画像。线路画像是指配电网馈线画像，基于知识图谱、深度学习等大数据技术，通过对线路运行数据的深度挖掘与分析，保障标签精准对应，详细展示各设备标签情况，实现对设备运行状况的管理。通过对标签属性的分类管理，将不同标签进行组合，实现对设备运行异常、健康状态、老旧线路等设备标签的分组分群。

（3）台区画像。台区画像是指从配电变压器一直到居民用户的画像，基于人工智能、数据挖掘等大数据技术，通过对台区数据的深度挖掘，深入分析台区标签，为台区建立各自不同的标签，保障标签精准对应，刻画台区运行状况，自动生成台区运行问题解决策略。通过对标签属性的分类管理，将不同标签进行组合，实现台区排名、负载率、三相不平衡、电压合格率、停电、缺相等多维应用的分级分群，对问题设备进行在线预警督办。

（4）异常分析。异常分析是指对配电网线路、配电变压器异常的判断，基于流式计算、关联分析计算等大数据技术，在中压侧实现配电网线路重过载、有功功率/无功功率是否越限等异常计算分析，进而判断线路是否有电缆中间接头或电机接触器接触不良等问题。

在低压侧实现云、边侧计算分析两种模式下的配电变压器异常计算，包括低电压、过电压等低压用户异常计算，分析配电变压器是否存在因恶劣天气、尖峰负荷引起的重过载等异常状态，指导运维人员针对极端情况开展负荷转供、负载均衡等工作。

（5）区域停电统计与分析。基于配电终端上送的配电变压器、低压停电事件，通过数据统计分析，实现配电变压器、低压停电事件的分层分区展示，追溯停电设备的上下游关系。采用神经网络、深度学习等技术关联配电变压器异常及线路异常事件，通过监听消息总线中的实时遥信数据，记录失电事件的开始与结束时间，实现配电变压器、低压停电事件的记录展示，分析配电变压器停电是否因铁心短路、绝缘击穿等原因所致，低压停电是否因低压线路老化、用户私加电气设备、电路过载等原因所致，辅助运维抢修人员总结分析停电原因，提升供电可靠性。

（6）配电变压器缺陷评估。通过配电变压器实时环境传感与本体监测数据，基于阈值判断短路冲击电流、过载、油温、噪声、振动等数据项是否异常，结合历史巡检缺陷与综合评价方法，生成配电变压器健康状态评估，以正常、注意、异常、严重四类状态划定配电变压器健康等级，支撑运维人员制定差异化巡检计划，减少人工巡检时间，形成快速消除隐患的闭环工作机制。

（7）开关异常识别。通过配电终端的电网运行数据、设备状态监测数据等，实现配电网开关的故障提前排除、异常状态识别等功能，进而实现对配电网开关的风险识别能力与运维消缺，支撑供电服务指挥中心精准派发检修及巡视工单。开关异常识别分为开关缓动识别、开关拒动识别、操作回路断线识别、开关操动机构异常识别四个方面，具体如下：

1）开关缓动识别。开关本体的分合闸时间是反映开关状态的重要指标。分合闸时间可根据遥控分合或保护分合开关过程中产生的事件顺序记录（sequence of event，SOE）、遥控/动作记录、开关分合遥信等信息分析评估，再辅以开关动作特性曲线（80%～120%

操作电压对应不同的动作时间），计算开关本体动作时间与动作特性曲线时间的误差，根据误差考核开关状态。

2）开关拒动判别。配电终端通过遥控分合或保护分合开关过程中产生的事件顺序记录、遥控/动作记录、开关分合遥信、终端继电器辅助触点、故障录波等信息分析评估，判断开关是否为拒动状态。

3）操作回路断线识别。操作回路无断线是保证成套开关准确动作的基础。终端可通过实时采集分合闸操作回路的电流（电压）状态，判断操作回路是否断线。

4）开关操动机构异常识别。配电终端通过对遥控分合或保护分合开关过程中产生的分合操作电压波形、操作电流波形、储能过程波形等信息进行分析评估，判断分合闸过程中操作电流的峰值及时间是否超过开关本体特性曲线，判断开关操动机构是否异常。

（8）电流互感器/电压互感器异常识别。配电终端通过采集线路电压（相电压和零序电压）、电流（相电流和零序电流）的幅值及绝对相角等遥测信息，再辅以 10kV 线路信息（电压、电流的相位信息）判断被测量线路电流互感器/电压互感器的接线/绝缘是否异常。

（9）站房状态评估。通过对站房环境温度、湿度、SF_6 气体浓度、臭氧浓度、含氧量、烟雾、火灾、水位、粉尘、噪声、振动、视频等数据的采集，进行站房设备状态综合评估，指导运维检修人员开展设备异常、危险源、非法入侵、环境异常等巡检巡视工作，形成配电站房一体化运维管理。

8.4.2 综合故障研判

1. 基本概念

综合故障研判是指基于配电网馈线上已安装的 DTU 和 TTU 装置，利用工频载波获取低压台区链路上设备的基本拓扑关系图，结合中压信号分析并辅助信号召测，生成配电网快速可靠的故障处理策略，通过边缘计算精准辨识故障类型和故障位置，从而显著缩短中低压配电网的故障识别时间。在此基础上，扩展断线故障、单相接地故障等的研判功能，实现中低压配电网多类型故障的定位与分析，支撑运维人员执行故障抢修、巡线检修。综合故障研判流程如图 8-16 所示。

2. 主要功能

（1）中压故障研判。基于 DTU、FTU 采集的开关跳闸信号和保护动作信号，在主站侧实现中压短路故障的实时研判，通过拓扑分析功能实现故障的实时定位，并使故障下游影响区域呈现高亮闪烁，提醒调度运维人员进行故障隔离和负荷转供。

（2）低压停电故障。基于智能融合终端上送的配电变压器停电事件与其他业务系统（用采系统）同步的台区停电事件，通过低压停电研判服务实现以下两部分功能：第一部分是配电变压器停电，结合中压故障停电数据、中压计划停电数据，判定配电变压器停电的原因，可以归纳为中压故障引发的配电变压器停电、中压计划引发的配电变压器停电、单配电变压器停电等，由此再拓展衍生出其他停电原因，如中压故障引发的配电变压器停电信号缺失、中压计划引发的配电变压器停电信号缺失等；第二部分是低压停电，以低压开关的分闸信号为分析主体，结合低压停电计划，判定低压停电类型是低压计划停电还是低压故障停电。

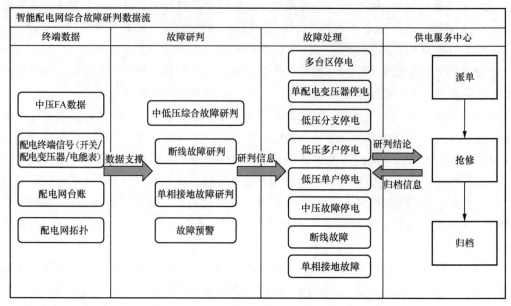

图 8-16 综合故障研判流程

（3）断线故障。通过采集配电变压器低压侧电压，计算电压不平衡度，识别异常配电变压器；以异常配电变压器为颗粒度，查找配电变压器低压侧三相电压不平衡度大于指定阈值的配电变压器；根据配电网拓扑关系，分析断线位置，可将异常配电变压器与相邻正常配电变压器之间诊断为可能的断线点。

如研判成功，则对该线路进行试拉，如拉开该线路开关后告警信息消失，则确认故障位于该线路；调度员将研判结果告知线路运维人员并通知其查线。如未研判出故障线路，说明配电网线路可能出现避雷器击穿、单相异物短路等单相接地非断线故障，配电变压器低压侧三相电压仍然正常；由调度员根据接地选线装置选线结果进行拉线或按既定顺序对故障母线所带线路进行逐一试拉，直至隔离故障线路。该模块支撑运维人员判断配电网故障是否为断线故障，提升断线故障抢修效率。

（4）单相接地故障。单相接地故障是中压配电系统中最常见的故障，约占配电网故障的 80% 以上。针对此类故障比例高、定位难等问题，可通过暂态录波故障接地波形文件、故障指示器接地翻牌信号、零序过电流等接地类型信号三种接地故障判定方法，实现单相接地故障定位与分析，指导运维人员巡线，缩短故障处理时间，提升配电网运维抢修效率与供电可靠性。

（5）中低压综合故障研判。中低压综合故障研判是结合中压故障研判、低压停电故障研判的一种综合性故障研判。基于集中智能与分布式智能协调配合的配电网快速可靠故障处理策略，汇聚边侧故障分析及隔离信息，综合主网及配电网中压信号分析并辅助信号召测，实现研判分析，优化供电恢复策略。通过智能融合终端边缘计算与分层递归的中低压故障快速研判及隔离方法，精准辨识故障类型和故障位置，提供中压计划停电、中压故障停电、多台区停电、单配电变压器停电、低压分支停电、低压多户停电、低压单户停电等类型故障信息，实现低压故障及时预警，中压故障快速隔离，显著缩短中低压配电网的故障识别时间。

（6）故障测距。基于现有配电主站和配电终端，根据行波故障测距原理，结合人工智能算法，采用低成本、实用化的故障测距技术，分析推导故障发生点与双端开关的距离，有效支撑运维人员缩小电缆故障查找范围，提升配电网运维能力。

（7）故障预警。目前，配电网故障处理主要针对接地和短路故障发生后的实时处理，对于配电网故障发生前的潜伏期缺乏有效的监测手段。故障预警针对故障发生前的"扰动故障"进行研判，促进配电网故障处理由"事后处理"向"事前预警"转变，提升供电可靠性，避免中压配电网因电缆故障造成重大事故。

8.4.3　终端运维管理

1. 基本概念

终端运维管理是指以终端管理、后备电源异常识别、智能融合终端全流程管控为基础应用，实现配电网中低压终端在线监测、管理、异常分析等，并基于中低压终端管理数据，支撑终端应用远程管理、应用商店管理，实现对省级配电网全域智能融合终端、DTU/FTU 等应用的统一管理及运维升级。终端运维管理流程如图 8-17 所示。

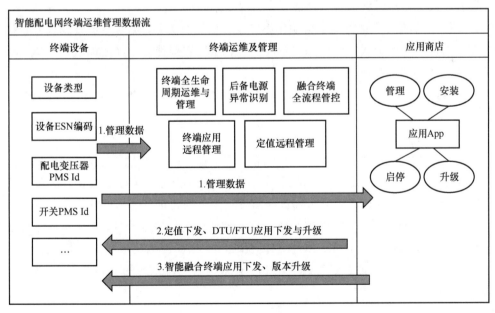

图 8-17　终端运维管理流程

2. 主要功能

（1）终端管理。针对配电网各区域终端日常运维、统计分析等工作易分散、难统一等管理问题，基于消息总线、物联接入等技术，实现配电网中低压终端全寿命周期的运维与管理，为运维人员提供终端投运、接入、缺陷分析、运维记录等终端基础管理与全寿命周期管控应用，支撑运维人员快速消缺，提升终端集中运维效率，加强终端消缺管控运维体系建设。

（2）智能融合终端全流程管控。针对智能融合终端体量大、安装调试进度参差不齐等问题，通过设置全校验、终端台账、调试、待投运、投运 5 个运行状态，实现调试、验收、投运等人工单个操作或一键操作，提升运维人员对终端全流程管控能力。

（3）后备电源异常识别。基于配电终端直采数据，对后备电源上次活化时长、本次活化时长、后备电源绝缘状态等信息进行分析评估，判断后备电源是否异常。

（4）应用商店管理。针对智能融合终端应用管理分散、版本不统一等问题，通过构建二级应用商店发布体系，强化省侧配电自动化Ⅳ区主站应用商店终端应用入口管控，加强终端应用版本控制，提升应用相关任务下发管控能力，实现智能融合终端应用统计、应用升级等功能。

（5）终端应用远程管理。基于终端管理数据及应用数据，强化配电自动化Ⅰ区主站终端应用入口管控，实现终端应用的启停、下装、升级，完成应用的统一管理、统一部署。

（6）终端定值远程管理。随着配电网设备规模的增加，配电网终端定值管理工作压力日益增大，传统的终端定值管理方法不能满足现阶段的管理需求。从管理流程高效便捷、管理方式安全可靠等方面进行数字化提升，可分为保护定值整定、定值管理流程、定值远程下发、全过程管控及后评估 4 个方面，具体如下：

1）保护定值整定。根据配电自动化系统设备的拓扑关系，结合各运行模式差异化要求，通过级差配合的形式完成拓扑关系内的设备定值整定计算，形成标准定值单，支撑定值管理高效准确进行。

2）定值管理流程。随着配电数字化云平台应用的推广，在管理信息大区实现配电终端的定值单编制、选点审核、定值审核、定值单校验、定值单废弃、定值单归档等管理流程，确保定值管理流程高效、便捷。

3）定值远程下发。为保障定值管理安全可靠，在生产控制大区获取管理信息大区经过审核和校核的定值单，通过数据来源、时间有效、用户权限等安全校核，执行定值远程下发和激活，并将执行结果发布到管理信息大区，提高定值远程下发的安全性。

4）全过程管控及后评估。终端定值远程管理通过定值整定计算、定值审核流程及定值远程下发支撑馈线自动化全过程管控，馈线自动化后评估生成故障分析报告，对设备动作情况与保护定值关系进行综合分析，有效提升终端定值整定准确性和故障处理准确性。

8.4.4　配电网抢修指挥

1. 基本概念

配电网抢修指挥是指以建设配电网检修专业化和运维一体化为指导思想，通过适用于配电生产抢修管理的统一信息模型及交互技术，对配电网生产作业进行流程梳理，实现配电网运行抢修的统一指挥和调度，为配电网生产管理和抢修指挥提供基础和手段，全面提高城市配电网综合管理水平。通过符合配电自动化信息交互标准的电网资源业务中台实现与营销系统、95598、配电自动化、用电信息采集、PMS、GIS 等相关系统的信息交互，以生产和抢修指挥为应用核心，实现抢修信息的发布、流转、处理及评价分析等。

　　配电网抢修指挥从技术上支持配电网生产运行的精益化管理，包括配电网停电管理、故障抢修、风险管控、可靠性在线统计分析。配电网发生故障后快速恢复供电的功能包括配电网故障抢修快速响应、应急和抢修远程指挥、移动作业等。

　　配电网抢修指挥流程如图 8 - 18 所示。

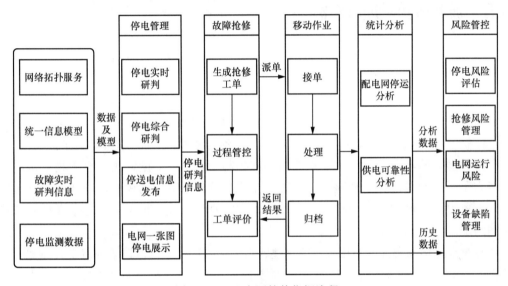

图 8 - 18　配电网抢修指挥流程

2．主要功能

（1）停电管理。基于停电实时研判、停电综合研判两类停电事件的研判功能，判断实时停电事件的性质（计划停电、故障停电），对缺失及误报的停电事件、停电范围进行校验补全及剔除。基于停电实时的研判结果，开展供停电信息收集、停电影响范围分析、停电分析到户、停电信息审核、发布等功能的应用。依托电网一张图，结合综合研判分析推演结果，支撑配电网设备运行情况统计、故障抢修工单执行、停电原因归类分析、停电信息监测、区域停电详情展示等功能。

（2）故障抢修。基于停电管理模块中的停电实时研判，辅助供电服务指挥中心生成故障抢修工单，实现抢修工单处置、过程管控及工单评价等业务，同时将工单发送至移动端中进行抢修作业处理及归档的闭环管理。

（3）移动作业。基于抢修指挥模块的派单信息，对相应线路或网格的配电网抢修人员发送工单，抢修人员通过手持终端的移动作业 App 模块进行工单的处理、完结及归档的流程化处理，最终将归档信息同步至抢修指挥模块进行工单评价。

（4）统计分析。基于停电综合研判支撑配电网大范围停电、重复停电等停运分析业务及可视化应用，开展可靠性综合统计分析，包括停电范围影响分析、可靠性指标统计分析、报告报表分析、预算式管控分析、监测告警工单生成，支撑供电可靠性全局管理；同时，实现停电研判时所用断面数据的留存或推送管理，支撑供电可靠性数据溯源分析。

（5）风险管控。综合利用配电网设备历史运行及状态信息，准确诊断出设备的故障风险，在地理图上直观显示重要设备的风险等级，帮助抢修指挥人员快速定位和决策，实现电网风险、抢修风险、设备缺陷分析等配电网综合风险管控功能。

8.5 源网荷储协同控制

大量分布式光伏的接入将使原来的传统无源配电网转变为有源配电网，为了保证光伏的全额消纳、电网的安全可靠运行，就需改变传统配电网的建设技术，配套制定一系列有源配电网技术路线，从规划、建设、运维、营销、数字化等系统性设计，保证源网荷储的协同发展。分布式光伏要参与电力电量平衡的计算，对储能布局要进行合理的规划。目前，对新能源所带来的"源、荷、储"设备的测量、采集、控制、调节能力不足，缺少对"源、网、荷、储"全要素间的协同控制，对"主、配、用"全层级的协同调度能力不足。现有的凭借经验人工开展分布式光伏调控业务的模式，与新能源高比例接入下电网潮流剧烈变化、稳定裕度压缩、控制难度增大、调控业务海量增长的形势不相匹配。

针对高比例分布式电源接入后的这些特点，传统配电网已难以支撑海量分布式电源的接入及运行调控，将面临分布式电源调控能力不足、高比例分布式电源消纳能力不足等问题，因此亟须在传统配电网分析决策的基础上，推动传统的"源随荷动"调度模式向"源网荷储协同控制"模式转变，从"可观、可测、可控、可调"四个维度提升负荷侧资源的调控能力，有助于电网安全稳定水平、新能源消纳水平、调度精益化水平的有效提升。

8.5.1 源网荷储协同控制架构

通过构建支撑高比例分布式资源的省-地/配-微/台分级的源网荷储协同控制体系，建立调节能力逐级汇聚上报、全网资源统筹决策、控制策略分解下发的分层协同控制模式，将源网荷储协同控制体系从应用功能上设计为"省级全局优化-主网统筹调度-配电网主站协同互济-台区自治平衡"的分层分区调度架构，如图 8-19 所示。

各层级功能定位如下：

（1）省级全局优化。灵活汇集各类可控可调节资源，制定满足不同运行场景、差异化安全经济性需求下的源网荷储弹性控制策略库，建设开放互动的源网荷储分层分区管控机制。

（2）主网调度层统筹。依托能源数据平台，设计源网荷储分层分级协同调度控制平台，实现有源配电网可观可测、统筹统控，保障系统安全稳定运行。

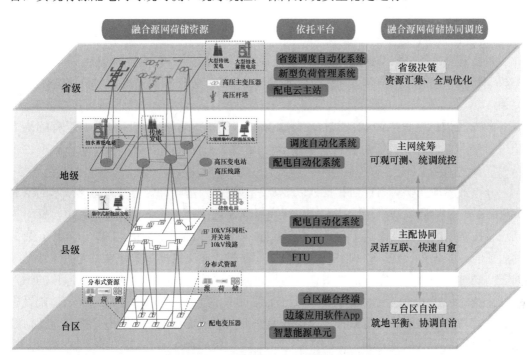

图 8 - 19　源网荷储协同控制体系架构

（3）配电网主站层互济。依托 5G 通信技术，通过网络设施保障，增容扩建配电网与通信基础设施，实现主站网格灵活互联，保障整县光伏规模化消纳条件下配电网的安全运行。

（4）台区边缘层自治。依托微电网、智能融合终端、物联网平台等技术，引用技术与管理标准规范，设计台区自治运行技术架构，实现台区自治功率平衡，减轻上层电网调控负担。

通过省、地、县/配、台 4 层系统结构构建整个源网荷储协同控制体系，利用分布式电源可接纳容量评估等面向规划类、负荷精准控制等面向运行调控类、主配协同优化控制等面向运行优化类的功能，阐述实现源网荷储各应用场景的支撑关键技术。

8.5.2　面向规划和评估类

针对传统配电网面对能源转型的适应性问题，亟须考虑电网规划与评估。伴随着分布式电源的广泛接入，局部配电网出现因消纳问题而限制发展的情况。随着分布式光伏的整县推进以及电动汽车的大量接入，如何评估现有网架承载能力，基于未来新能源发电潜力提出适应性电网规划方案，实现分布式能源平衡消纳、合理调控优化各层级电网潮流分布，推进电网在新形态下的有序发展，是亟待解决的问题。因此，要开展分布式光伏屋顶安装容量规划、分布式光伏可接纳容量评估等功能建设，以实现电力规划和数据评估的实时分析与融合应用。

8.5.2.1 分布式光伏屋顶潜力评估和规划

1. 基本概念

随着海量分布式资源的接入，在县域、区域、线路、台区 4 个不同层级中，如何预测和计算区域内的光伏信息，需要进行可接入光伏的屋顶面积的精准识别和评估。同时，整县（市、区）屋顶分布式光伏开发也会迎来三大问题：全县有多少屋顶可以接入光伏；现有多少屋顶已经接入光伏；如何实现屋顶面积的快速识别和统计分析。现有解决方法主要是人工统计，其工作量大、耗时长，且无法进行实时更新，精度和正确率也难以保证。

分布式屋顶光伏潜力评估和规划以多源遥感数据为基础，融合最新遥感技术的研究成果，系统性地研究基于遥感技术的建筑物屋顶及光伏屋顶的识别技术。其中，针对不同遥感技术手段的特点，基于激光雷达（light detection and ranging，LiDAR）点云数据的屋顶面片及倾角识别，并利用卫星影像进行补充，解决数据时效差异引起的屋顶差异问题；同时，综合遥感影像的光谱、时间与空间特性差异，解决已铺设光伏屋顶的识别和变化监测。在上述成果的基础上，利用互联网和大数据支持下的屋顶、电力基础设施信息检索与提取技术，采用分布式光伏潜力分析方法，支撑光伏接入电力规划与评估数据分析。

2. 主要功能

通过基于多源遥感技术融合的光伏自动识别与属性提取，综合遥感影像的光谱、时间与空间特性差异，实现对潜力光伏屋顶面积、已铺设光伏屋顶的识别和变化监测。基于电力大数据，实现屋顶、电力基础设施信息检索，为光伏屋顶建设规划、分析与施工提供可接入点分析信息，构建面向全县区域数据综合检索、时空分析需求的智能检索服务与在线可视化分析平台，提升电网空间数据的高效组织、快速检索、智能化发现与即时在线应用能力，实现电力规划与光伏可容纳的实时分析与融合应用。整县分布式光伏潜力分析功能架构如图 8-20 所示。

3. 主要算法

分布式光伏屋顶潜力评估和规划的主要算法包括基于 LiDAR 数据的屋顶识别算法和基于光学遥感数据的屋顶识别算法。

（1）基于 LiDAR 数据的屋顶识别算法包括建筑物脚点自动提取算法。建筑物脚点自动提取算法首先对点云数据采用渐进式加密三角网滤波算法，分离出地面点和非地面点，其次从非地面点中基于平滑度提取建筑物脚点，最后通过面积阈值和约束的区域增长算法精化建筑物脚点。

（2）基于光学遥感数据的屋顶识别算法采用深度学习的方法，先对不同屋顶现有光伏的图像进行学习训练，获得屋顶目标的检测模型，再通过该模型对区域真实遥感图像数据进行识别，从而定位出地图中的屋顶矩形图像，并获得其地理坐标。深度学习通过反向传播算法自动对参数进行更新，从而筛选出对检测有用的特征，在不依赖先验知识的情况下，能够更准确地对特征进行描述，以找出最具有区分能力的特征。该算法采用自适应多模型的方法对屋顶面片进行识别，从而极大地拓展了模型的泛化能力及其在屋顶识别中的应用范围。

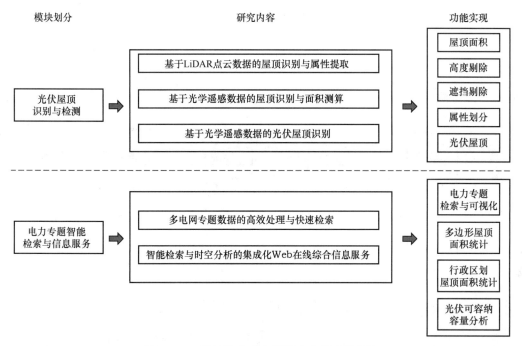

图 8 - 20　整县分布式光伏潜力分析功能架构

8.5.2.2　分布式光伏可接纳容量评估

1. 基本概念

分布式光伏可接纳容量评估方案针对整县分布式光伏可接入容量的评估，其利用聚类分析技术，生成县域光伏典型发电曲线场景和典型负荷曲线场景，为县域光伏发电电量评估以及台区-线路-变电站-全县各层级接入潜力评估提供数据基础；基于各层级当前和预测运行曲线和聚类分析，从经济性、电能质量、消纳能力、运行状态等方面开展多维评估，对全县分布式光伏潜力进行完整评估；同时，考虑光伏接入位置和容量的变化以及倒送问题，优化各时段的可接纳容量，得到各域级的承载力。以上方案解决了识别评估中人力投入大、效率低下、准确率不高的薄弱环节，优化了面积识别和容量评估能力和可信度，提升了整县光伏接入规划管理能力。

分布式光伏可接纳容量代表着电网能够承载的分布式光伏发电的最大安装容量。科学、合理地评估分布式光伏发电入网承载力，不仅是电网企业保障电网安全稳定良好运行和用户用能体验的责任要求，而且是后续分布式发电市场建设和分布式光伏规划研究必须获取的一项基础性约束条件，对分布式发电市场建设至关重要。因此，研究分布式光伏发电入网承载力量化评估方法，是后续研究分布式发电市场化环境下分布式光伏发电规划及电网优化运行技术的重要前提和基础。

2．主要功能

分布式光伏可接纳容量分析功能主要分为原始数据可视化、多层级可接纳容量分析和多层级扩容规划建议三大部分。依托系统平台的数据接入整合和分析计算能力，完成光伏潜力自动分析评估，给出实时光伏接入规划优化措施建议。在此基础上，扩展出可接纳容量分析模块功能，利用最优潮流仿真工具，基于实时拓扑分析技术，优化不同接入位置、场景下的可接纳容量和光伏承载能力，并实现可视化前端平台。光伏可接纳容量评估数据流程如图 8-21 所示。

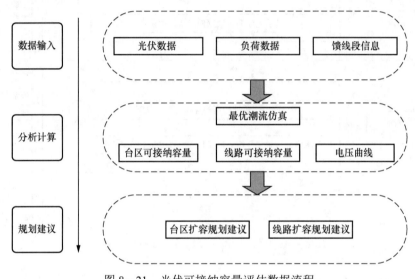

图 8-21 光伏可接纳容量评估数据流程

3．主要算法

分布式光伏可接纳容量评估的主要算法包括典型日生成算法、稳态潮流算法和最优潮流算法。

（1）典型日生成算法。基于底层电网负荷和光伏数据，先优化有效数据，再针对光伏方案的特征提取各季度典型日数据，以减少后续分析方案的运算时间。典型日生成算法由后端算法单独处理实现。

（2）稳态潮流算法。基于典型日生成算法的结果数据，进行电网稳态运行各项指标分析，包括节点电压分析和馈线段电流分析。

（3）最优潮流算法。基于典型日生成算法的结果数据，设定优化目标（该方案中为光伏接入），在满足电网基本运行约束的同时优化目标值。其中，约束包含节点电压约束、线段载流量约束、台区倒送功率约束、变电站倒送功率约束等，优化目标为光伏尽可能接入。完成计算后，展示最优潮流下的电网运行状态和各项电气指标。

8.5.2.3　分布式电源运行控制模拟仿真

1．基本概念

配电网运行控制模拟仿真平台是一款具有高性能、高拓展性、高灵活性特征的分布式电源与配电网运行仿真软件。

其中,高性能表现为支持结合区域配电网拓扑结构图,应用先进的仿真算法开展可视化模拟仿真分析,可自动调用历史运行数据库加载所需运行数据,对分布式电源和配电网开展一系列模拟仿真分析并实现仿真潮流信息可视化展示,同时支持超过 6000 个节点的模拟仿真;高拓展性表现为仿真平台具备承载力评估、重过载分析、电压越限分析以及损耗分析等运行控制辅助分析功能,并支持基于模拟仿真的顶层延展开发;高灵活性表现为用户可以自行调整配电网中负荷及设备的参数,对配电网接入的光伏机组等分布式能源进行增删,实现不同场景下配电网运行态势的精细化感知。

2. 总体架构

基于配电网实时拓扑关系数据,构建配电网实时网架和层级连接从属关系,连通设备电气数据,构建实时网架拓扑,通过整体电网实时网架和层级连接从属关系自适应功能编辑网络拓扑并展示于页面正中画布。同时,支持用户对拓扑网络中的设备进行自定义参数设置,提供设备参数编辑功能,辅助用户进行自定义仿真分析。搭载实时拓扑分析功能是配电网运行控制仿真平台的基石,为模拟仿真、电压越限分析、重过载分析等提供了平台基础。分布式电源运行仿真分析总体架构如图 8 - 22 所示。

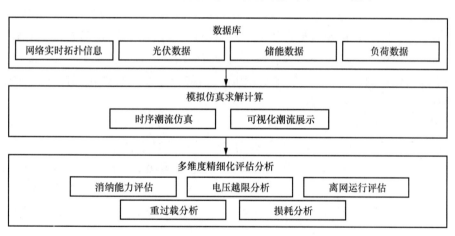

图 8 - 22　分布式电源运行仿真分析总体架构

3. 主要功能

分布式电源运行控制模拟仿真具有如下功能:

(1) 消纳能力评估。基于模拟仿真结果,评估系统的光伏消纳能力、最大光伏容量承载线路、负荷消纳能力、最大负荷承载线路,并实现可视化展示。

(2) 重过载分析。以馈线段和变压器为分析对象,分析其过载情况,展示全图馈线段的负载率并通过颜色区分告警等级。评判是否过载的参照变量为负载率。

(3) 电压越限分析。展示当前越上限母线/节点和当前越下限母线/节点的数量,并具体展示越限/临近越限的母线逐时电压信息。依据 GB/T 12325《电能质量　供电电压偏差》进行评判并使用不同颜色进行标识,最终显示在展示面板上。

(4) 损耗分析。基于模拟仿真结果,分析线路总损耗、各馈线段线损率、设备总损耗和系统功率因数，并依据各馈线段线损率进行辨识并展示。

4. 主要算法

目前，对于电力系统仿真技术基础算法的研究成果显著，较为成熟的电力系统仿真平台中使用的建模分析方法大体可分为节点分析法、状态空间法和状态空间节点法三种，这三种方法使用不同的数值计算方法对电力系统拓扑进行求解。

8.5.3 面向运行调控类

大量分布式能源的接入将使原来的传统无源配电网转变为有源配电网。为了保证分布式能源的全额消纳、电网安全可靠运行，需要优化传统电网调度技术，保证源网荷储的全景监控和协同控制。通过分布式电源发电预测、配电网负荷预测、负荷精准控制和分布式电源群调群控等功能建设，可实现对不同等级下分布式光伏实时监视、功率预测及主配协同的源网荷储协同控制，满足分层分区协同控制需求。

8.5.3.1 配电网负荷精准控制

1. 基本概念

负荷精准控制是指通过地区配电网可切负荷资源的分类、分级、分区域管理，实现可切负荷资源的统计分析及监视。建立"全局统筹、跨层协同、区域自治"的分批分类精准负荷批量控制体系，实现常规状态下引导有序用电、紧急情况下快速压减负荷、极端条件下最大化保障民生供电，提高负荷压降处置效率，既可保障电网的安全稳定运行，又可将对民生用电的影响降至最低。

2. 总体流程

配电网负荷精准控制总体上按照省调、地调和配调分层分区进行，其总体架构如图 8-23 所示。其中，在生产Ⅰ/Ⅱ区，省调主要包含省级调度自动化系统，地调主要包含地调主站，配调主要包含配电主站；在管理Ⅲ/Ⅳ区，主要包含 PMS 和营销系统。可控资源包含 10~110kV 专线、专用变压器、分界开关、分支开关、分段开关和馈线出线开关等。

配电网负荷精准控制的总体流程如下：

（1）省级调度自动化系统下发切除负荷目标值指令给地调主站。

（2）地调主站在切除 10~110kV 专线部分后，通过信息交互方式将剩余需要切除的负荷目标指令下发给配电自动化系统。

（3）配电自动化系统根据压降目标从可控负荷资源池选择目标设备。

（4）根据调控策略原则生成周期调控任务和策略，优先选择不满足限电要求的工业非重要用户，同时避免同一用户重复停电，达到每天压降目标。

（5）生成停限电方案，推送停电管理系统审批。

（6）通过审批的方案，系统按周期启动执行。

（7）执行结果达到压降控制目标，则控制过程结束，返回实际切除负荷值。

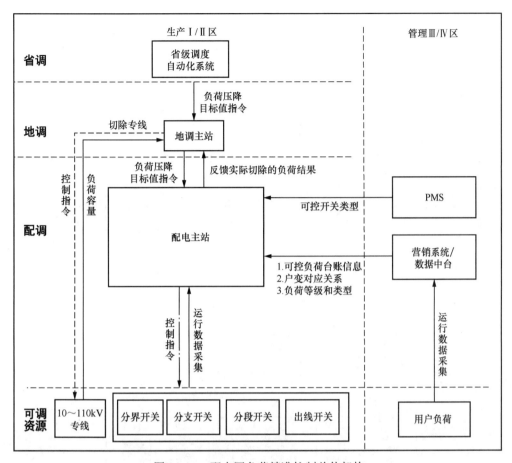

图 8-23　配电网负荷精准控制总体架构

3．主要功能

配电自动化负荷精准控制功能部署在生产控制大区。在实现省、地（主配电网）数据流和控制流互联互通的基础上，按照"提前准备、科学调度、精准匹配"的原则，通过对地区电网专线、配电网分支线等可切负荷资源分类、分层汇集与实时监视，生成序位开关操作表或精准负荷批量控制策略，实现主配电网可切负荷批量切除；支持上送相关资源池数据至省调主站，以及接受省调主站下发的控制指令，支撑省、地（主配电网）协同的精准负荷控制。

8.5.3.2　分布式电源群调群控

1．基本概念

分布式电源接入配电网后，需要具备可调可控功能。其中，接入低压的分布式电源通过智能融合终端实现台区自治，接入中压的分布式电源具备接收并执行相关控制要求的功能。针对大量分布式电源带来的潮流越限、有功功率调节等问题，采用贯穿省、地、用环节，通过分布式电源群调群控技术手段，以分布式电源就地消纳、潮流合理分配为目标，依托分布式电源聚合功能形成配电变压器-线路-网格-区域四层级的分布式电源可视、可控的调节控制策略。

2. 总体架构

基于"集群层-边缘层-就地层"多层级管理架构，进行分布式电源集群调控方案设计，如图8-24所示。群调群控方案可分为以下三部分：

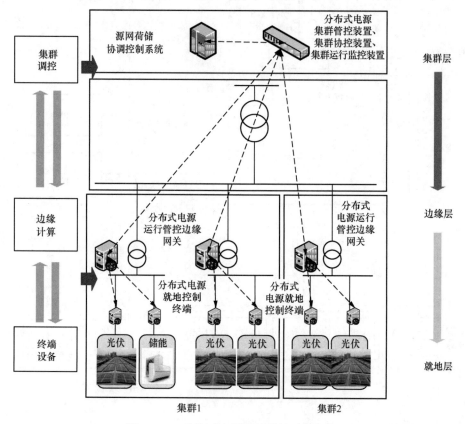

图8-24　分布式电源群调群控功能架构

第一部分为集群层，具体涉及分布式电源集群管控装置、分布式电源集群协控装置与分布式电源运行监控装置。基于分布式电源集群群内自治与群间协同，制定分布式电源日前-日内优化运行方案，分布式电源集群通过群间协同进行全局优化，群内自治基于集群划分，对集群内并网装备进行管控，进而提升分布式电源消纳水平和整体运行经济性。

第二部分为边缘层，具体涉及分布式电源运行管控边缘网关。分布式电源运行管控边缘网关实现对接入同一线路分布式电源的并网管控，边缘网关与上层主站系统交互，将底层设备运行信息汇集上传至主站系统，并可实现主站调控指令的优化分配，同时可基于边缘计算实现快速的设备调控与电压恢复。

第三部分为就地层，具体涉及分布式电源就地控制终端。分布式电源就地控制终端可响应边缘管控终端的指令，还可基于内置的就地控制策略，实现对分布式电源的安全经济控制。

3. 主要功能

（1）有功功率控制与频率调节。具体包括：

1）跟踪出力计划能力。对上级调度下发的集群出力计划进行内部优化协调分解，并控制各场站跟踪出力计划，集群也可自行制定出力计划。为此，集群需具备实施独立控制的能力。

2）调峰能力。电网备用充足时，集群可运行在最大出力跟踪状态；备用不足时，集群可运行在压出力状态，短时为电网提供备用容量，主动参与调峰，这是可靠性与经济性博弈的结果。为此，集群需具备协调分配和控制其备用容量的能力。

3）调频能力。一次调频能力取决于机组的频率响应特性，可根据电网运行需求改进底层控制单元的控制策略。集群应在电网调频容量不足时，短时参与二次调频，实现集群自动发电控制功能。为此，集群需具备协调分配和控制其调频容量的能力。

4）紧急有功功率支撑能力。一方面，面对集群内或集群外输电断面安全约束越限的情况，集群可实施紧急降出力控制。为此，集群需具备在线安全稳定评估功能。另一方面，短路情况下集群可提供短路电流，以便及时清除故障；故障清除后，集群需快速恢复有功出力，提供功率支撑。

（2）无功电压控制。集群应具备分层分区控制无功功率及调节电压的能力。

1）定无功功率、定功率因数或定电压控制能力。集群可响应电网三级自动电压控制（automatic voltage control，AVC）指令，运行在定无功功率、定功率因数或定电压控制模式，并控制其内部各场站无功源，实现上级 AVC 功能；集群也可自行优化电压控制目标并实施集群内部的分级 AVC 功能。

2）动态无功功率支撑能力。在故障穿越过程中，集群可控制机组单元及动态无功功率补偿装置提供动态无功电流支撑电压恢复；如果部分机组未能完成故障穿越而脱网，集群可协调控制机组单元与补偿装置，防止因高低压振荡而导致大面积脱网事故。

4. 主要算法

分布式电源群调群控主要涉及用于群间协调优化的分布式优化算法与用于输配两级优化调度的并行子空间算法（concurrent subspace optimization，CSSO）。

（1）分布式优化算法。群间协同控制问题因为涉及分布式计算，在建立模型后无法直接使用传统的优化算法进行求解，因此多采用分布式算法进行优化计算。分布式优化算法主要包括零梯度和法、交替乘子方向法（alternating direction method of multipliers，ADMM）和分布式平均一致性法三种。主要应用于群间协调优化的交替方向乘子法是一种求解具有可分离性的凸优化问题的计算框架，由于该算法是对偶分解法和增广拉格朗日乘子法的结合，因此使其在有分解性的同时保证了良好的收敛性，处理速度快。交替方向乘子法适用于求解分布式凸优化问题，主要应用在解空间规模很大、可以进行分块求解，而且对解的绝对精度要求不太高的场景。

（2）并行子空间算法。在输配两级电网协调优化模型中，不仅包含输配两级电网潮流及优化计算，而且需考虑输配两级电网之间的耦合关系，直接求解较为复杂。因此，多采用改进的并行子空间算法进行求解。根据并行子空间算法思想，输配两级电网协同优化问题可看作系统级优化问题，包含输电网和配电网学科级优化，输电网和配电网之间通过联络线相互耦合，其耦合关系可利用响应面来近似模拟。在实际运行中，输电网通常与多个配电网相联，输配电网被作为调度和配调两级电网调度进行管理；但在并行子空间算法中，多个配电网将被看作与输电网平行的子空间进行求解。

8.5.3.3　有源配电网故障自愈

1．基本概念

配电网管理的重要任务之一就是正确地处理故障事件，提升故障处理速度和故障定位精确性，以及尽量减少用户停电损失。分布式发电的接入不仅影响电网的运行，而且较大地改变了配电网电压分布、传输功率、稳态电流和短路电流，影响了配电网故障的分析研判。为避免新能源接入对配电网故障研判和处理的影响，亟须通过智能自愈控制技术提升故障停电的恢复能力。

含分布式电源的配电网自愈可以描述为：在含分布式电源的配电网不同层次和区域内实施充分协调且经技术经济优化的控制手段与策略，使其具有"自我感知、自我诊断、自我决策、自我恢复"的能力，实现配电网在不同状态下的安全、可靠与经济运行。智能配电网运行状态一般分为六个状态，即优化状态、安全状态、警戒状态、紧急状态、孤岛状态和恢复状态。其中，优化状态、安全状态和警戒状态属于配电网正常运行状态，这时配电网未发生故障，但需特别指出的是，处于警戒状态时配电网存在较大的发生故障的可能性，因此需要进行对应的预防控制；当配电网发生故障时，进入紧急状态和孤岛状态；恢复状态是指配电网故障恢复处理中的一个临时状态。智能配电网运行状态划分与控制措施如图 8－25 所示。

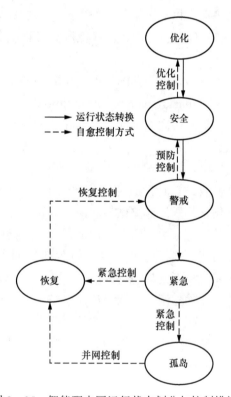

图 8－25　智能配电网运行状态划分与控制措施

在不同运行状态下，配电网自愈控制的目标是不同的。智能配电网自愈控制将分别在配电网正常运行、馈线故障及变电站母线故障等情况下，快速、准确、有效地下达对应的控制策略，保障配电网的高效可靠稳定运行。

2．主要功能

智能配电网自愈控制流程如图 8-26 所示，含分布式电源及储能装置的智能配电网自愈的核心是"自我感知、自我诊断、自我决策、自我恢复"能力。含分布式电源的智能配电网自愈控制是在现有配电自动化技术的基础上，依托智能配电网完备的量测装置和快速可靠的通信网络，有效提升配电网的可观性、可测性和可控性；依托丰富有效的控制调节手段，有效解决大量分布式电源、储能装置并网运行给配电网带来的控制问题，在系统故障发生时通过分布式电源有效保障关键负荷供电。

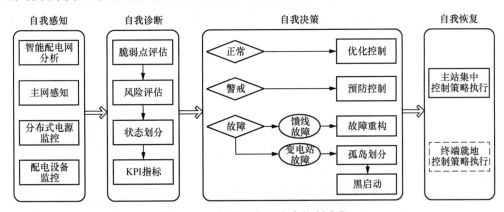

图 8-26　智能配电网自愈控制流程

3．与传统故障自愈的区别

与采用传统配电自动化技术实现的配电网故障自愈相比，含分布式电源的智能配电网自愈在两个环节具有显著的区别：

（1）不仅在故障发生时实现对配电网故障的响应、处理和恢复，更强调在正常运行情况下优化配电网和分布式电源的协同控制，通过风险评估，减少或消除配电网可能发生的故障隐患。

（2）在故障发生时，通过分布式电源有效保障关键负荷供电，减少故障的影响范围。

8.5.4　面向运行优化类

高比例分布式电源及电力电子设备的接入，使得配电网由"无源"向"有源"转变。配电网运行面临着风险分析不足、电能质量监测和治理不全面等相关挑战。随着新能源比重的加大，对于配电网容易产生三相不平衡、过（欠）电压、谐波、线损等的问题，亟须扩大中低压配电网运行管理范围，将分布式资源纳入运行管理体系，分析配电网负荷特性，实现配电网全景感知和运行管理。

1．基本概念

分布式电源接入造成的双向潮流给运行方式调整带来了新问题，改变了配电网的放射状结构。传统的单向潮流负荷转移策略不再适用于双向潮流的负荷转移，应充分考虑分布式电源双向功率流动对潮流电压分布的改变作用，使主配协同优化控制以分布式电源就地消纳、潮流合理分配为目标，依托分布式电源聚合功能形成配电变压器-线路-网格-区域四层级的分布式电源可视、可控的调节控制策略。通过主配协同优化控制功能，充分发挥分布式电源可控性强的优势，在不改变配电网原有运行方式的情况下实现主站对于分布式电源接入的全局控制与分布式电源的就地自治协同，以站-线-变分层分区优化方式，平抑潮流波动和过电压，支撑大电网的安全稳定运行。

2. 主要功能

基于分布式可控资源聚合后的群组进行分层分级协同控制，以分布式光伏、储能、柔性负荷、充电桩等各类分布式资源为基础，形成配电变压器-馈线-主变压器-网格-区域的五级分布式资源层级框架，实现调度员对电网内分布式资源的运行状态感知与灵活控制功能，即实现对配电变压器级、线路级、主变压器级、网格级、区域级分布式资源的单控、群控、全控以及已控资源的批量恢复，解决目前分布式资源无法参与调度工作的问题。同时，对配电变压器、线路、主变压器设备负载率进行监视，在设备越限后对其下所含分布式资源进行自动调节控制，解决分布式资源接入后带来的潮流越限风险。另外，支持一键响应、一键接受上级调度自动化生成的响应时段、响应容量等需求或系统本地设置的负荷控制目标，根据网络拓扑和用户标签一键自动计算生成分布式资源控制策略，并下发至需求响应平台进行执行，以及接收需求响应平台的信息反馈。

主配协同优化控制策略分析逻辑流程如图 8-27 所示。

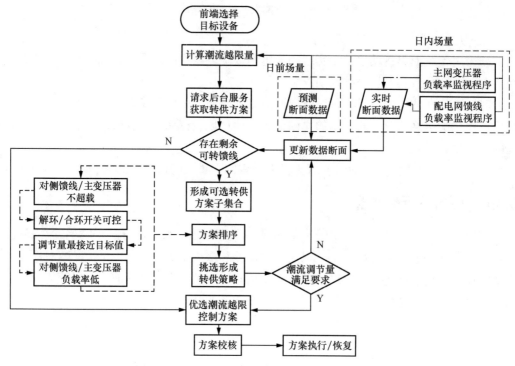

图 8-27　主配协同优化控制策略分析逻辑流程

参考文献

[1] 周树芳，张小咏，陈正超，等.面向光伏电站识别的深度实例分割方法[J].福州大学学报（自然科学版），2022，50（4）：497-504.

[2] 梁志峰，夏俊荣，孙檬檬，等.数据驱动的配电网分布式光伏承载力评估技术研究[J].电网技术，2020，44（7）：2430-2439.

[3] 冯明灿，杨露露，丁羽顿，等.考虑远方—本地协调控制的配电网光伏饱和承载力分析[J].计算机与应用化学，2019，36（4）：427-433.

[4] 罗晓通.智能配电网合环电流的计算方法及调控策略研究[D].武汉：华中科技大学，2021.

[5] 张涛，穆云飞，贾宏杰，等.含电力电子变压器的交直流配电网随机运行优化[J].电网技术，2022，46（3）：860-869.

[6] 吴天辰.基于配电网供电单元的负荷转供分析与可靠性计算应用[D].南京：东南大学，2021.

[7] 张毓，雷芷琪.基于蒙特卡洛法的配电网可靠性和故障软自愈模型[J].科技与创新，2022（16）：139-142.

[8] 朱玛，谭阔，朱亚军，等.一种主动配电网智能分布式馈线自动化实现方法[J].电气自动化，2019，41（6）：48-51.

[9] 谢忠志，李曙生.基于分层多代理的配电网故障自愈恢复系统[J].自动化与仪器仪表，2022（5）：146-150.

[10] 时建锋，孙建华.一种实现母线自愈功能的备用电源自投装置[J].电气自动化，2017，39（5）：72-74.

[11] 李振全.10kV 架空环网快速故障自愈控制技术研究[D].济南：山东大学，2012.

[12] 陈娟.含分布式电源的智能配电网故障自愈方法研究[D].天津：天津大学，2018.

[13] 李欣然，李龙桂，童莹，等.适用于多电源配电网潮流计算的前推回代方法[J].电力系统及其自动化学报，2017，29（12）：121-125.

[14] 张涛，穆云飞，贾宏杰，等.含电力电子变压器的交直流配电网随机运行优化[J].电网技术，2022，46（3）：860-869.

[15] 毕国威.大规模有源配电网潮流计算及可靠性评估方法研究[D].哈尔滨：哈尔滨工业大学，2019.

[16] 李德宇.配电网潮流计算方法分析及在网络重构中的应用[D].保定：华北电力大学，2016.

[17] 盛万兴，吴鸣，季宇，等.分布式可再生能源发电集群并网消纳关键技术及工程实践[J].中国电机工程学报，2019，39（8）：2175-2186+1.

[18] 时珉，尹瑞，姜卫同，等.分布式光伏灵活并网集群调控技术综述[J].电测与仪表，2021，58（12）：1-9.

[19] 吴文传，张伯明，孙宏斌，等.主动配电网能量管理与分布式资源集群控制[J].电力系统自动化，2020，44（9）：111-118.

[20] 肖传亮，赵波，周金辉，等.配电网中基于网络分区的高比例分布式光伏集群电压控制[J].电力系统自动化，2017，41（21）：147-155.

[21] 柴园园，刘一欣，王成山，等.含不完全量测的分布式光伏发电集群电压协调控制[J].中国电机工

程学报，2019，39（8）：2202-2212+3.

[22] 韦纯进，樊艳芳，张雅，等.基于二维联盟多代理技术的风-光-储集群广域协调控制[J].太阳能学报，2021，42（1）：308-316.

[23] 李洋，李刚，等.基于复杂网络理论的智能电网信息系统可靠性分析[J].华北电力大学学报（自然科学版），2018，45（6）：59-67.

第9章
智能配电网故障处理与继电保护

配电网故障处理包含中压配电网馈线自动化、中压配电网继电保护、直流保护、低压保护等。故障处理是智能配电网的重要内容，对于提高供电可靠性、增强供电能力和实现配电网高效经济运行具有重要意义。随着分布式电源、储能等设备的接入以及直流配电网、微电网技术的发展，配电网正逐渐向交直流混合形态演变，配电网故障处理也面临前所未有的挑战。本章首先介绍了配电网故障处理的基础知识，包括配电网故障类型、故障特点、故障危害及处理措施；其次介绍了配电网馈线自动化原理及选型依据、配电网继电保护的基本原理，以及配电网继电保护与馈线自动化的配合；再次介绍了配电网故障处理技术拓展，包括新能源接入后的有源配电网故障处理应对措施和低压保护技术两个方面；最后阐述了直流配电网网架下的继电保护技术。

9.1 配电网故障及处理概述

9.1.1 配电网故障类型

配电网故障包含绝缘破坏故障和断线故障。绝缘破坏故障是指配电线路绝缘损坏而发生相互连通，导致配电网不能按照正常条件运行。断线故障是指雷击、外力破坏等原因造成导线断裂，导致配电网正常供电被破坏。配电网中实际发生的故障多数为绝缘破坏故障，且断线故障没有明确的类型划分。这里主要讨论绝缘破坏故障。

1. 中压交流配电网绝缘破坏故障

中压交流配电网为三相系统，根据各相之间以及与大地之间的关系，绝缘破坏故障主要分为三相故障、相间接地故障、相间故障以及单相接地故障。中压交流配电网绝缘破坏故障类型如图 9-1 所示。

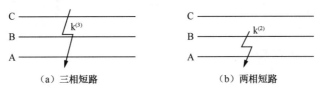

(a) 三相短路   (b) 两相短路

图 9-1 中压交流配电网绝缘破坏故障类型（一）

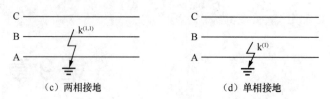

（c）两相接地　　　　　（d）单相接地

图 9-1　中压交流配电网绝缘破坏故障类型（二）

2. 低压交流配电网绝缘破坏故障

低压交流配电网不同于中压交流配电网，其为三相四线制供电系统，比中压配电网多一条中性线 N，所以低压交流配电网的故障除了图 9-1 所示的类型外，还包括相线与中性线之间绝缘破坏后的故障，如图 9-2 所示。

图 9-2　低压交流配电网的相线与中性线之间绝缘破坏后的故障

9.1.2　配电网故障特点

1. 配电线路故障率高

据统计，超过 85% 的故障停电是由配电网的故障造成的。配电网点多面广，设备众多，故障率高是必然的。在配电网线路故障中，配电网主干线路的绝缘化程度一般比较高，电气设备质量也较好，因此故障率较低；分支线路和用户线路的故障比例高达 80% 以上。

2. 单相接地故障比例高

在实际运行中，配电网故障绝大多数是单相接地故障，约占所有故障的 60%～80%。单相接地故障包含常规接地故障和高阻接地故障。由于故障特征小，高阻接地故障的准确检测存在困难。

3. 瞬时性故障比例高

架空线路中绝大部分故障由雷电、树枝碰线等引起。由于架空线路采用空气绝缘，当发生短路故障时，空气绝缘可以在短时间内恢复，因此架空线路故障多为瞬时性故障。此外，消弧线圈可以自动熄弧，使得单相接地故障的瞬时性故障比例更高。西安交通大学团队通过调研福州、成都等重要城市配电网架空线路的故障情况，发现瞬时性故障占 85.65%，永久性故障占 14.35%。

一般认为，电缆线路一旦发生故障就是永久性故障；但现在发现，电缆线路也会存在瞬时性故障，电缆线路的瞬时性故障主要是瞬间接地故障。例如，在电缆施放过程中，由于施工工艺不足等原因会留下安全隐患，在运行过程中线路绝缘下降，发生电弧放电，从而产生自恢复性接地故障。随着电缆线路运行时间的逐步增加，电缆线路瞬时性接地故障的发生率会呈上升趋势。

9.1.3　配电网故障危害

配电网故障的后果包括危害配电设备（包括线路）的安全运行以及给用户造成损失

两方面。全面认识配电网故障的危害，对于选择与评估配电网故障处理方案，具有十分重要的意义。

1．对配电设备安全的危害

对配电设备安全的危害主要是指短路电流的热效应与电动力效应对配电设备带来的危害。短路电流将使配电设备发热量急剧增加，短路持续时间较长时可能会造成设备因过热而损坏甚至烧毁；此外，短路电流会在配电设备中产生很大的电动力，引起设备机械变形、扭曲甚至损坏。目前，配电设备的设计都留有一定的安全裕度，只要保护装置正确动作，一般不会出现安全事故。

2．对供电可靠性的影响

40%的低压线路故障仅影响单一用户，60%的中压 10kV 线路故障如果不能通过自动化手段快速处理，有可能影响一整条馈线的用户，且故障平均修复时间远高于低压线路故障，从而对配电网的供电可靠性带来比较严重的影响。

3．对分布式电源的影响

分布式电源在配电网中的渗透率呈现逐年增大的趋势。为了避免孤岛运行带来的各种危害，一般要求电压降低时分布式电源离网，从而减少分布式电源的并网时间，降低其利用率。

4．对生命财产安全的影响

配电网故障导致的对生命财产安全的影响主要体现在故障引起山火等事故以及触电伤亡事故上。

9.1.4　配电网故障处理措施

1．中压配电网故障处理措施

在中压配电网中，配电主站、配电终端、开关设备相互配合，进行配电网故障处理，包括故障定位、隔离和恢复对非故障区域的供电。中压配电网故障处理技术路线主要馈线自动化和继电保护两个大类。

（1）馈线自动化。馈线自动化是配电网原生技术，指中压配电线路发生故障后，实施故障的自动定位、隔离和供电恢复的自动化措施。通过配电终端、配电主站的相互配合，控制开关分合操作，隔离配电网的故障区域，恢复健全线路供电，是馈线自动化的主要职责。

（2）配电网继电保护。借鉴主网继电保护技术，故障点上游的配电终端在故障发生后快速控制开关分断，隔离故障区域。同时，采用重合闸等方式，恢复故障点前健全线路供电。快速就地处理故障，是配电网继电保护的主要技术特点。

在现实应用中，馈线自动化和配电网继电保护不是互斥，而是相互融合的。馈线自动化在发展中借鉴了继电保护的技术原理，且与主网继电保护动作相配合；配电网继电保护需要馈线自动化作为其补充和后备。

2．低压配电网故障处理措施

在低压供电系统中，故障处理主要依赖于低压智能开关保护功能的实现。低压保护主要包括过电流保护和漏电保护。

长期以来，低压配电网人身触电事故时有发生，触电已成为社会公共安全的一大风险。低压防触电保护是一项系统工程，涉及漏电保护技术与低压接地形式两大方面的内容以及两方面技术的协调配合问题。低压防触电保护是低压故障处理发展的方向。

9.2　配电网馈线自动化

9.2.1　馈线自动化分类

馈线自动化是通过配电主站、配电终端、开关设备相互配合实现线路故障处理。在馈线自动化技术发展过程中，配电主站与配电终端、配电终端与配电终端之间信息处理的方式变化较大。目前，馈线自动化根据信息处理方式的不同可分为主站集中式、就地重合式和智能分布式三种。

1. 主站集中式馈线自动化

主站集中式馈线自动化借助远程通信手段，通过配电终端和配电主站的配合，在发生故障时依靠配电主站判断故障区域，通过自动遥控或人工方式隔离故障区域，恢复非故障区域供电。主站集中式馈线自动化分为半自动型和全自动型两种。

（1）全自动型主站集中式馈线自动化。故障定位、故障隔离及非故障区域恢复供电等动作全部由配电主站指挥终端自动完成，调度人员仅在自动操作过程中出现闭锁等问题时参与。

（2）半自动型主站集中式馈线自动化。故障定位、故障隔离及非故障区域恢复供电等动作中，重要环节由调度人员人工执行。

2. 就地重合式馈线自动化

就地重合式馈线自动化不依赖配电主站和通信的故障处理策略，由终端处理本地故障等信息并控制开关动作，通过开关多次动作的时序配合，实现故障定位、隔离和恢复对非故障区域的供电。电压时间型是最初的就地重合式馈线自动化模式，后来根据不同的应用需求，在电压时间型的基础上增加了电流辅助判据，形成了自适应综合型等派生模式。目前，就地重合式馈线自动化还有电压电流时间型等模式。

3. 智能分布式馈线自动化

智能分布式馈线自动化是通过配电终端相互通信自动实现馈线的故障定位、隔离和恢复非故障区域供电，并将处理过程及结果上报配电主站。其实现不依赖主站且动作可靠、处理迅速，对通信的稳定性和时延有很高的要求。智能分布式馈线自动化可分为速动型和缓动型两种，分别采用不同的技术路线。

（1）速动型智能分布式馈线自动化是主网光纤纵联保护思路在配电网中的应用，通过终端之间交互的故障信息来实现故障定位和隔离，其逻辑实现速动较快，所以被称为速动型。

（2）缓动型智能分布式馈线自动化可以看作主站集中式馈线自动化技术思路在现场的应用，故障发生后变电站出口断路器保护动作，线路上配电终端通过交互故障信息实现故障定位和隔离，其逻辑实现在变电站保护设备动作之后，所以被称为缓动型。

9.2.2　馈线自动化技术原理

9.2.2.1　主站集中式馈线自动化技术原理

　　主站集中式馈线自动化可分解为故障后启动、故障定位、故障隔离及非故障区域供电恢复四个阶段。故障后启动，是指在侦测到故障发生后，主站启动馈线自动化逻辑；故障定位，是指主站根据终端上送的信号，确定故障发生的区域；故障隔离，是指主站指挥配电终端通过一系列开关的动作，切断故障点与配电线路的联系；非故障区域供电恢复，是指主站指挥配电终端，通过一系列开关的动作，保证故障隔离后配电线路最大可能恢复供电。主站集中式馈线自动化技术原理如图 9－3 所示。

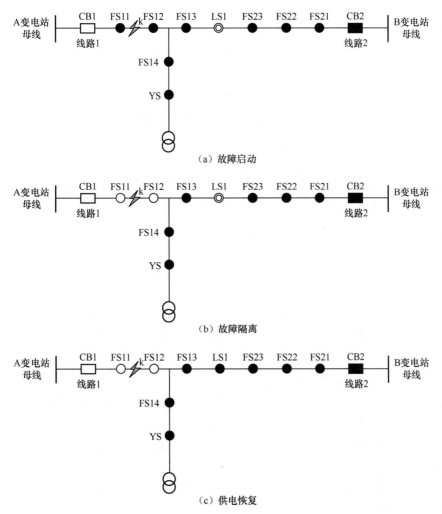

（a）故障启动

（b）故障隔离

（c）供电恢复

图 9－3　主站集中式馈线自动化技术原理

CB—出线开关；FS—分段开关；YS—分界开关；LS—联络开关；k—故障点

1. 故障后启动

线路上发生短路故障时，故障路径中的配电终端将上送各种故障信息至配电主站。配电主站在接收到故障动作信息后确认短路故障发生，馈线自动化开始启动。

（1）经小电阻接地。配电网发生单相接地故障，故障点上游开关会检测到零序过电流，这与短路故障类似。主站馈线自动化的启动判据也类似。

（2）中性点不接地/经消弧线圈接地。配电网发生单相接地故障，配电主站综合利用变电站选线装置、母线接地告警信号/母线电压越限信号，以及配电终端接地保护动作信号等判断是否发生永久接地故障，在确认接地故障发生后启动馈线自动化。

2. 故障定位

全自动型和半自动型集中式馈线自动化实现故障定位的动作逻辑一致。

（1）配电主站实时监视遥信变位信息，当主站收到变电站出线开关保护动作信号时，认为线路发生短路故障，启动馈线自动化，开始收集对应线路供电网络全面的故障信息。

（2）配电主站根据开关位置状态实时分析配电网的供电关系，根据上送配电网故障测量信号的终端形成故障路径信息，依据故障点在故障路径末端的原则实现故障定位。

（3）配电主站根据开关位置状态信息，以故障点为起始点向外搜索所连接的边界开关。由边界开关包围的故障点所形成的区域就是故障区域，其中处于合闸位置的边界开关就是故障隔离需操作的开关。

3. 故障隔离

全自动型和半自动型集中式馈线自动化进行故障区域隔离时有以下两种操作方案：

（1）半自动隔离。配电主站提示馈线故障区段、拟操作的开关名称，由人工确认后，发送遥控指令将故障点两侧需操作的开关分闸，并闭锁合闸回路。

（2）全自动隔离。配电主站自动下发故障点两侧需操作的开关，配套配电终端进行分闸操作并闭锁，在两侧开关完成分闸并闭锁后配电终端将结果上报配电主站。

4. 非故障区域恢复供电

（1）因故障而停电的区域除故障区域外都属于非故障停电区域。对于故障上游区域，恢复供电的方案是对故障跳闸开关进行合闸操作。对于故障下游区域，则通过搜索转供路径实现恢复供电。在进行转供方案确定时，需要考虑转供线路的负载能力，选择负载裕度大的线路作为最优转供方案。

（2）对于转供能力不足而导致无恢复供电方案的情况，可考虑对待恢复区域进行负荷拆分甚至采用甩负荷等手段，以保证对重要用户恢复供电。

（3）对故障点下游的非故障区段，若只有一个恢复方案，则由人工手动或主站自动向联络开发出合闸命令，恢复故障点下游非故障区段的供电。若存在两个及以上恢复方案，主站根据转供策略优先级排序，并给出最优推荐方案，由人工选择执行或主站自动选择最优推荐方案执行。

（4）当出现终端通信故障、故障隔离开关操作失败等异常情况时，系统可通过扩大故障区域范围的方式进行相应的故障处理方案调整。

9.2.2.2　电压时间型就地重合式馈线自动化技术原理

电压时间型就地重合式馈线自动化利用开关"失电压分闸、来电延时合闸"功能，与变电站出线开关重合闸相配合，依靠设备自身的逻辑判断功能，自动隔离故障，恢复非故障区域的供电。因电缆线路出线开关通常不配置重合闸，因此电压时间型就地重合式馈线自动化主要应用于架空线路。电压时间型就地重合式馈线自动化技术原理如图 9－4 所示。

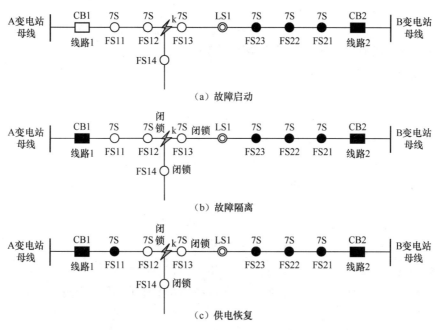

图 9－4　电压时间型就地重合式馈线自动化原理
CB—出线开关；FS—分段开关；LS—联络开关；k—故障点

电压时间型就地重合式馈线自动化对单相接地故障不具备处理能力。后来业界逐步研究出就地重合式馈线自动化应对单相接地故障的逻辑，本章将其归为自适应综合型馈线自动化。

电压时间型就地重合式馈线自动化逻辑动作过程包括故障后启动、故障定位与隔离、非故障区域恢复供电三个阶段。

1. 故障后启动

变电站跳闸后，开关失电压分闸；变电站重合闸后，开关来电延时合闸，根据合闸前后的电压保持时间，确定故障位置并隔离，并恢复故障点电源方向非故障区间的供电。

当线路发生短路故障时，出线开关跳闸，配电线路处于失电压状态。线路上的开关装置及其配电终端根据"失电压分闸"功能，实施分闸动作，启动就地重合式馈线自动化故障处理过程。

如果线路故障为瞬时性故障，在瞬时性故障消失后，变电站出线开关保护重合闸成功，线路上的开关装置及其配电终端根据"来电延时合闸"功能，逐级恢复线路供电。

如果线路故障为永久性故障，就地重合式馈线自动化启动后，线路上开关与变电站出线开关通过动作和时间的配合，开始实施线路故障定位与隔离。

2. 故障定位与隔离

架空线路出现永久性故障后，在馈线自动化启动阶段，变电站出线开关和线路上开关都处于分闸状态。变电站出线开关因配置重合闸功能而完成重合闸。线路上第一级开关感受到来电后，延时 x 时间后合闸，合闸后启动 y 时间计时。线路上第二级开关在第一级开关合闸后开始延时 x 时间，准备合闸。若故障点不在一/二级开关之间，第二级开关延时 x 时间合闸，第一级开关合闸后计时的 y 时间小于 x 时间。第一级开关据此可以认定故障点不在其直接下游，不需要参与故障隔离。

配电线路上开关逐级合闸，当合闸至故障区段时，故障点直接上游的开关合闸后进行 y 时间计时，故障点直接下游的开关感受到来电后启动 x 延时，准备合闸。因变电站出线开关感受到线路上故障跳闸，线路失电，各级开关失电分闸。故障点直接上游开关的 y 时间计时被打断，该开关据此可以认定故障点在其直接下游，需要参与故障隔离，闭锁正向来电合闸。同时，故障点直接下游开关 x 延时时间被打断，该开关感受到的是短时来电，该开关据此可以认定故障点在其直接上游，需要参与故障隔离，闭锁反向来电合闸。

3. 非故障区域恢复供电

（1）故障点上游。变电站出线开关发生第二次保护分闸动作后，启动重合闸，配电网各级开关逐级实施来电合闸。在故障点直接上游开关检测到来电时，因为处于正向来电闭锁状态，因此拒绝执行来电合闸。至此，故障点上游非故障区域恢复供电。

（2）故障点下游。对于具备联络转供能力的线路，可通过合联络开关的方式恢复故障点下游非故障区段的供电。联络开关的合闸可采用手动方式、遥控操作方式（具备遥控条件时）或者自动延时合闸方式。

自动延时合闸方式的动作逻辑为：当线路发生短路故障后，联络开关会检测到一侧失电压，若失电压时间大于联络开关合闸前确认时间，则联络开关自动合闸，进行负荷转供，恢复非故障区域供电。

电压时间型馈线自动化应用中有一个缺点，即分支开关的时间参数，如来电延时时间，需根据网架、运行方式的调整而进行调整。

9.2.2.3 自适应综合型就地重合式馈线自动化技术原理

自适应综合型就地重合式馈线自动化是在电压时间型就地重合式馈线自动化的基础上，基于过电流等判据，增加了故障信息记忆和来电合闸延时自动选择功能，配合变电站出线开关二次合闸，实现多分支多联络配电网网架的故障定位与隔离自适应，一次合闸隔离故障区间，二次合闸恢复非故障区段供电。

自适应综合型就地重合式馈线自动化实现了参数定值的归一化，配电终端不会因网架、运行方式的调整而调整。

同时，自适应综合型就地重合式馈线自动化通过"无压分闸、来电延时合闸"方式，结合配电终端接地故障检测技术，实现单相接地故障处理。自适应综合型就地重合式馈线自动化技术原理如图9-5所示。

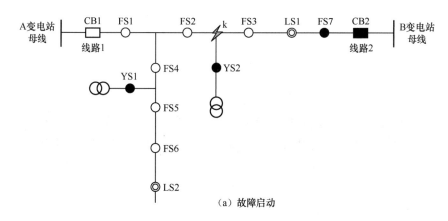

（a）故障启动

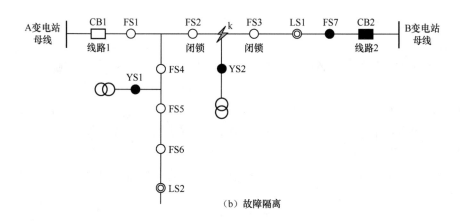

（b）故障隔离

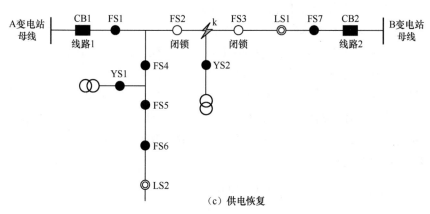

（c）供电恢复

图9-5 自适应综合型就地重合式馈线自动化技术原理

CB—出线开关；FS—分段开关；YS—分界开关；LS—联络开关；k—故障点

自适应综合型就地重合式馈线自动化逻辑动作过程包括故障后启动、短路故障定位与隔离、单相接地故障定位与隔离、非故障区域恢复供电四个阶段。

1. 故障后启动

对于短路故障，自适应综合型就地重合式馈线自动化故障后启动过程与电压时间型就地重合式馈线自动化启动过程是一致的。

架空线路接地方式主要为中性点不接地/经消弧线圈接地，自适应综合型就地重合式馈线自动化主要是结合变电站选线装置的单相接地保护动作进行故障逻辑启动。

2. 短路故障定位与隔离

当线路发生短路故障时，变电站出线开关检出故障并跳闸，分段开关失电压分闸，故障点电源方向路径上的分段开关感受到故障信号并记录故障信息；出线开关延时一次重合闸，分段开关感受到来电时按照有故障记忆执行 x 时间（线路有压确认时间）合闸送出，无故障记忆的开关执行 $x+t$ 延时时间（长延时）合闸送出。分段开关逐级合闸至故障点，出线开关再次跳闸，故障点上游开关因合闸后未保持 y 时间而闭锁正向来电合闸，故障点下游开关因感受到瞬时来电（未保持 x 时间）而闭锁反向合闸。

3. 单相接地故障定位与隔离

当线路发生接地故障时，故障线路的故障点前端开关通过暂态信息检出故障，首台开关延时选线跳闸，线路上的其他分段开关失电压分闸并记录故障暂态信息，首台开关延时一次重合闸，分段开关感受到来电时按照有故障记忆执行 x 时间（线路有压确认时间）合闸送出，无故障记忆的开关执行 $x+t$ 延时时间（长延时）合闸送出；当合闸至故障点后，因接地故障导致零序电压突变，故障点前端开关判定合闸至故障点，直接跳闸并闭锁，故障点后端开关感受到瞬时来电而闭锁合闸，故障隔离完成。

4. 非故障区域恢复供电

自适应综合型就地重合式馈线自动化利用一次重合闸实现故障区间隔离，通过以下方式实现非故障区域的供电恢复：

（1）如变电站出线开关已配置二次重合闸或可调整为二次重合闸，在变电站出线开关二次自动重合闸时即可恢复故障点上游非故障区段的供电。

（2）如变电站出线开关未配置二次重合闸且不好改造时，可通过调整线路中最靠近变电站的首台开关的来电延时时间（x 时间），躲避出线开关的合闸充电时间，然后在出线开关二次合闸时即可恢复故障点上游非故障区段的供电。

（3）对于具备联络转供能力的线路，可通过合联络开关的方式恢复故障点下游非故障区段的供电。联络开关的合闸方式可采用手动方式、遥控操作方式（具备遥控条件时）或者自动延时合闸方式。其自动延时合闸动作逻辑与电压时间型就地重合式馈线自动化的自动延时合闸动作逻辑一致。

9.2.2.4 智能分布式馈线自动化技术原理

1. 速动型智能分布式馈线自动化技术原理

速动型智能分布式馈线自动化系统构架如图 9-6 所示。2 个变电站出线开关和 5 个环网柜构成一个典型的电缆线路一次构架，1~10 号开关是环网柜的进出线开关，其中 5

号开关是联络开关。每个环网柜配置一个配电终端 DTU，DTU 之间通过本地通信网络进行通信。DTU、环网柜开关基于本地通信网络相互配合，实现故障定位、故障隔离和非故障区域供电恢复。

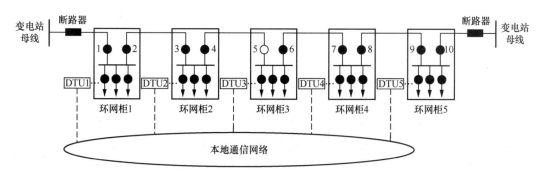

图 9-6 速动型智能分布式馈线自动化系统架构

速动型智能分布式馈线自动化逻辑动作过程如下：

（1）联络开关身份识别。有别于其他馈线自动化，速动型智能分布式馈线自动化参与速动型逻辑且当地完成恢复供电的配电终端需要识别配套的开关是否为联络开关。

环网柜配置的配电终端无法依靠自身的能力进行联络开关身份识别。通常的办法是：配电终端会和其邻近环网柜的配电终端进行通信。如果发现邻近终端都有压、相邻进出线开关为合闸状态，而且自身配套的环网柜进出线开关处于分闸状态，配电终端则可认定处于分闸状态的开关是联络开关。图 9-6 中，环网柜 3 配套的终端 DTU3 与 DTU2 和 DTU4 进行通信并获知 DTU2 和 DTU4 能检测到母线电压，同时 DTU3 能识别出环网柜的 5 号开关处于分闸状态，那么可以认定 5 号开关是联络开关。

（2）故障后启动。配电线路发生短路故障后，故障点上游开关配套的配电终端检测到故障电流，其会和邻近开关的配套终端进行通信，获取相邻开关电流是否为过电流，根据判断结果启动速断型馈线自动化。

对于接地故障，配电终端判断故障是否发生不依赖故障电流，而是依赖接地故障特征信号。其他逻辑与判断短路故障相同。

（3）故障定位。配电终端根据配套开关的故障电流是否为过电流、相邻开关是否过电流来判断故障点的位置。判断逻辑如下：如果某开关检测到故障电流，且一侧相邻开关均未检测到故障电流或没有相邻开关，可以确定故障在开关的下游，且在该开关的相邻区段。如果某开关未检测到故障电流，且一侧相邻开关检测到故障电流，可以确定故障在开关的上游，且在该开关与相邻开关之间的区段。

（4）故障隔离。故障区段上游开关配套的配电终端在故障定位完成后，控制该开关跳闸，故障上游隔离完成。故障区段下游开关配套的配电终端在故障定位完成后，控制该开关跳闸，故障下游隔离完成。

故障区段上游开关和下游开关跳闸成功后，闭锁合闸并向主站发出隔离成功信息。下游开关同时将隔离成功信息发送到联络开关。

短路故障隔离和接地故障隔离的区别在于动作时间。对于短路故障，强调故障处理的实时性，一般在故障定位完成后立即进行故障隔离动作；而对于接地故障，强调故障处理的正确性，为防止误判或为瞬时性故障，在故障定位完成后有一个延时跳闸的过程。

（5）非故障区域供电恢复。速动型智能分布式馈线自动化故障定位和隔离时间较短（200ms 以内），变电站出线开关保护还未动作，因此故障点上游非故障区段线路一直有电，不需要进行供电恢复动作。

联络开关在接收到故障区段下游开关的故障隔离信号后，根据故障前线路负荷等信息评估联络开关合闸后是否会发生过载。若过载情况不会发生，则联络开关合闸，故障点上游非故障区段线路恢复供电。

对于一次开关设备，配电网线路上的开关设备有断路器和负荷开关两种类型。因为速动型智能分布式馈线自动化类似继电保护，是在变电站保护动作前切除故障，需要带故障电流进行开关跳闸，因此配电网线路上的开关设备必须是断路器。

2．缓动型智能分布式馈线自动化技术原理

故障发生后变电站出口断路器保护动作，线路上配电终端通过交互故障信息实现故障定位隔离，并通过本地通信网络控制配电终端隔离故障区域，恢复非故障区域供电。缓动型智能分布式馈线自动化的故障定位、故障隔离方法和步骤类似于速动型智能分布式馈线自动化，非故障区域恢复供电时需要恢复变电站出口断路器，以恢复故障上游区域供电。

9.2.3 馈线自动化模式对比与应用选型

9.2.3.1 模式对比

1．主站集中式馈线自动化

（1）主站集中式馈线自动化的优点如下：

1）逻辑简单。主站集中式馈线自动化基于常规自动化思路，原理简单，开关动作次数少。

2）适应性强。主站集中式馈线自动化适用于各种网架结构和线路类型。

3）灵活性高。主站具备统揽配电自动化系统全局信息的优势。在配电网网架等调整后，主站能知悉变化并进行调整，不需要调整远方配电终端的定值。

4）功能齐全。主站集中式馈线自动化可实现故障定位、隔离、非故障区域恢复等全部配电网故障处理功能。

（2）主站集中式馈线自动化的缺点如下：

1）依赖远方通信。主站集中式馈线自动化基于主站和配电终端的远程通信实现。

2）实时性相对不高。主站集中式馈线自动化基于主站策略和远方通信实现，通常在数 10s 内完成。相比继电保护和智能分布式馈线自动化，故障定位和隔离的速度较慢。

3）依赖主站维护正确性。主站集中式馈线自动化涉及接收能量管理系统转发变电站出线开关信息、维护线路配置信息及维护主配电网模型等工作，维护工作在主站端进行。

当主站对上述信息不能进行正确维护时，集中式馈线自动化存在动作错误的可能性。

2．就地重合式馈线自动化

（1）就地重合式馈线自动化的优点如下：

1）不依赖于主站和通信。

2）开关和终端通过时序配合进行故障处理，自行就地完成故障定位和隔离。

（2）就地重合式馈线自动化的缺点如下：

1）动作逻辑相对复杂。与其他类型馈线自动化和继电保护相比，就地重合式馈线自动化依赖变电站开关多次重合闸和配电网开关多次动作进行故障定位和故障隔离。

2）动作时间较长。就地重合式馈线自动化通过开关逐级并多次动作来实现，故障处理过程在数十秒内完成。相比继电保护和智能分布式馈线自动化，动作时间较长。

3）存在定值运维工作量。在配电网网架等进行调整时，需重新计算终端时间定值并进行整定。

4）适用范围不广。因需要变电站重合闸配合，在变电站重合闸不能进行有效配合的场景，如电缆线路，不适合采用就地重合式馈线自动化。

3．智能分布式馈线自动化

（1）智能分布式馈线自动化的优点如下：

1）实时性高。速动型智能分布式馈线自动化能在 200ms 内完成故障处理，这已达到继电保护的实时性要求。在和变电站出线开关保护装置时间级差合理配置的情况下，速动型馈线自动化能在变电站出线开关保护跳闸之前切除故障。

2）就地动作。故障处理过程不依赖于主站。

（2）智能分布式馈线自动化的缺点如下：

1）依赖本地通信网络。离开本地高可靠、高速度的通信网络，智能分布式馈线自动化不能运行。

2）存在定值运维工作量。智能分布式馈线自动化依赖于本地通信网络，配电终端本地通信对象与配电网络拓扑强相关。在配电网网架等进行调整后，配电终端的通信对象有需要调整的可能。

3）适用范围不广。在不具备本地可靠通信网络的场景，如架空线路，不适合采用智能分布式馈线自动化。

9.2.3.2　应用选型

馈线自动化选型应按照因地制宜、差异化实施的原则，综合考虑供电可靠性要求、网架结构、一次设备、保护配置、通信条件以及运维管理水平。同一供电区域内应用模式不宜过多，以确保各线路的馈线自动化功能完整实现。

馈线自动化应用选型建议如下：A+、A、B、C 类供电区域架空线路宜采用主站集中式馈线自动化模式，同时为提升故障处理的实时性，宜与继电保护配合，共同完成配电线路故障定位、隔离和非故障区域恢复供电工作；D 类供电区域架空线路宜采用就地重合式馈线自动化；E 类供电区域架空线路可不采用馈线自动化，宜采用继电保护+故障指示器，实现配电线路故障区间的准确判断定位；A+类供电区域电缆环网线路优先采用智能分布式馈线自动化，前提条件是具备可靠的本地通信网络，其他电缆线路宜采用主站集中式馈线自动化。

就地重合式馈线自动化包括三种应用模式：当线路结构、运行方式发生变化时，无须调整定值，可有效减轻运维压力，B、C、D类架空线路采用就地重合式馈线自动化时，宜优先选择自适应综合型馈线自动化模式。当变电站允许带时限切除短路时，变电站出线开关可采用延时电流速断保护，此时若电缆线路采用智能分布式馈线自动化，宜采用速动型。考虑到目前配电网开关正在逐步用断路器替代，开关设备类型可不作为新建配电线路馈线自动化选型的依据。对于改造线路，如果选用速动型智能分布式馈线自动化，需确认线路配电网开关类型为断路器。

无论采用何种馈线自动化模式，都要求配电终端具备与主站通信的能力，并能将运行信息和故障处理信息上送配电主站。

馈线自动化应用选型建议见表 9-1。

表 9-1　　　　　　　　　　　馈线自动化应用选型建议

对比项	模式			
	主站集中式	电压时间型	自适应综合型	智能分布式
供电区域	A|、A、B、C 类区域	B、C、D 类区域	B、C、D 类区域	A+、A 类区域
网架结构	架空、电缆	架空	架空	电缆
通信方式	EPON、工业光纤以太网、无线	无线	无线	EPON、工业光纤以太网、无线
变电站出线开关保护要求	变电站出线开关保护配置	需配置一次或二次重合闸	需配置一次或二次重合闸	速动型智能分布式馈线自动化需实现保护级差配合
定值适应性	定值统一设置，方式调整时不需要重设	定值与配电网网架结构相关	定值自适应，方式调整时不需要重设	定值与配电网网架结构相关

9.3　配电网继电保护

9.3.1　配电网继电保护概念

1. 继电保护

在电网中，继电保护指检测电力系统故障或异常运行状态，向所控制的断路器发出切除故障元件的跳闸命令或者向运行人员发出告警信号的自动化措施与装备。其作用是保证电力系统的安全稳定运行，避免故障引起停电或减少故障停电范围。

电网继电保护的作用是保护电网稳定运行和设备安全。其应用场景有线路保护、变压器保护、发电机保护等。保护原理有过电流、差动等。继电保护的基本要求主要有可靠性、速动性、选择性、灵敏性四个方面。

（1）可靠性。主要包括不误动和不拒动两个方面：不误动指不应该动作的时候不能乱动，不拒动指该动作的时候不能不动。

（2）速动性。以满足被保护对象的需求为依据，以尽可能快的速度反应故障并发出断路器跳闸命令。

（3）选择性。保护装置只负责命令断路器切除被保护对象（即区内）发生的故障，对被保护对象以外（即区外）的故障不予动作。

（4）灵敏性。保护装置对于其保护范围内发生故障的检出及反应能力，灵敏度系数越大，保护性能越好。

2. 配电网继电保护及特点

配电网故障处理初期主要采取馈线自动化。除速动型智能分布式馈线自动化外，馈线自动化是在变电站出线保护快速动作的基础上进行故障定位和故障隔离。变电站出线保护跳闸会导致整条馈线停电，对供电可靠性造成较大影响。若给配电网线路上断路器配套的配电终端配置保护功能，与变电站出线保护形成级差配合，在故障发生后就能快速切除故障区段线路，不影响故障上游非故障区段正常供电，可大幅度减小故障停电影响范围。

目前，采用继电保护技术处理配电网故障逐步被行业所接受。配电网继电保护是指利用配电终端保护功能，在配电网故障发生时控制继电器，快速切除发生故障的元件（配电线路、配电变压器等），保障配电网的安全运行。

相比输电网，配电网继电保护有自己的一些特点：

（1）保护目的。配电网故障不会对整个电力系统运行的稳定性带来实质性影响，配电网故障的主要危害是威胁配电设备的安全，如引起变压器、线路的损坏。

（2）故障类型。配电网故障类型没有输电网故障类型复杂，主要是短路故障和小电流接地故障。对于短路故障，和输电网线路保护类似，保护的动作判据主要是过电流；对于小电流接地故障，利用故障的暂态特征信号作为保护动作判据。

（3）保护要求。配电网继电保护性能没有输电网的要求高，特别是在速动性方面。输电网的有些主设备保护动作要求很快，继电保护装置采取半波（10ms）采样以减少动作出口时间。配电网保护的目的主要是确保配电网设备安全，配电网设备有一定的故障耐受性，因此配电网保护动作没有要求很快。相反，由于配电网扰动信号要比输电网扰动信号高，配电网保护须防误动。配电网保护应与变电站出线保护速动性要求一致，允许带有一定的延时动作。

（4）经济性。由于配电网点多面广，现场情况复杂，因此配电网继电保护功能的实现成本应可控，能够满足基本电网安全即可。经济性是配电网继电保护能够推广应用的基础。

3. 配电网的自动重合闸

自动重合闸是指电力系统发生故障时，因保护跳开的断路器按需要再自动投入。配电网自动重合闸与输电网的类似。配电网架空线路短路故障绝大部分是瞬时性的，在断路器跳闸后，其绝缘往往能够自动恢复。因此，在架空线路中，配电终端需要投入自动重合闸功能，在瞬时性故障情况下恢复全部或部分馈线段供电。考虑到配电网电缆线路的短路故障多数是永久性的，因此电缆线路配电网继电保护不需要投入重合闸。配电网中存在不少架空、电缆混合线路其自动重合闸功能可采取以下投入原则：一条线路中架空线路长度占比在20%以上，出线开关过电流保护可投入自动重合闸功能；在架空线路与电缆线路的交界开关处，以及架空线路上，配电终端如投入过电流保护，可同时投入自动重合闸功能。

4. 配电网继电保护的优缺点

配电网继电保护动作迅速，不依赖通信网络，对配电网设备能够起到有效的保护作用，同时能够减小配电网故障停电的范围，这是配电网继电保护的优点。它也有一定的缺点：

（1）故障隔离精细度不够。受制于时间级差配合空间，配电网的级差设置不能覆盖全部分段，大部分情况下主干线路分段开关不能配置级差保护。这将导致配电网主干线路发生故障时，故障跳闸的不是故障点紧邻的上游配电开关，而是距故障点位置较远且配置级差保护的开关，如变电站出线开关。

（2）存在越级跳闸的可能。在馈线出线开关配置瞬时速断保护跳闸时，在其保护范围内若发现三相短路故障，馈线出线开关将即刻跳闸，它与配电网开关无法形成有效级差。这种情况下，故障定位是不清晰的。

（3）非故障区域恢复供电能力有限。配电网故障后至多只能恢复跳闸开关上游非故障区域供电，对故障点下游非故障区域恢复供电无能为力。

（4）工作量大且可能随网架结构调整而调整。配电网开关的级差保护定值现场整定工作量大，且存在可能跟随网架结构变化调整的可能性。

9.3.2 配电网继电保护类型

配电网故障主要是短路故障和接地故障，对应的继电保护主要是电流保护和接地保护。配电网还有其他一些故障，如过电压和欠电压故障，配电网继电保护还有方向保护、差动保护等，因为它们不是主流故障处理技术，这里不予阐述。

1. 电流保护

电流保护是配电网应用最普遍的一种保护类型。在配电网发生三相或相间短路时，相电流会显著上升。在采用小电阻接地系统的配电网发生接地故障时，零序电流会显著上升。电流保护利用电流显著上升的特征实现保护，动作迅速且简单可靠。

配电网电流保护主要采取三段式电流保护，简称级差保护。它包括瞬时电流速断保护、限时电流速断保护及定时限过电流保护，通常分别称为Ⅰ段、Ⅱ段及Ⅲ段保护。

电网中，为了有效减小故障停电范围，实现保护选择性。电流保护通常采用级差方法实现各级开关保护的配合，形成整条线路保护系统的故障处理机制。电网电流保护级差配合的方式有电流级差和时间级差。

短路故障发生时，线路上各级保护检测到的故障电流由电源向故障点逐步减小。电流级差是指利用各级保护电流定值从电源侧起始逐步递减的特性，实现保护动作选择性。时间级差是指利用各级保护时间定值从电源侧起始逐步递减的特性，实现保护动作选择性。配电网馈线电缆长度通常不大（5km 以内），各级故障电流逐步减小不明显，采用电流级差形成保护选择性的效果不好。可保证配电网保护选择性的级差方式主要是时间级差。

根据配电网开关整组保护动作时间及其稳定性，配电网时间级差值Δt 通常取 0.1～0.2s。各级保护时间级差值累计之和应小于变电站出线保护时间定值。如果变电站过电流Ⅱ段保护定值为 0.5s，时间级差值为 0.2s，馈线上能够形成的级差数就是 3。这种情况下，通常将变电站出线开关、分支开关和分界开关投入保护，形成级差配合。时间级差值若能减少为 0.15s，馈线上能够形成的级差数就是 4。这种情况下，除变电站出线开关、分支开关和分界开关外，可选择一个分段开关投入保护，使故障处理更加精细。

2．接地保护

（1）配电网接地保护原理。配电网接地故障是指线路上某相因故与大地接触。目前，国内配电网有两种不同的接地（系统源侧接地）方式，分别是小电阻接地系统和小电流接地系统。接地方式不同，故障特征也不同。在小电阻接地系统中，接地故障的故障特征是零序过电流，这个与短路故障相过电流相似，因此将其故障保护列入电流保护范畴。这里主要讨论小电流接地系统，接地故障后的保护动作，这里称为接地保护。

采用小电流接地系统的配电网在发生单相接地故障后，可继续运行一段时间。我国配电网运行规程允许小电流接地系统带接地故障运行 2h。在实际运行中，若长时间带接地故障运行，对于配电线路，特别是电缆线路，会加重对故障点绝缘的破坏，逐步演化为相间短路故障。如果发生永久性接地故障，保护能够动作，切除故障线路，能有效减少故障危害。同时，接地故障会导致接地区域发热，有安全隐患，在山林地区可能引发重大事故。考虑到接地故障检测能力逐步发展成熟，国家电网公司等已修改相关规程，要求采用小电流接地系统的配电网在发生单相接地故障时，配电网开关能够动作，切除故障。这里将采用小电流接地系统的配电网中，检测到接地故障特征并判断发生永久性接地故障后，延长一段时间发出跳闸命令的动作过程，称为接地保护。

接地保护中接地故障判断方法相对比较复杂，目前常用的是暂态功率方向和相不对称等方法。由于目前尚无相关标准给出特征定值的整定规定，也不具备通过故障特征形成级差的应用条件，因此在工程中，采用小电流接地系统的配电网发生接地故障后，故障点上游配电开关直至变电站出线的选线装置，都应被判为发生了接地故障。接地保护原理如图 9-7 所示。

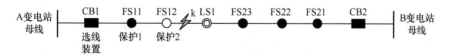

图 9-7　接地保护原理

CB—出线开关；FS—分段开关；LS—联络开关；k—故障点

接地保护时间定值整定的原则是与下一级保护的定时限过电流保护形成动作时差。采用小电流接地系统的配电网在接地故障发生后还能运行一段时间，常规地区接地保护速动性要求不高；同时，考虑到要给接地可靠判断留有一定计算空间，接地保护时间级差可取 5～6s。在山林等特殊地区，对接地保护速动性的需求要高于可靠性，接地保护时间级差可缩短到 1s。

（2）配电网接地保护级差配合。在采用小电流接地系统的配电网中，通过接地保护级差配合系统性地进行接地故障处理，是目前在推广的技术路线。

目前能够实用的接地保护级差是时间级差。依次参与接地级差的设备主要有变电站出线开关（配套选线装置）、分段开关（配套具备接地保护功能的配电终端）、分支开关（配套具备接地保护功能的配电终端）、分界开关（配套具备接地保护功能的配电终端）。一般来说，变电站出线开关、分支开关和分界开关三级级差形成配合，解决接地故障问题，是比较合理的模式。三级级差接地保护模式中，分界开关动作延时可设为 6s，保护时差可设为 6s，变电站选线装置的动作延时可设为 20s。

9.3.3 配电网自动重合闸模式与要求

架空线路或以架空线路为主的架空、电缆混合线路瞬时性故障多发，这种场景下投入配电网保护时应投入自动重合闸功能，避免瞬时性故障保护动作引起线路失电。

1. 配电网自动重合闸模式

电网自动重合闸有前加速重合闸和后加速重合闸两种模式。前加速重合闸是指故障发生时，保护不区分定值差异即刻动作，然后在时限达到后重合，重合于永久性故障时按照故障定值和时间定值进行保护动作；后加速重合闸是指故障发生时，保护先按照故障定值和时间定值进行保护动作，然后在时限达到后重合，重合于永久性故障时即刻分闸。

在配电网中，前加速重合闸主要应用于分支线路采用熔断器进行保护的场合。为防止瞬时性故障引起熔断器烧毁，扩大故障停电范围，变电站出线开关配置前加速重合闸，在配电网分支线路上出现瞬时性故障时即刻动作。后加速重合闸主要应用于分支线路采用二次装置完成保护功能的场合，便于级差保护的实施。

我国配电网中，主要采用后加速重合闸模式，很少采用前加速重合闸模式。

2. 配电网自动重合闸要求

自动重合闸是为了避免保护动作于瞬时性故障。重合闸成功率表示避免保护动作于瞬时性故障的成功程度。因为瞬时性故障存在连续散发的可能，自动重合闸成功率不足 100%。据统计，一次自动重合闸成功率在 83.25%，因此设计了多次重合闸。

二次自动重合闸是指在一次重合闸失败后，延续一段时间后进行第二次重合闸尝试，若合于故障则即刻分闸。三次自动化重合闸是指在二次自动重合闸失败后，再进行一次重合闸尝试。据统计，二次自动重合闸成功率在 93%，三次自动重合闸成功率在 95%。

自动重合闸次数的增加会提升重合闸成功率，也会带来负面影响，主要表现为：对于配电网设备，如变压器、开关等，受故障电流冲击影响加大，设备寿命减小；电压暂降次数增加，用户用电受到影响。因此，重合闸次数的选择需综合考虑。目前，国内配电网重合闸次数以一次居多，部分地区采用二次重合闸。三次重合闸对重合闸成功率的提升有限，在配电网中基本没有应用。

一次自动重合闸的动作时限一般整定为 1s。动作时限过长，用户短时停电时间长，对用户用电质量有影响；动作时限过短，一般的瞬时性故障还没有消失，配电网电弧和异物碰线这类故障通常要数百毫秒的消失时间。将一次重合闸动作时限设为 1s 是基于重合闸成功率以及用户用电质量的综合考虑。考虑到开关操动机构的蓄能时间，二次重合闸的动作时限宜设为 15s。

9.4　配电网继电保护与馈线自动化的配合

继电保护与馈线自动化是配电网故障处理的两种技术路线。这两种技术路线在独立应用时各有其优缺点。在现场应用中，这两种故障处理技术路线可以相互配合，取长补短。级差保护和主站集中式馈线自动化相配合是目前应用最普遍的故障处理方式，级差保护与就地重合式馈线自动化相配合，在架空线路的故障处理中也有应用。

9.4.1　配电网继电保护+主站集中式馈线自动化

1. 协同应用方式

配电网继电保护和主站集中式馈线自动化相互协同处理故障的基本原则是：以继电保护为主保护，主站集中式馈线自动化作为继电保护故障处理的后备；非故障区域恢复供电以主站馈线自动化为主，在继电保护重合闸（如配置）动作的基础上，根据全线路源网荷信息，实现最优恢复供电策略。

（1）短路故障处理。配电网继电保护处理短路故障时主要采取级差保护。级差保护和主站集中式馈线自动化协同处理故障的方式是：

1）以级差保护为主保护，在配电网线路发生故障时，级差保护首先动作，切除故障，得到故障处理的初步结果。

2）变电站出线保护、配置保护功能的配电终端将电流保护动作信息上送配电主站，其他配电终端将短路故障判断信息上送配电主站。

3）配电主站以配电线路所有具备级差保护出口开关的保护动作/事故总和开关分闸等遥信信息配置为启动主站集中式馈线自动化的条件。

4）配电主站根据配电终端等上送的短路故障告警信息进行故障区间判断，实现故障区间精细隔离，同时对继电保护误动、拒动等情况进行补救。

5）配电主站实现非故障区域恢复供电。

（2）接地故障处理。小电阻接地系统单相接地故障参照短路故障处理模式，利用零序电流保护，采用"级差保护+馈线自动化"配合的保护模式，实现单相接地故障就近快速切除以及非故障区域恢复供电。中性点不接地/经消弧线圈接地系统，配电网继电保护处理短路故障时主要采取级差保护，其与主站集中式馈线自动化协同处理故障的方式是：

1）以级差保护为主保护，在配电网线路发生故障时，级差保护首先动作，切除故障，得到故障处理的初步结果。

2）变电站选线装置、配置接地保护功能的配电终端将电流保护动作信息上送配电主站，其他配电终端将短路故障判断信息上送配电主站。

3）配电主站综合利用变电站选线装置、母线接地告警信号/母线电压越限信号，以及配电终端接地保护信号等，启动故障研判功能。

4）配电主站根据配电终端等上送的接地故障告警信息进行故障区间判断，实现故障区间精细隔离，同时对继电保护误动、拒动等情况进行补救。

5）配电主站实现非故障区域恢复供电。

2. 协同应用案例

下面结合配电网典型线路说明集中式馈线自动化与继电保护协同动作的过程，其应用案例如图 9-8 所示。

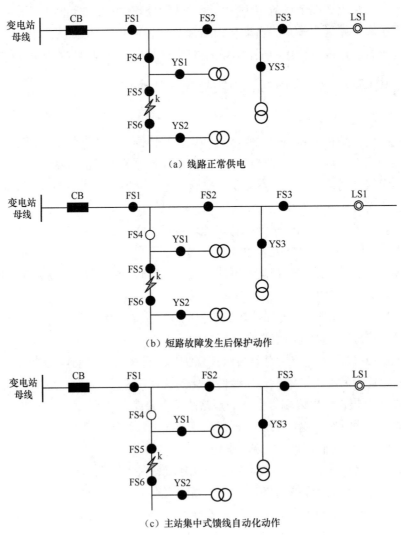

（a）线路正常供电

（b）短路故障发生后保护动作

（c）主站集中式馈线自动化动作

图 9-8　继电保护+主站集中式馈线自动化应用案例
CB—出线开关；FS—分段开关；YS—分界开关；LS—联络开关；k—故障点

（1）线路正常供电，如图 9 - 11（a）所示。CB 是变电站出线开关，FS1/FS2/FS3 是主干线路分段开关，LS1 为动合联络开关；FS4 是大分支开关，FS5/FS6 为分支线路分段开关，YS1/YS2/YS3 是分界开关。CB、FS4 和 YS1/YS2/YS3 配置了级差保护功能。

（2）短路故障发生后保护动作，如图 9 - 11（b）所示。FS1 点发生永久性短路故障，FS4 过电流保护跳闸并重合闸，因重合于故障而加速跳闸。

（3）主站集中式馈线自动化动作，如图 9 - 11（c）所示。主站根据 FS4 保护动作信息启动主站集中式馈线自动化。根据 FS1/FS4/FS5/FS6 的故障报警信息，确定故障在 FS5 和 FS6 之间。主站遥控 FS5 分闸，遥控 FS4 合闸，实现故障精确定位和隔离，以及故障区域恢复供电。

在本例中，故障发生在分支线路。因分支线路上未设置联络开关，未体现故障点下游非故障区域恢复供电。若故障发生在主干线路，主站在实现故障隔离后，可控制 LS1 合闸，实现故障点下游非故障区域恢复供电。

9.4.2　配电网继电保护+就地重合式馈线自动化

1. 协同应用方式

配电网继电保护和就地重合式馈线自动化相互协同处理故障的基本原则是：线路上的分段（分支）开关、联络开关选用一/二次融合断路器，将"失电压分闸"策略变更为"失电压不分闸""检故障加速分闸"；对于瞬时性故障，线路开关不分闸，出线开关一次重合闸恢复全线供电；对于永久性故障，出线开关重合闸时，线路开关加速分闸，再逐级重合闸隔离故障。

（1）短路故障处理。配电网继电保护和就地重合式馈线自动化协同处理故障的逻辑是取消开关失电压分闸功能，保留来电延时合闸、分位短时来电（小于 x 时限）反向闭锁功能，修改合闸至故障加速保护分闸、分闸后正向闭锁等逻辑，优化 x 时限、y 时限。增加失电压后合位来电检故障加速保护功能、失电压后合位短时来电分闸功能、失电压后合位短时来电分闸并反向闭锁功能，其需要优化逻辑如下：失电压后合位来电检故障加速保护，该功能与出线开关重合闸配合，重合闸在故障时，故障前分段开关合位来电检故障加速保护分闸，避免出线开关再次跳闸。失电压后合位短时来电分闸，该功能与开关原有的分位短时来电反向闭锁功能配合，实现故障点后的分段开关隔离。失电压后合位短时来电分闸，出线开关重合于故障时，故障点前分段开关加速分闸，故障点后的各个分段开关均感受到短时来电，自动分闸。失电压后合位短时来电分闸并反向闭锁，首个分段开关启用该功能，检测到 1 次短时来电即分闸并反向闭锁。合闸至故障加速保护分闸，分段开关合闸至故障时，检故障加速保护分闸。联络开关，单侧失电压后经延时自动转供。增加单侧失电压后 2 次短时来电闭锁合闸功能。

配电网继电保护和就地重合式馈线自动化协同处理故障的逻辑是协同处理故障的方式是：

1）在配电网线路发生故障时，出线开关首先动作，线路开关保持原状。

2）出线开关重合，若是瞬时性故障重合成功，恢复正常供电。

3）若是永久性故障，故障前分段开关失电压后合位来电加速保护分闸，合闸至故障加速保护分闸并闭锁，实现故障前端隔离。

4）联络开关单侧失电压后合闸，故障后分段开关失电压后合位来电加速保护分闸，单侧有压延时合闸至故障加速保护分闸并闭锁，实现故障后端隔离恢复。

（2）接地故障处理。接地故障采用多级保护，配置主干线分段开关为保护节点，保护节点分段开关应配置接地故障合闸加速，小电流接地加速采用零序电压加速、延时小于 y 时限大于下级分段开关切除故障后零序电压消失时间。

配电网继电保护和就地重合式馈线自动化协同处理故障的逻辑是协同处理故障的方式是：

1）故障发生后，故障前分段开关保护分闸，故障后分段开关保持合闸。

2）故障前分段开关有压延时合闸，若为瞬时性故障合闸成功，线路恢复运行。

3）若是永久性故障，故障前分段开关零序电压加速保护分闸，并正向闭锁（y 时限），故障前端隔离。

4）联络开关单侧失电压后延时合闸于故障，故障后分段开关加速保护分闸。

5）故障后分段开关依次单侧有压延时合闸至故障后检零序电压加速分闸，实现故障后端隔离。

2．协同应用案例

继电保护+就地重合式馈线自动化应用案例如图 9-9 所示。

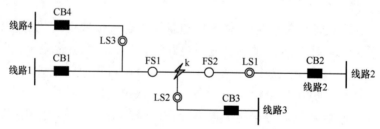

图 9-9　继电保护+就地重合式馈线自动化应用案例
CB—出线开关；FS—分段开关；LS—联络开关；k—故障点

线路正常供电时，CB1 是变电站出线开关，FB1/FB2 是主干线路分段开关，LS1/LS2/LS3 为动合联络开关。CB1、LS1 配置了级差保护功能。

区段短路故障动作逻辑如下：①故障发生后，CB1 保护分闸，FB1、FB2 保持合闸；②CB1 在 2s 后重合，瞬时性故障处理成功，恢复正常供电；③当发生永久性故障时，FB1 失电压后合位来电，加速保护分闸，FB1 单侧有压延时 3s 合闸，合闸至故障时加速保护分闸并闭锁，实现故障前端隔离；④LS1 单侧失电压后，延时 14s 合闸，FB2 失电压后合位来电，加速保护分闸，FB2 单侧有压延时 3s 合闸，合闸至故障时加速保护分闸并闭锁，实现故障后端隔离恢复。

9.5　配电网故障处理技术拓展

9.5.1　有源配电网故障处理

1. 有源配电网对中压故障处理影响

配电系统故障主要包括短路故障和接地故障。参照行业情况和专家研究成果，有源配电网对中压接地故障特征不产生影响，因此原有配电网接地故障处理策略不需要发生变化，这里不予阐述。

有源配电网对短路故障的影响，主要取决于有源配电网的容量与馈线载流量的比例，比例不同，所产生的影响也有差异。

（1）在有源配电网接入容量不超过线路额定容量 25% 的情况下，对电缆馈线、架空馈线大部分（供电半径在 6.3km 以内）的故障处理基本无影响。配电网馈线自动化、继电保护等故障处理机制不需要进行调整。因存在合闸于有源线路的风险，重合闸等故障恢复策略需进行适度调整。如现场配电终端投入重合闸，重合闸延时时间设定在 2s 以上（如 3s），应大于分布式电源脱网时间；现场互感器配置满足条件时，配电终端应投入检无压合闸功能。

（2）在有源配电网接入容量超过线路额定容量 25%、供电半径较长的情况下，影响短路电流信息定位故障规则，需对配电网馈线自动化和继电保护等故障处理机制进行适当调整。在满足（1）要求的基础上，配电终端改造措施：合理调整终端故障判断定值，以低于最大负荷电流及大于实际最大负荷电流的 1.2 倍为整定原则。配电主站改造措施：综合出线开关、分布式电源并网开关反向过电流告警信号以及配电网开关过电流告警信号作为集中式馈线自动化的启动条件，集中式馈线自动化应综合考虑分布式电源脱网前和脱网后的动作信号。

（3）在有源配电网接入容量超过线路额定容量 60% 的情况下，反向故障电流可能引起故障误判。配电网馈线自动化和继电保护等故障处理机制需考虑方向制动。在满足（2）要求的基础上，配电终端改造措施：增加故障方向元件。配电主站改造措施：集中式馈线自动化故障判断应结合终端故障电流方向等关键信息。

2. 有源配电网对低压故障处理影响

目前，低压线路主要依赖低压开关保护进行故障处理。存在合闸于有源线路的风险时，低压重合闸时间需进行调整。重合闸延时时间设定在 2s 以上（如 2.5s），应大于分布式电源脱网时间，并为分布式电源并网开关保护动作留下动作空间。现场具备条件的应投入检无压合闸功能。

在有源配电网接入容量超过线路额定容量 25%、供电半径较长的情况下，流经低压开关的故障电流受分布式电源反向故障电流影响，可能导致开关不动作。考虑到这种情况下故障电流小于额定电流，不影响系统安全，此时对低压保护速动性的要求不高。可在分布式电源脱网后，故障电流不受分布式电源影响时，低压开关根据故障电流保护动作。

9.5.2　低压保护技术

1. 常规低压保护

在低压供电系统中进行故障处理时,主要依赖低压开关的保护功能实现。低压开关保护主要包括过电流保护和漏电保护。同时,为了保证人身安全,低压设备要求采取保护接地措施。

(1) 过电流保护。过电流保护包括短路保护和过载保护两类。短路保护的动作时间要短,其动作值设定较大,在很短的时间内切断电源电磁式继电器和电子式继电器均可实现短路保护。过载是指实际流过电气设备的电流既超过其额定电流,又超过允许的过电流时间。过载保护的动作时间与过载电流的大小有关,其动作值设定小于短路保护的动作值,动作延时取决于过载程度。过载程度越大,延时越短;过载程度越小,延时越长。过载保护可由电磁式继电器、电子式继电器和热继电器实现。

(2) 漏电保护。在低压馈电线上,应装设检漏保护装置或有选择性的漏电保护装置,确保能自动切断漏电的馈电线路。漏电保护主要安装在保护接地系统,当相线接触设备外壳发生碰壳故障时,故障电流通过设备外壳接地电阻,经大地流回电源,故障电流较小,无法采用过电流保护。因此,保护接地系统必须装设剩余电流保护器,实施剩余电流总保护和末端保护,必要时实施中级保护,各级剩余电流保护装置的动作时间、动作阈值相互配合,实现具有选择性的分级保护,保障人身安全。漏电保护包括非选择性漏电保护、选择性漏电保护,选择性漏电保护采用的是零序电流保护原理。当未发生漏电时,一次侧三相电流对称,其电流相量和为 0,二次侧无电流输出;当发生漏电时,一次侧三相电流不对称,其电流相量和不为 0,二次侧有电流输出。

(3) 保护接地。为了保证人身安全,把电气设备的外壳与大地之间用导线连接起来,使其电位降低到安全范围内。此时,人身触电电流值小于安全电流值,足以防止人身触电事故的发生。36V 以上和由于绝缘损坏可能带有危险电压的电气设备的金属外壳、构架、铠装电缆的钢带或钢丝、铅皮或屏蔽护套等必须有保护接地。接地保护包括系统接地保护、局部接地保护。采用接地保护措施,在线路中没有安装漏电保护的情况下,可以保护人员避免触电危险;在线路中装设漏电保护的情况下,当设备外壳漏电保护跳闸时,可切断故障点,通过漏电保护器保护人身安全。

2. 防触电保护

在低压保护中,如何保护人身安全至关重要。在实际使用中,传统漏电保护因为现场施工不规范、线路绝缘破损、大量电力电子设备接入等,导致被保护线路正常运行时泄漏电流过大,超过中级保护和总保护的动作阈值,使得漏电保护功能频繁动作或根本无法投入。而低压线路错综复杂,又多埋于地下或墙体,使得查找和排除漏电点异常困难,只能将总保护和中级保护处的漏电保护功能退出投运。虽然接地保护可以在未投入漏电保护功能的情况下保护人员避免触摸外壳的触电危险,但是无法保护人员避免除触摸金属外壳之外的触电危险。人员触电故障作为目前电气安全的漏洞,具有间歇性与不确定性,其发生位置与发生时间难以察觉,很容易与其他类型故障混淆,从而引发保护电器的误判，造成不必要的断电。针对人身触电故障，目前主要包括特征波形对比法和暂态波形判断法。

（1）特征波形对比法。触电信号特征波形对比法涉及的相关研究主要包括触电电流的特征提取以及触电类型的状态识别。目前，主要利用小波包分析、希尔伯特-黄（Hilbert-Huang transform，HHT）变换、人工神经网络、局部均值分解理论等信号处理方法，实现了触电信号电力参数的精确、快速提取；在特征提取和检测的基础上，进一步提出了触电故障类型的固有模态分量诊断方法，改变了现有方案依赖经验判断故障类型的局限，提供了利用反向传播神经网络及支持向量机等人工智能算法的检测方法，在样本充足时更具优势。单纯采用时域或频域的检测方法并不能获取完整的触电故障特征，无法同时反映其幅值与频率的实时变化；而运用时域和频域的联合分析方法，在分析非线性、非平稳信号的特征信息方面则取得了更多成功应用。

（2）暂态波形判断法。暂态波形判断法主要利用漏电流的突变量来判别是否有人身触电故障发生。首先由零序电流互感器测得三相四线线路上的剩余电流信号，通过脉冲检测，鉴别出电网线路中的剩余电流是突变漏电电流还是缓变漏电电流。在检测突变漏电电流的同时，通过三个电流互感器，分别检测三相线路上的相线电流，依据电网线路上发生突变漏电电流时相线负荷电流的变化状态，鉴别该突变漏电电流是由人体触电产生的还是由电气设备投切所产生的。若突变漏电电流产生的同时，对应的相线电流没有发生变化，则该突变漏电电流是由人体触电产生的；若突变漏电电流产生的同时，对应的相线电流也发生变化，则该突变漏电电流是由电气设备投切所产生的。

上述两种方法各具优势：特征波形比对法需要对触电电流的时频暂态特征进行提取，以生物触电故障的电流信号为研究对象，通过分析获取触电电流的频域特性；暂态波形判断法通过鉴相检测技术，甄别出突变漏电电流的相位，查找突变漏电电流的故障源，同时与其负荷大小的变化状况相对照，进一步甄别出突变漏电电流是由人体触电产生的，还是由电网或电气设备产生的。特征波形比对法的准确性相较暂态波形判断法要更高，但是特征波形比对法的识别时效更长。

9.6　直流配电网保护

新型配电系统下电能的供给、配送、消费环节直流化特征日趋明显，传统交流配电方式存在承载力受限、电能变换环节多且效率低等问题，构建高效、高可靠的直流配电系统，成为转变供电模式、提高用电能效、促进能源变革的重要途径。与传统的交流配电网相比，直流配电网在系统架构、接地方式、工作模式、控制策略等方面均有较大差异，因此交流系统的保护配置方案不再完全适合于直流系统。另外，相比高压直流输电，柔性直流配电网包括交流系统、换流器、直流-直流（DC-DC）变压器、直流线路、分布式电源、储能以及负载等多个部分，任何一部分发生故障都有可能影响整个直流配电网的运行可靠性。

直流配电网保护是实现直流配电网安全运行的重要技术手段。本节首先围绕直流配电网故障分析展开,对直流配电网故障区域进行了划分,分析了每个故障区域内各种故障类型的特点和影响;其次介绍了直流配电网保护分区及配置;最后重点介绍了直流方向过电流、直流电压及直流电流差动等保护原理。

9.6.1 直流配电网故障类型

为了便于故障分析,根据故障位置的不同将直流配电网故障划分为交流电网侧故障、换流器故障、直流侧故障和负荷及分布式电源侧故障 4 种类型,对应 4 个保护分区,如图 9-10 所示。下面分析每个故障区域的故障类型和影响。

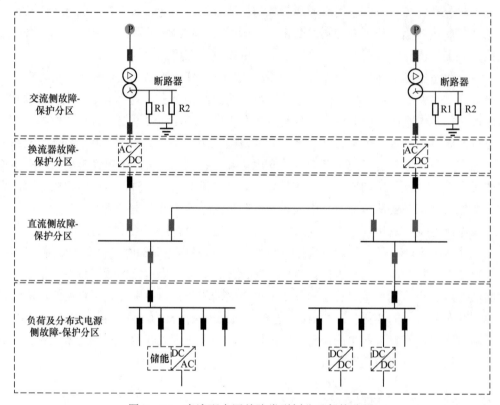

图 9-10 直流配电网故障类型划分及保护分区

1. 交流侧故障

交流电网与直流配电网进行功率的双向流动,从而保证直流配电网的功率平衡。当交流电网侧发生故障时,将影响直流配电网的电压水平和功率平衡。交流电网侧故障主要有短路故障和断线故障,其中短路故障又分为单相短路、两相短路、两相短路接地、三相短路故障。当交流电网侧发生不对称故障时,首先会引起交流电压、电流三相的不平衡,出现负序分量,经过交流-直流(AC-DC)换流器后会引起直流侧电压的波动。对于暂时性故障来说,系统经过一段时间的过渡会逐渐恢复到正常运行状态;而对于永久性故障来说,则需通过交流电网侧的断路器切断故障,避免对直流侧造成更大的影响。

2．换流器故障

直流配电网中有交流-直流（AC-DC）、直流-直流（DC-DC）、直流-交流（DC-AC）等各种类型的换流器，它们的正常工作对系统的电压稳定和功率平衡至关重要。然而，当换流器中的开关发生开路、短路等故障时，换流器本身会闭锁保护退出运行，这将会打破系统的功率平衡，对系统的运行产生影响。

3．直流侧故障

直流侧故障主要指直流母线和直流线路故障，根据故障类型可分为短路故障和断线故障。短路故障比较常见，主要有极间短路故障和单极接地故障两类，如图 9－11 所示。极间短路故障是指发生在正负母线之间或正负线路之间的短路故障；单极接地故障是指发生在某一极母线或线路与地之间的短路故障。对直流配电网来说，直流侧极间短路故障是最严重的故障，其故障电流大、上升速率快，造成的破坏和威胁最大。由绝缘故障引起的单极接地故障是直流系统中比较常见的故障，属于高阻接地，故障电流小，系统可持续运行。但是，直流配电网的单极接地故障发生后如不及时处置，可能发展成极间短路故障，导致整个直流配电系统无法稳定运行。

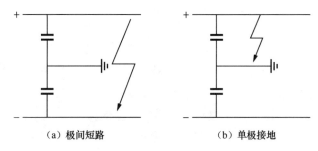

（a）极间短路　　　　　　　　　　（b）单极接地

图 9－11　直流侧短路故障

4．负荷及分布式电源侧故障

直流配电网通过直流-交流（DC-AC）逆变器向交流负荷供电，通过直流-直流（DC-DC）变换器或直接向直流负荷供电。此外，直流配电网通过各种电力电子变换器接入了光伏、风电、燃料电池、储能等各种分布式电源。当这些交直流负荷和分布式电源发生短路等电气故障或遭受意外破坏等硬件故障时，一般可及时通过本身的保护或相应的电力电子变换器将故障隔离，但这会造成直流配电网功率的失衡和电压的波动。一般情况下，在故障隔离后，直流配电网会逐渐恢复到正常运行状态。

9.6.2　直流配电网保护分区及配置

根据系统故障区域和所要保护的对象功能的不同，可将直流配电网保护划分为交流电网侧保护、换流器保护、直流侧保护和负荷及分布式电源侧保护 4 个保护分区。

1．交流电网侧保护

交流电网侧保护可分为换流变压器保护、交流侧电抗器保护、交流线路保护和交流母线保护。交流电网侧保护可借鉴交流电网和高压直流输电交流侧的保护方案。对交流母线采用差动保护和电压异常保护，对换流变压器采用差动保护、过电流保护、中性点偏移保护和变压器本体保护等。

2. 换流器保护

换流器的保护与已有直流系统的保护区别不大，主要有过电流保护、过电压保护、开关器件短路保护、冷却系统保护等。

3. 直流侧保护

直流侧保护包括直流母线保护和直流线路保护。直流母线短路故障会影响所有连接在母线上的换流器和负荷的正常工作，且短路电流大，因此要求保护快速动作，尽可能地减小故障的波及范围和损失，一般配置直流母线电流差动保护、过电压保护、低电压保护等。线路保护则需要尽可能满足选择性要求，实现上下游线路保护间的配合，最大限度地缩小停电范围，一般采用直流低电压过电流保护作为主保护，直流线路过电流保护作为后备保护，在保护动作出口后，由直流线路差动保护实现极间故障定位，由直流线路横差保护实现单极接地故障定位。

4. 负荷及分布式电源侧保护

负荷及分布式电源侧保护区域包括直流负荷、通过逆变器接入的交流负荷、光伏和风电等分布式电源。该保护分区内可能发生的故障有短路、过载等。储能电池通过双向换流设备接入直流配电网，在保护设计时需考虑其能量流动的双向性。直流负荷保护主要有直流过电流（方向）保护、电流变化量保护、直流低压保护等。交流负荷保护主要有交流过电流（方向）保护、零序电流保护、低/过电压保护等。在分布式电源侧配置两段过电流（方向）保护、电流变化量保护、零序电流保护、低/过电压保护、低/过频率保护。负荷及分布式电源接入直流配电网的电力电子变换器本体保护可作为各线路上的负载或电源的后备保护。

9.6.3 直流配电网保护原理

直流配电网保护的关键在于直流侧保护，本节将主要分析直流侧保护。根据保护特点的不同，直流侧保护可分为单元保护和非单元保护。单元保护有明确的保护范围，如直流差动保护对保护范围外的故障始终不动作，无法起到后备保护的作用。非单元保护没有非常明确的保护范围，只要达到其整定值即可动作，在很多情况下可以作为其他保护的后备保护，但是需要保护间的配合。过电流保护是非单元保护，有良好的反应速度，然而由于直流配电网的特殊性，其保护配合比较困难，难以保证保护的选择性。

1. 直流低压方向过电流保护

在直流电路中，由于电流只有正、负两个方向，因此可以通过比较电流方向和设定的保护方向来判断是否需要做出保护动作。通常采用静态换流器实现电流方向的检测。通过比较直流电路中两个或多个点的电流值的大小，可以判断是否超过了设定的阈值。针对直流系统中的电流反向故障，即电流方向出现突变的情况，可通过检测电流方向的变化，判断故障位置和类型，并切断故障部分的电源，实现故障隔离。可通过电流超过

定值，极电压小于低电压定值，同时满足功率正方向来判断故障，其判据为

$$I_j > I_{set} \text{ 且 } U_j < U_{set} \tag{9-1}$$

式中：I_j 为直流电流测量值；I_{set} 为直流过电流保护的电流定值；U_j 为直流电压测量值；U_{set} 为直流过电流保护的电压定值。

2. 直流电流变化量保护

检测当前时刻直流系统的电流值和前一时刻的电流值之差，如果差值超出了预设值，则说明系统存在电流异常。此时，保护装置将立即动作，切断故障电路的电源，以避免故障扩散和给设备带来损害。电流变化量保护的主判据为

$$\Delta I_{max} > \Delta I_{set} \tag{9-2}$$

式中：ΔI_{max} 为最大电流变化量；ΔI_{set} 为电流变化量定值。

3. 直流母线电流差动保护

基于基尔霍夫电流定律的电流差动保护能有选择性且灵敏快速地切除保护范围内的故障。直流母线上连接的元件较多，为满足选择性和速动性的要求，一般采用电流差动保护。其基本原理是，在规定的电流正方向下，当直流母线上发生极间短路时，所有与母线相连的元件都向短路点提供短路电流，则测量电流之和

$$\sum_{j=1}^{m} I_j = I_f \tag{9-3}$$

式中：I_f 为短路点总的短路电流。

利用流入直流母线的电流在内部短路时有很大的短路电流、正常运行和外部短路时几乎为零的差异，构成直流母线电流差动保护。

差流启动元件

$$\left| \sum_{j=1}^{m} I_j \right| > I_{cdqd} \tag{9-4}$$

式中：I_{cdqd} 是差动保护启动电流定值。

比率差动元件

$$\left| \sum_{j=1}^{m} I_j \right| > I_{cdzd} \tag{9-5}$$

$$\left| \sum_{j=1}^{m} I_j \right| > k \sum_{j=1}^{m} \left| I_j \right| \tag{9-6}$$

式中：I_{cdzd} 为差动保护动作电流定值；k 为差动保护比率制动系数。

直流线路电流差动保护与直流母线电流差动保护的原理相同，不同点是直流线路电流差动保护采用的是直流线路两端的电流之差作为短路故障的预判量，即

$$\sum i = I_a + I_b = I_f \tag{9-7}$$

其判据为

$$
\left.\begin{array}{l}
I_f > I_{\text{cd-set}} \\
I_a > I_{\text{gl-set}}
\end{array}\right\}
\tag{9-8}
$$

式中：$I_{\text{cd-set}}$ 为差动电流定值；$I_{\text{gl-set}}$ 为过电流启动定值。

4. 直流横差保护

利用正负极之间的不平衡电流（横差电流）以及不平衡电压（横差电压）作为故障判别量来实现对单极接地故障的保护。若电流不平衡量超过定值，电压不平衡量大于电压定值，同时不平衡量功率负方向元件满足条件，则认为直流线路单极接地故障。电流不平衡量和电压不平衡量的计算公式为

$$
\left.\begin{array}{l}
I_{\text{cd}} = \left| I_{\text{dp}} + I_{\text{dn}} \right| \\
U_{\text{cd}} = \left| U_{\text{dp}} + U_{\text{dn}} \right|
\end{array}\right\}
\tag{9-9}
$$

其判据为

$$
\left.\begin{array}{l}
I_{\text{cd}} > I_{\text{cd-set}} \\
U_{\text{cd}} > U_{\text{cd-set}}
\end{array}\right\}
\tag{9-10}
$$

式中：I_{cd} 为横差电流；U_{cd} 为横差电压。

此外，由于单极接地故障点是产生不平衡量的源点，因此不平衡量的潮流方向是从故障点向外流出，可利用该方向特性实现横差保护的方向性。

5. 直流过电压保护

针对直流系统中的电压过高故障，可通过检测电压信号，判断过电压的大小和持续时间，并切断故障部分的电源，保障系统的安全。其判据为

$$
U_{\text{dl}} < U_{\text{set}}
\tag{9-11}
$$

式中：U_{dl} 为正负极对地电压；U_{set} 为直流过电压保护定值。

6. 直流低压保护

低电压保护是直流线路故障的主保护，其目的是检测直流线路上的接地故障，但对高阻接地故障的灵敏度较低。其判据为

$$
\left| \mathrm{d}U_{\text{dl}} / \mathrm{d}t \right| > U_{\text{set}}' \ \text{且} \ U_{\text{dl}} < U_{\text{SET}}
\tag{9-12}
$$

式中：U_{dl} 为正负极对地电压；$\mathrm{d}U_{\text{dl}}/\mathrm{d}t$ 为正负极对地电压的变化率；U_{set} 为直流低电压定值。

7. 直流绝缘监测

常用的直流配电网绝缘监测方法包括电桥法、注入法和漏电流法。其中，电桥法、注入法主要对母线进行绝缘监测，漏电流法主要对支路进行绝缘监测。

（1）电桥法。电桥法可分为平衡电桥法和不平衡电桥法，其通过在直流正负极分别接入桥臂电阻，在正负极与大地之间搭建电桥，并通过控制开关形成不同的桥式电路，根据欧姆定律组成方程组求解得到当前的绝缘状态。电桥法示意图如图 9-12 所示。

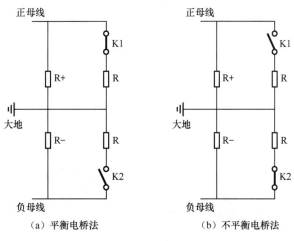

图 9 - 12 电桥法示意图

（2）注入法。注入法是在直流母线与大地之间注入一个交流信号，如图 9 - 13 所示。在系统正常运行时，交流信号无回路；发生绝缘故障时，交流信号通过绝缘接地点经大地流回信号源形成回路，通过测量此处的电流，计算判断系统的绝缘故障情况。

（3）漏电流法。漏电流法是通过检测直流馈线的漏电流大小，判断馈线的绝缘情况，如图 9 - 14 所示。当正常运行时，馈线对地阻抗很大，流入大地的漏电流基本为零；当馈线发生绝缘故障时，一部分电流经故障点流入大地，形成漏电流。根据漏电流的大小，可以通过跳馈线开关等手段隔离绝缘故障点。

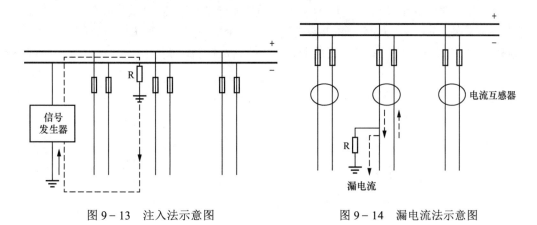

图 9 - 13 注入法示意图   图 9 - 14 漏电流法示意图

参考文献

[1] 徐丙垠，等.配电网继电保护与自动化[M].北京：中国电力出版社，2017.

[2] 刘健，等.简单配电网——用简单办法解决配电网问题[M].北京：中国电力出版社，2017.

[3] 刘健，倪建立，邓永辉.配电自动化系统[M].北京：中国水利水电出版社，1999.

[4] 刘健，张志华，芮骏，等.基于限流级差配合的城市配电网高选择性继电保护方案[J].电力系统自

化，2018，42（3）：92-97.

[5] 徐丙垠，李天友，薛永端.智能配电网建设中的继电保护问题[J].供用电，2012，29（5）：16-26.

[6] 刘健，张志华，张小庆，等.继电保护与配电自动化配合的配电网故障处理[J].电力系统保护与控制，2011，39（16）：53-57+113.

[7] 李天友，郭峰.低压配电的触电保护技术及其发展[J].供用电，2019，36（12）：2-8.

[8] 应俊，蔡月明，刘明祥，等.基于分布智能控制的供电恢复方案研究[J].智慧电力，2019，47（7）：17-19.

[9] 杜东威，叶志锋，许永军.基于 GOOSE 的综合型智能分布式馈线自动化方案[J].电力系统保护与控制，2016，44（24）：183-190.

[10] 郑兰，别朝红，王秀丽.一种快速启发式配电网故障恢复算法[J].电力自动化设备，2004，24（2）：17-19.

[11] 张维，宋国兵，刘健，等.利用电压暂态量的电压时间型馈线自动化反向合闸闭锁策略改进措施[J].电力系统保护与控制，2020，48（7）：166-173.

[12] 封士永，蔡月明，刘明祥，等.考虑单相接地故障处理的自适应重合式馈线自动化方法[J].电力系统自动化，2018，42（3）：92-97.

[13] 高孟友，徐丙垠，范开俊，等.基于实时拓扑识别的分布式馈线自动化控制方法[J].电力系统自动化，2015，35（9）：127-131.

[14] 刘海涛，沐连顺，苏剑.馈线自动化系统的集中智能控制模式[J].电网技术，2007，31（23）：17-21.

[15] 张保会，尹相根.电力系统继电保护[M].北京：中国电力出版社，2005.

[16] 崔其会，薄纯杰，李文亮，等.10kV 配电线路保护定值的整定探讨[J].供用电，2009，26（6）：32-34.

[17] 刘健，同向前，张小庆，等.配电网继电保护与故障处理[M].北京：中国电力出版社，2014.

[18] 张浩然，贾帅锋，赵冠华，等.直流控制保护系统网络安全分析与对策[J].电气技术，2020，21（1）：110-112.

[19] 贾科，冯涛，陈淼，等.LCC-MMC 型混合直流配电系统线路保护方案[J].电工技术学报，2021，36（3）：656-665.

[20] 贾贞，张维，彭松.含分布式电源的配电网方向保护研究[J].电气技术，2020，21（5）：55-57.

第10章

智能配电网发展展望

随着大量分布式电源（如风电、光伏、热电联产机组等）接入配电网，以及我国电力体制改革的持续推进，大量源网荷储新形态在配电网中出现，各种新商业模式在配电网中实施，许多配电网领域新技术得到推广利用。本章首先介绍了智能配电网的发展综述和展望；其次重点介绍了分布式发电与微电网、虚拟电厂、柔性多状态开关、交直流混合配电网、增量配电网、柔性负荷、电动汽车充电站、分布式储能等配电网新形态的技术原理、基本结构和主要功能，以及分布式发电交易、电力市场辅助服务、配电网智能运维等新的商业模式；最后介绍了电力电子技术、人工智能技术、5G 通信技术、区块链技术等新技术在智能配电网中的应用等。

10.1 智能配电网发展综述和展望

配电网是从电源侧（输电网、发电设施、分布式电源等）接受电能，并通过配电设施逐级或就地分配给各类用户的电力网络。根据电压等级来划分，配电网可分为高压配电网（35～110kV）、中压配电网（6～10kV）和低压配电网（220/380V）；根据供电区域的功能来划分，配电网可分为城市配电网、农村配电网和工厂配电网；根据配电线路的不同，配电网可以分为架空配电、电缆配电网和架空、电缆混合配电网。配电网是城市的关键基础设施，是连接电网与用户的重要纽带。

10.1.1 未来配电网发展的驱动力

1. "双碳"目标驱动

以习近平同志为核心的党中央提出的"碳达峰、碳中和"重大战略目标以来，国家电网公司于 2021 年 3 月发布了"3060"的行动路线，包括"六个推动、六个着力"，在能源供给侧构建多元化清洁能源供应体系。预计到 2025、2030 年，非化石能源占一次能源消费比重达到 20%、25%左右。在"双碳"背景下，未来配电网将大量接入分布式清洁能源和灵活多样的电气化负荷。配电网作为能源生产、传输、分配与存储的重要载体，必将面临革命性变化。

"整县光伏"等能源改革政策的推进，促使光伏、风电等分布式能源大量接入，造成配电网运行管控难度大、能源消纳效率低。规模化充电桩、电动汽车充电站（桩）的快速增长会产生冲击性功率源，使配电网呈现区域密集且不均衡的状态。由于配电网区域功率不均衡，老旧小区配电容量设计落后、过载风险大，现有容量无法支撑快速增长的分布式资源，且增容扩建难度大、成本高。因此，配电网正面临着大规模分布式发电、充电站（桩）接入等带来的承载力和可靠性挑战。在"双碳"目标驱动下，大规模分布式能源、电动汽车从配电网侧接入，配电网作为能源生产、传输、分配与存储的重要载体，将会是建设新型电力系统，推动"碳中和、碳达峰"目标实现的主战场。

2. 电力体制改革驱动

2015年3月，中共中央、国务院发布《关于进一步深化电力体制改革的若干意见》，明确提出，管住输配电价，放开发电和售电侧市场；改变电网盈利模式，让电网公司从以往的购售电差价转变为成本加成合理利润的价格模式；在电网售电侧对社会资本开放，构建多元化售电主体，组建售电公司。2016年10月，国家发展和改革委员会、国家能源局发布《有序放开配电网业务管理办法》，鼓励社会资本投资、建设、运营增量配电网，通过竞争创新，为用户提供安全、方便、快捷的供电服务。2021年9月22日，中共中央、国务院发布《关于完整准确全面贯彻新发展理念做好碳达峰碳中和工作的意见》，明确要求深化能源体制机制改革，包括全面推进电力市场化改革，加快培育发展配售电环节独立市场主体；推进电网体制改革，明确以消纳可再生能源为主的增量配电网、微电网和分布式电源的市场主体地位。

随着越来越多的风电、太阳能、储能、"车网互动"在配电端接入电网，以及电热气网互联互通，电力体制改革正在稳步推进，配电网逐渐成为电力系统的核心，成为连接能源生产、转换、消费的关键环节。各种新的商业模式，各类新的电力技术形态，都将在配电网发轫、落地和壮大。

3. "互联网+"技术和理念驱动

在信息化时代的推动下，"互联网+"技术逐步应用于工业、农业以及电业领域，成为提高行业创新力、推进社会经济新进程的重要手段。"互联网+"同时是一种新经济形态，其能充分发挥互联网在电力行业资源配置优化和集成的作用。"互联网+"通过将传统电力行业和信息技术相融合，有效提高了配电网的运维效率，解决了配电网很多传统技术难题。互联网与实体产业的融合可以优化社会资源配置，改善电力公司所需的能源供需关系，有效降低电力调度输送成本，减少配电站的基础设施投入。"互联网+"在智能配电网运维中的具体应用包括配电网运维技术平台、配电网信息采集、风险防控、数据共享、对分布式资源的调控水平等方面。

在全球数字化、信息化，以及云计算、5G、大数据等新技术应用的浪潮下，"互联网+"给配电网的信息物理技术带来了提升，使得配电网向多能耦合、多元融合的区域能源互联网发展。

10.1.2 未来配电网的蓝图及特点

1. 未来配电网蓝图

在上述驱动力作用下，未来配电网中，新的商业模式将大量涌现并落地，包括虚拟电厂、增量配电网、分布式发电交易、综合能源服务、电力数字化增值服务等。受益于物联网、区块链、大数据等新技术，这些新的商业模式的落地成为可能。基于这些新的商业模式将实现定制化的电力服务，根据客户的需求、选择，提供高品质的电能服务。一方面，引导客户积极参与需求侧响应，改善能效；另一方面，充分利用智能配电网中的可控资源，为上级电网提供备用容量、削峰填谷等服务，从而实现配电网与客户、配电网与上级电网之间的全面互动互惠。未来配电网蓝图如图 10-1 所示。

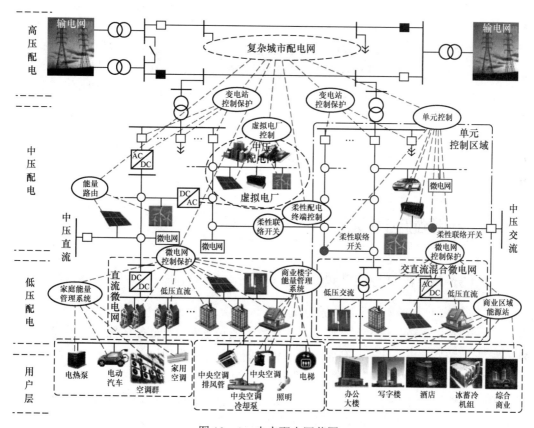

图 10-1　未来配电网蓝图

为了贯彻落实"四个革命、一个合作"能源安全新战略，积极服务"双碳"目标，国家电网公司已实施国内企业首个"双碳"行动方案和构建新型电力系统行动方案。建设新型配电系统，要坚持创新驱动，强化数字赋能，挖掘用户侧电力资源潜力，持续提升系统调节能力，促进源网荷储协调互动。

　　未来配电网将逐步发展为现代智慧配电网，将涌现出大量的新形态，形成大量新的商业模式。大数据、人工智能、5G、区块链、量子计算等数字化技术，将为实现配电系统的升级转型提供强大的技术支撑。为了建设未来配电网，要打造能源大数据中心、区块链绿色能源交易平台、智慧车联网等绿色新型数字基础设施，创新绿色能源产品、服务与业态模式，引导重点行业、企业、用户消费绿色电力。

2. 未来配电网特点

未来配电网将呈现以下 6 大特征：

（1）系统电力电子化。规模化新能源的接入，将导致配电系统呈现出电力电子化、惯量低等特点，对扰动的耐受力下降。

（2）运行方式多样化。未来配电网的交直流混联形态和源荷不确定性等因素，将导致配电网运行方式更加多样化、潮流双向化。

（3）源荷界限模糊化。分布式新能源、电动汽车、分布式储能的不断普及，将导致配电网中源荷界限更加模糊。

（4）多维耦合复杂化。未来配电网中物理系统将呈现相互耦合影响的冷热电气等多能源形态，且物理系统与信息系统及社会系统将深度融合。

（5）感知数据异构化。未来配电网感知数据不仅包含结构化的状态数据和环境数据，而且包含非结构化的视频、音频、图像和文本数据等，数据呈现多源且异构的特点。

（6）分布式资源规模化。未来配电网将包含可再生能源、微电网、微能源系统、虚拟电厂、储能装置、柔性负荷等海量的分布式柔性可控资源，且资源规模大、容量小，分布在不同层级母线节点上。

10.2 智能配电网新形态

10.2.1 分布式发电与微电网

1. 分布式发电与微电网的背景与概念

（1）分布式电源是用多种小型的、连接电网的设备发电和储能的技术与系统。这是一种较为分散的发电方式，与分布式发电相对的是集中式发电。常规发电站，如燃煤发电站、燃气发电站和核电站，以及水力发电站和大型太阳能发电站，都采用集中式发电，并且通常需要把电力进行长距离传输。相比之下，分布式发电系统是分散的，通常采用模块化的、更灵活的技术，即位置接近它们所服务的负载，具有仅为 10MW 或更小的容量。目前，分布式发电的形式有分布式光伏发电、分散式风力发电、地热发电、燃料电池发电等，主要的发电形式是分布式光伏发电。

分布式光伏发电特指在用户场地附近建设，接入配电网，运行方式以用户侧自发自用、多余电量上网，且在配电系统中以平衡调节为特征的光伏发电形式。分布式光伏发电遵循因地制宜、清洁高效、分散布局、就近利用的原则，充分利用当地太阳能资源，替代和减少化石能源消费。

分布式光伏发电是采用光伏组件，将太阳能直接转换为电能的分布式发电形式。它是一种新型的、具有广阔发展前景的发电和能源综合利用方式，倡导就近发电、就近并网、就近转换、就近使用，不仅能够有效提高同等规模光伏电站的发电量，而且能够有效解决电力在升压及长途运输中的损耗问题。目前，应用最广泛的分布式光伏发电系统，是建在城市建筑物屋顶的光伏发电项目。该类项目必须接入公共电网，与公共电网一起为附近的用户供电。

（2）微电网是指由分布式电源、储能装置、能量转换装置、负荷、监控和保护装置等组成的小型发配电系统。微电网的提出旨在实现分布式电源的灵活、高效应用，解决数量庞大、形式多样的分布式电源并网问题。开发和延伸微电网，能够充分促进分布式电源与可再生能源的大规模接入，实现对负荷多种能源形式的高可靠供给，使传统电网向智能电网过渡。

2．分布式发电与微电网的特点和功能

（1）分布式发电，尤其是分布式光伏发电具有以下特点：

1）输出功率相对较小。一般而言，一个分布式光伏发电项目的容量在数千瓦到数十千瓦。与集中式电站不同，光伏电站的大小对发电效率的影响很小，因此对其经济性的影响也很小，小型光伏系统的投资收益率并不比大型的低。

2）污染小，环保效益突出。分布式光伏发电项目在发电过程中，没有噪声，也不会对空气和水产生污染。

3）能够在一定程度上缓解局部地区的用电紧张状况。但是，分布式光伏发电的能量密度相对较低，不能从根本上解决用电紧张问题。

4）可以发电、用电并存。大型地面电站发电时升压接入输电网，仅作为发电站运行；而分布式光伏发电是接入配电网，发电、用电并存，且要求尽可能就地消纳。

（2）微电网具有双重角色。对于电网而言，微电网作为一个大小可以改变的智能负载，为本地电力系统提供了可调度负荷，可以在数秒内响应以满足系统需要，适时向大电网提供有力支撑；可以在维修系统的同时不影响客户的负荷；可以减轻（延长）配电网升级改造投资需求，支撑分布式电源孤岛运行，能够消除某些特殊操作要求产生的技术问题。对于用户而言，微电网作为一个可定制的电源，可以满足用户多样化的需求，如增强局部供电可靠性、降低馈电损耗、支持当地电压、通过利用废热提高效率、提供电压下限的校正或作为不可中断电源服务等。

紧紧围绕全系统能量需求的设计思想和向用户提供多样化电能质量的供电目标，是微电网的两个重要特征。在接入问题上，微电网的并网标准只针对微电网与大电网的公共连接点（point of common coupling，PCC），而不针对各个具体的微电源。微电网不仅解决了分布式电源的大规模接入问题，充分发挥了分布式电源的各项优势，而且为用户带来了其他多方面的效益。微电网将从根本上改变了传统的应对负荷增长的方式，在降低能耗、提高电力系统可靠性和灵活性等方面具有巨大潜力。

3．分布式发电与微电网的应用场景

（1）分布式发电的应用场景包括农村、牧区、山区，以及发展中的大、中、小城市或商业区附近。在用户现场或靠近用电现场配置较小的分布式发电系统，以满足特定用户的需求，支持现存配电网的经济运行，或者同时满足这两个方面的要求。

例如，分布式光伏发电系统包括光伏电池组件、光伏方阵支架、直流汇流箱、直流配电柜、并网逆变器、交流配电柜等基本设备，还包括供电系统监控装置和环境监测装置。其运行模式是：在有太阳辐射的条件下，光伏电池组件阵列将太阳能转换为电能，并由直流汇流箱集中送入直流配电柜，再由并网逆变器逆变成交流电供给建筑自身负载，多余或不足的电能通过连接电网来调节。

分布式光伏发电的技术特性包括系统相互独立，可自行控制，避免发生大规模停电事故，安全性高；弥补大电网稳定性不足的缺点，在意外发生时继续供电，成为集中供电不可或缺的重要补充；可对区域电力的质量和性能进行实时监控，非常适合向农村、牧区、山区，以及发展中的大、中、小城市或商业区的居民供电，极大地减小环保压力；输配电损耗低甚至没有，无须建设配电站，降低或避免附加的输配电成本，土建和安装成本低；调峰性能好，操作简单；由于参与运行的系统少，启停快速，便于实现全自动。

（2）微电网的应用场景大致可分为边远地区、海岛和城市三类。

1）边远地区微电网。边远地区地广人稀，远离大电网，交通不便，采用电网延伸的方式供电成本高，采用化石能源发电对生态环境的损害大。但是，边远地区风光等可再生能源丰富，土地成本较低，适合发展新能源微电网。目前，在我国西藏、青海、新疆、内蒙古已经建成一批新能源微电网示范项目，解决了当地的供电困难。

2）海岛微电网。我国面积在 $500m^2$ 以上的岛屿有 6536 个，其中有人居住的岛屿有 450 个。这些岛屿中，小岛多、大岛少，缺水岛多、有水岛少。这些岛屿总体用电量不大，远距离架设输电网不具有经济效益，尤其是偏远海岛，敷设海底电缆的前期投入和后期维护费用巨大。偏远海岛如果不能和大电网连接，一般情况下用电需要依靠岛上的自备柴油发电机组，居民无法获得稳定可靠的电能，且对环境污染较大，对海岛居民的生产生活和海岛经济的长远发展造成极大影响。打造包括太阳能发电、风力发电、海浪发电和蓄电池储能系统在内的全新分布式供电系统，与海岛原有的柴油发电系统和电网输配系统集成为多能互补的微电网系统，将是解决离网型海岛用电难问题的有效途径。

3）城市微电网。随着控制技术的进步，电价上涨，城市出现户用微电网系统和工商业零碳智慧微电网，包括集成可再生分布式能源，提供高质量、多样性的可靠供电服务。冷热电的综合利用，可以实现零能耗建筑、电网削峰填谷、调峰调频等多种功能。工商业微电网系统利用物联网，联系大电网、分布式能源站、能源用户，并借助能源管理系统，实现工商业园区综合能源系统的灵活可控，促进清洁能源的开发，实现电能、热（冷）能等的综合利用、相互转化和存储，全面降低用能成本，提升经济效益，减少污染物排放；同时，帮助企业进行高效的能源管理，改变能源的使用习惯，规范和加强能源管理。

4．分布式发电与微电网对配电网的影响

（1）分布式发电对配电网产生的影响有：

1）电网规划方面。分布式发电的并网，加大了其所在区域的负荷预测难度，改变了既有的负荷增长模式。大量分布式电源的接入，使配电网的改造和管理变得更为复杂。

2）并网方式方面。离网运行的分布式光伏发电对电网没有影响；并网但不向电网输送功率的分布式光伏发电会造成电压波动；并网且向电网输送功率的分布式光伏发电，会造成电压波动，还会影响继电保护的配置。

3）电能质量方面。分布式光伏发电接入的重要影响是造成馈线上的电压分布改变，其影响的大小与接入容量、接入位置密切相关。光伏发电一般通过逆变器接入电网，这类电力电子器件的频繁开通和关断，容易产生谐波污染。

4）继电保护方面。我国的配电网大多为单电源放射状结构，多采用速断、限时速断保护形式，不具备方向性。在配电网中接入分布式电源后，其注入功率会使继电保护范围缩小，不能可靠地保护整体线路，甚至在其他并联分支发生故障时，引起安装分布式光伏系统的继电保护误动作。

（2）微电网加入配电网后，产生了很好的作用，对配电网的影响包括：

1）电能质量的方面。电力系统中对供电质量敏感性的用户越来越多，对供电质量提出了新的要求，因此电网公司需要不断提高供电质量。微电网的接入对配电网的电能质量有改善作用，主要包括：①在电网高峰负荷或某些紧急情况时，微电网能迅速增加出力，对部分负荷起紧急支撑作用。②光伏发电系统、风力发电系统等分布式电源受自然气候影响，输出功率具有波动性、随机性、间歇性。微电网可以通过对燃气轮机、储能装置等可控电源的综合控制，实现微电网中的功率平衡调节，降低间歇式分布式电源对电网的不利影响。③在微电网中，分布式电源与电能质量调节器可以实现优化配置和统一控制，甚至可以采用一体化复用技术，提高设备的利用效率。

2）继电保护方面。微电网中所含分布式电源种类的不同使其在发生短路故障时，会表现出完全不同的故障特征。总体来说，分布式电源可以分为两类：一类是基于旋转发电机的分布式电源，另一类是具有逆变器接口的分布式电源。在微电网公共连接点处未安装限流装置时，微电网对外可提供短路电流，与其内部分布式电源的类型直接相关。目前，我国中低压配电网的运行结构一般是由单侧电源供电的辐射状结构。配电网馈线保护一般配置传统的三段式电流保护。微电网接入后，配电网由单端供电系统变为双端供电系统，此时需要在微电网所接入的馈线两端均安装保护装置，并且必须要酌情加装方向元件。因此，并网型微电网内的保护配置方案，必须充分考虑不同运行状态下短路电流大小的巨大差别带来的影响。

3）可靠性方面。传统低压配电网上的用户极易受馈线故障的影响，且恢复时间较长，对于突发故障缺乏必要的应对措施，难以满足高可靠性要求。微电网以其先进的监测控制技术，可以实时监测出上层馈线或微电网内部线路以及元器件的故障或者电能质量问题。为了保证微电网内用户的供电不受影响或微电网内故障不对上层馈线上的其他用户造成影响，必要时微电网控制系统将控制微电网与主网脱离，仅由其内部分布式电源和储能设备供电，形成一个小型的供电网络，给网内各用户供电。微电网在主网供电与内部供电之间灵活切换与互补的功能极大增加了供电的可靠性。微电网由于可以减少中压线路负荷，还能对中压网络上的其他用户和整个配电网的可靠性起到帮助作用。在故障情况下，特别是自然灾害造成的全网停电情况下，微电网可以根据具体的情况，承担向微电网外重要负荷供电或黑启动的重任。

10.2.2　虚拟电厂

1. 虚拟电厂的基本概念和特性

虚拟电厂是多种分布式资源的聚合，它通过先进的控制、通信、计量技术，将分布式电源、储能、柔性负荷等众多可调节资源聚合起来，作为一个整体对外参与电网统一调度，充分利用分布式资源发电及调节特性的互补性，实现资源的合理优化配置及利用。虚拟电厂对外作为一个特殊的发电厂运行，呈现传统发电厂的整体功能与效果，可像传统发电厂一样对其进行控制管理，包括向电网提交发电计划、参与电力市场及调峰调频等辅助服务；对内作为一个综合的能源管理系统，拥有自我协调、自我管理、自我控制等多重功能。虚拟电厂的特性主要包括：

（1）出力伸缩性。虚拟电厂中含有大量的分布式电源，其中风力发电、光伏发电等受天气、地理等因素影响，呈现较强的随机性，因此虚拟电厂的分布式电源出力表现出一定的不确定性。同时，虚拟电厂中含有可控负荷，可以合理引导，改变电力消费模式，实现削峰填谷的目的。因此，虚拟电厂具有出力伸缩性，可配合合理的电网调度方法，实现电网安全交互。

（2）广域消纳性。虚拟电厂内部的分布式电源呈现随机性，但是不同类型分布式电源的随机特性具有不同的概率分布，且配备储能装置后，可辅助消纳具有随机性的发电机组出力。因此，通过电网的合理调度，不仅可以实现虚拟电厂内部各种资源的互补协同，而且可以实现多个虚拟电厂之间的互动调节，以此抵消可再生能源的随机性，实现对风光等可再生能源的最大化消纳。

（3）源荷随机性。虚拟电厂在参与电网调度时，其特性呈现为电源和负荷两种随机状态，可将其视为一个正负变化的负荷。

（4）环境友好型。虚拟电厂内部的各类资源，包括分布式电源、储能、可控负荷等，除了燃气轮机之外，都可视为无温室气体排放；而且虚拟电厂增加了电网消纳可再生能源的性能，提升了电网调节负荷峰谷差的能力。

2. 虚拟电厂与电网的互动形式

虚拟电厂聚合的分布式资源包括分布式电源、用户侧储能、可控负荷等。虚拟电厂可以将这些分布式资源聚合起来，对外呈现出传统发电厂的整体功能与效果，可以接受电网的直接调度，参与电力市场交易。虚拟电厂的组成及运行如图 10-2 所示。

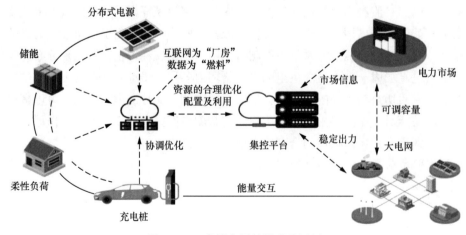

图 10-2 虚拟电厂的组成及运行

（1）虚拟电厂按照功能可分为商业型虚拟电厂和技术型虚拟电厂两类。

1）商业型虚拟电厂。从商业收益的角度出发，不考虑配电网的影响，对用户需求和发电潜力进行预测，将虚拟电厂中的分布式能源接入电力市场中，以优化和调节用电量。商业型虚拟电厂既可以降低分布式能源单独在市场上运作所面临的失衡风险，又可以通过聚合获得规模效应。

2）技术型虚拟电厂。从系统管理的角度出发，由分布式电源和可控负荷共同组成，考虑分布式电源聚合对当地电网的实时影响，可以将其看作一个带有传输系统的发电厂，具有与其他发电厂相同的表征参数。技术型虚拟电厂为电网调度管理者提供可视化信息，优化分布式电源的运行，能根据当地电网的运行约束提供配套服务。

（2）虚拟电厂的控制方式目前可分为集中控制方式、集中-分散控制方式和完全分散控制方式三种。

1）集中控制方式。虚拟电厂通过协调控制中心（coordinated control center，CCC）可以完全掌握所有内部分布式资源的信息，而且可以对所有发电和用电单元进行控制。在这种方式下，虚拟电厂可以通过对各个分布式单元的优化协调控制满足市场的需求。但是，所有单元的信息都需要通过协调控制中心进行处理并双向通信，因此可扩展性和兼容性很有限。

2）集中-分散控制方式。虚拟电厂被分为多个层次，处于下层的虚拟电厂的协调控制中心控制辖区内的分布式资源，再由该级协调控制中心将信息反馈给上一级虚拟电厂的协调控制中心，从而构成一个整体的层次架构。这种方式使得各虚拟电厂模块化，可改善通信阻塞和兼容性差的问题。

3）完全分散控制方式。这是一种去中心化的模式，虚拟电厂的协调控制中心由数据交换与处理中心代替，虚拟电厂被划分为相互独立的自治智能单元。这些智能单元不受数据交换与处理中心的控制，只接受来自数据交换与处理中心的信息，并根据接收的信息对自身运行状态进行优化。这种方式具有很好的可扩展性和开放性。

3. 虚拟电厂的作用与对未来配电网的影响

虚拟电厂能够实现电源侧的多能互补、负荷侧的灵活互动，对电网提供调峰、调频、备用等辅助服务，达成与常规发电厂类似的效果；而在物理空间上，并不需要真正建造一个发电厂。虚拟电厂是未来配电网的重要发展方向。

对用户而言，虚拟电厂有利于系统高效地调动具有弹性的中小用户参与需求响应，促进各类体量的用户利用手中的可控资源参与电网调度以获取额外的经济效益，为用户与用户间的电能量交易提供平台，消纳用户侧的分布式新能源；对电网公司而言，虚拟电厂有利于实现用户侧柔性负荷资源的充分利用，促进电网资源的优化配置，有利于提高电网运行的经济效益，降低电网建设投资；对国家社会而言，虚拟电厂具有巨大的环保效益，可显著减少化石燃料的燃烧以及温室气体的排放，促进电网的高效节能运行，有力地推动我国能源供应体系的优化转型。

10.2.3　柔性多状态开关

1. 柔性多状态开关的概念和背景

具备潮流灵活控制能力的智能配电柔性多状态开关，是一种基于电力电子技术的新型联络开关，相比传统的动合联络开关与断路器，具有响应速度快、开关次数不受限和控制连续等特点，可有效解决传统动合联络开关仅具有通和断两种状态的不足。另外，传统动合联络开关本身无法调控电网潮流，而柔性多状态开关能够准确调控其所连馈线的有功功率与无功功率，提高配电网运行控制的灵活性、经济性与可靠性，满足分布式电源消纳和高电能质量、高可靠供电等定制化电力需求，是未来智能配电网的重要物质基础。

英国帝国理工学院（Imperial College London）和卡迪夫大学（Cardiff University）的

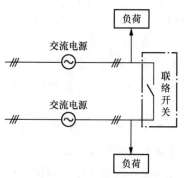

图 10-3　动合联络开关位置

学者首先提出用柔性联络开关（soft normally open point，SNOP）代替传统动合联络开关（normally open point，NOP）来实现配电网络的互联，并提出了基本概念及其典型拓扑。中国学者将智能软开关进行了拓展和提高，将其称为柔性多状态开关。动合联络开关位置如图 10-3 所示。

2. 柔性多状态开关的技术特点和功能

柔性多状态开关主要安装在传统联络开关处，可以对两条馈线之间传输的有功功率进行控制，并提供一定的电压无功支持。柔性多状态开关位置如图 10-4 所示。

柔性多状态开关代替传统联络开关后，形成的混合供电方式结合了放射状和环网状供电方式的特点，给配电网运行带来诸多好处，包括：平衡两条馈线上的负载，改善系统整体的潮流分布；进行电压和无功功率控制，改善馈线电压水平；降低损耗，提高经济性；提高配电网对分布式电源的消纳能力；故障情况下保障负荷的不间断供电。

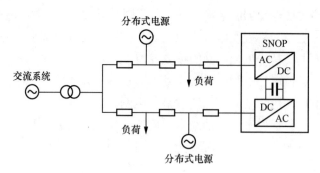

图 10-4　柔性多状态开关位置

柔性多状态开关的装置类型主要背靠背电压源换流器（back-to-back voltage source converter，B2B VSC）、统一潮流控制器（unified power flow controller，UPFC）和静止

同步串联补偿器（static synchronous series compensator，SSSC）三种。这三种装置都由全控型电力电子器件实现。背靠背电压源换流器的拓扑结构如图 10-5 所示，它由两个换流器经过一个直流电容器连接实现。

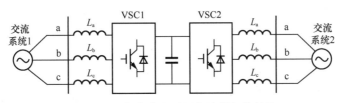

图 10-5　背靠背电压源换流器拓扑结构

在正常运行情况下，一个换流器实现对直流电压的稳定控制，另一个换流器实现对传输功率的控制。由于每个换流器都可以同时控制两个状态量，因此可以实现对换流器的无功功率或者交流侧电压的控制。在故障发生时，通过切换控制模式，换流器可提供系统电压和频率的支撑，实现非故障区域不间断供电。

3. 柔性多状态开关的应用场景和对配电网的影响

柔性多状态开关是一种安装在配电网中、连接两条或多条馈线并调整馈线间功率流动的新型电力电子装置。柔性多状态开关是提升配电网运行控制效能的重要调控手段，其关键技术的突破将提升配电网更为有效地应对用电需求多样化、分布式电源接入规模化、潮流协调控制复杂化等严峻挑战的能力。

与常规开关相比，柔性多状态开关不仅具备通和断两种状态，而且增加了功率连续可控状态，兼具运行模式柔性切换、控制方式灵活多样等特点，可避免常规开关倒闸操作引起的供电中断、合环冲击等问题，还能缓解电压骤降、三相不平衡现象，促进馈线负荷分配的均衡化和电能质量的改善。柔性多状态开关与常规开关的对比如图 10-6 所示。

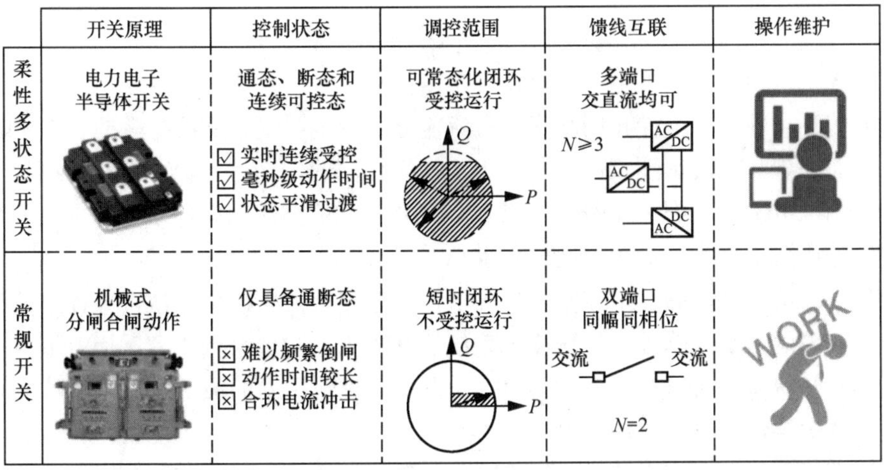

	开关原理	控制状态	调控范围	馈线互联	操作维护
柔性多状态开关	电力电子半导体开关	通态、断态和连续可控态 ☑ 实时连续受控 ☑ 毫秒级动作时间 ☑ 状态平滑过渡	可常态化闭环受控运行	多端口交直流均可 $N \geq 3$	
常规开关	机械式分闸合闸动作	仅具备通断态 ☒ 难以频繁倒闸 ☒ 动作时间较长 ☒ 合环电流冲击	短时闭环不受控运行	双端口同幅同相位 $N=2$	

图 10-6　柔性多状态开关与常规开关的对比

10.2.4 交直流混合配电网

1. 交直流混合配电网的概念与背景

随着经济和技术的发展，传统的交流配电网受到供电能力亟须提升和供电品质亟须提高两大挑战。

（1）供电能力亟须提升。一方面是城市配电网末端供电容量受限，另一方面是农村配电网季节性负荷波动。城市配电网的负荷急剧上升，呈现出区域密集且不均衡状态，商圈、老城区、游览景区等负荷密集型区域受限于地理位置，线路走廊容量存在不足现象，这是城市配电网亟待解决的痛点。而农村负荷主要由炒茶、机井、灌溉、小工业、旅游业等构成，呈现出很强的季节性和周期性，而且因各地区经济发展不一、配电网结构改造不同，导致部分台区出现重载、过载现象，这是农村配电网亟待解决的问题。

（2）供电品质亟须提高。一方面是新型直流源储荷接入需求猛增，另一方面是配电网可靠性及经济性要求提升。分布式发电、储能、电动汽车等可控负荷的广泛接入对配电网的电压质量造成了较大影响，潮流双向流动的不确定性也使配电网的运行管控面临挑战，传统配电网对末端电压、潮流缺乏主动控制。而城市重要负荷的涉及面越来越广，对不停电的要求也越来越高，特别是非计划停电下的非故障区域负荷不停电需求。如何保证重要负荷不停电，也是高可靠性配电网建设亟待解决的重要问题。

因此，在传统的交流配电网中引入直流配电网，形成新的交直流混合配电网，成为一种新的技术发展方向。当前，直流负荷大量出现在生活中，如荧光灯、节能灯、LED灯等照明系统，电视机、机顶盒、路由器等视听设备，电动汽车充电桩、数据处理中心等。目前，直流负荷采用交流电进行交直流变换，在每个用电终端进行一次整流变换。如果直接采用直流供电，则可以减少大量整流变压器，相应地减少转换中散发出的热量，减少换气扇、空调的资金投入。采用直流配电网，可直接进行交直流转换，从而减少中间环节，这意味着减少能量损失。

2. 交直流混合配电网的技术特点和功能

直流配电网相比交流配电网具有以下技术优势：

（1）传输功率大。输送相同功率，直流输电所用线材仅为交流输电的 2/3～1/2；在输电线截面面积和电流密度相同的条件下，输送相同的电功率，输电线和绝缘材料可节约 1/3，直流输电所用的线材几乎只有交流输电的一半；直流输电杆塔结构也比同容量的三相交流输电简单，线路走廊占地面积也小。

（2）系统运行效率高。现有技术条件下，打造交直流配用电系统，预计可使配电网整体运行效率达 94%，略高于传统交流系统的 93%（用户侧家用电器采用直流供电，电能损耗相对交流系统可减少 15%以上）。未来随着直流技术的成熟、系统容量的增大，系统运行效率的优点将会更加突出。

（3）电能质量。直流系统稳定性较交流系统要好，直流系统谐波和电压波动问题远优于交流系统，无负序影响，电压暂降的治理更加容易。

（4）供电可靠性。通过直流开关的快速切换、储能装置的接入，可大大提高系统的供电可靠性。直流输电发生故障的损失比交流输电要小。在直流输电线路中，各级节点是独立调节和工作的，彼此没有影响。所以，当一级发生故障时，只需停运故障级，另一级仍可输送不少于一半功率的电能。

（5）分布式资源的接入。分布式电源、储能、充电桩等分布式资源直流并网的情况下，接口设备与控制技术均相对简单。

交直流混合配电网的架构如图 10-7 所示。

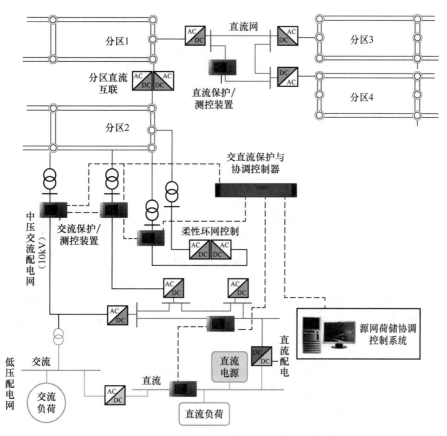

图 10-7　交直流混合配电网的架构

在交直流混合配电网的应用中，台区柔性直流互联是一个重要的方向。在低压交流配电网的两个或多个台区之间，采用柔性直流互联的方式将其连接起来，可以解决单个台区容量有限、季节性负荷波动等问题，而且可以提高供电可靠性和供电品质，是电力系统的一个新兴发展方向。交流配电网台区柔性直流互联架构如图 10-8 所示。

近年来，我国建设了许多交直流混合配电网相关示范项目。例如，2020 年，国网江苏省电力有限公司苏州供电公司在同里建设的中低压交直流配用电示范工程，实现了对系统控制区域源、网、荷、储的优化调度和协调控制。通过研发一键顺控、潮流计算、功率优化、人工智能可视化等功能模块，并突破模块化多电平换流器（modular multilevel converter，MMC）建模和电压稳定技术，实现交流配电网与直流配电网之间的可靠连接，为调度人员提供优化决策和稳定控制，实现交直流混合配电网的安全运行和友好互动，提升了当地的社会和经济效益。

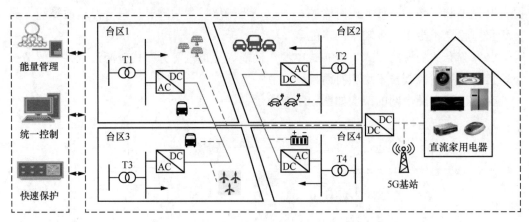

图 10-8　交流配电网台区柔性直流互联架构

3. 交直流混合配电网的应用场景和对未来配电网的影响

根据配电网末端负荷的空间不匹配和时间不匹配特性，低压台区柔性直流互联技术的应用可分为 6 大典型应用场景。

（1）对于负荷空间特性不匹配的台区互联，有以下 3 种典型应用场景：

1）典型场景 1（"煤改电"台区与无"煤改电"台区互联）。"煤改电"导致有供热需求的小工业用电负荷上升，通过与邻近无"煤改电"的台区互联，并合理配置储能，实现动态增容。

2）典型场景 2（大规模分布式能源分散式接入）。通过柔直互联配置储能，对不同台区内源-网-荷-储进行并、离网统一管控，优化系统运行工况，提高清洁能源消纳效率。

3）典型场景 3（充电桩等冲击性负荷接入）。无序充电使得电网负荷峰值攀升，峰谷差扩大，配电变压器过载风险提升；规模化的充电增加了电网的控制难度和失稳风险；建设光储充一体化充电站，采用柔直互联的多电源供电方式可有效缓解台区尖峰负载率。

（2）对于负荷时间不匹配的台区互联，有以下 3 种典型应用场景：

1）典型场景 1（日负荷特性互补）。工商业供电台区变压器与附近家属区以居民负荷用电为主的台区变压器之间，由于工商业用电负荷高峰在 9:00～16:00，而居民区的用电负荷高峰在 19:00～22:00，可通过互联实现动态增容、功率互济。

2）典型场景 2（季节性负荷特性互补）。受炒茶、机井、灌溉、小工业负荷、旅游业等影响导致的负荷特性。例如，在制茶时期，台区最大负荷可达相邻台区的 2～3 倍，采用柔性互联技术实现功率转供，可解决台区过载的问题，实现台区功率互济、负载均衡，减少增容布点投资。

3）典型场景 3（特定时间负荷波动）。针对节假日负荷攀升、学校寒暑假负荷下降等情况，可合理配置相邻台区变压器互联互供，缓解负荷尖峰，均衡台区负载，提高剩余容量的利用率。

采用低压柔性直流互联技术，可实现台区内动态无功功率补偿、台区间功率灵活互济、台区间故障快速转供、分布式电源高效消纳、冲击性负荷稳定供电、能量优化与经济运行。低压柔直互联技术的优势包括通过低压配电台区交直流互联，实现配电网末端系统正常运行时的动态增容和故障下的转供电，提升供电可靠性及分布式电源接纳能力。远期来看，可通过低压交直流灵活组网，适应规模化多模式源、荷便捷接入，实现低压柔性负荷高效互动，为配电网的经济可靠运行提供一种新的技术手段。

我国交直流混合配电网的建设已取得了良好的技术、社会、经济效益。技术效益方面，完成了配电网结构的优化和改进，推进了直流关键设备研发，并实现了直流负荷、直流电源的高效接入；社会效益方面，降低了空气污染物的排放，促进了清洁能源的使用，并提升了能源使用效率和供电水平；经济效益方面，减少了网侧投资，节约了用户电费，并探索了直流电价体系。

10.2.5　增量配电网

1. 增量配电网的概念和背景

增量配电网是我国于 2015 年开启新一轮电力体制改革后出现的一种电力系统新形态。增量配电网是指以工业园区（经济开发区）为主的局域电网，其电压等级为 110kV 或 220（330）kV 及以下。

2015 年 3 月，《中共中央、国务院关于进一步深化电力体制改革的若干意见》（中发〔2015〕9 号）发布，启动了我国新一轮电力体制改革。2018 年 3 月 13 日，国家发展和改革委员会、国家能源局发布了《增量配电业务配电区域划分实施办法（试行）》。该办法提出，配电区域划分应坚持公平公正、安全可靠、经济合理、界限清晰、责任明确的基本原则；配电区域原则上应按照地理范围或行政区域划分，具有清晰的边界，避免出现重复建设、交叉供电、普遍服务和保底供电服务无法落实等情况；增量配电业务应符合国家电力发展战略及产业政策，符合省级配电网规划，并满足国家和行业对电能配送的有关规定及标准要求；配电区域划分应与国家能源政策相衔接。国家发展改革委、国家能源局公布的各类能源行业示范项目中已包含增量配电业务并明确供电范围的，配电区域原则上与其保持一致；配电区域确定后，增量电力用户和随存量配电网资产移交的存量用户的配电业务按照属地原则，由拥有该区域配电网运营权的售电公司负责。

2. 增量配电网的应用场景和商业模式

根据中央政策文件，增量配电网和存量配电网的划分依据如下。

（1）以下情况的相关电网设施可申报增量配电网：

1）纳入省级或地区配电网规划，但尚未完成核准的项目。

2）已申请核准，但在规定时间内尚未动工的电网项目。

3）电网企业实际投资不足 10%的试点项目（同时鼓励电网企业以该项目资产通过混合所有制方式参与增量配电网建设）。

4）由于历史原因，由用户无偿移交给电网企业的配电设施，电网企业同意以相关资产参与混合所有制的项目。

（2）以下情况的相关电网设施将被视为存量电网：

1）在增量配电网项目试点批复到确定业主之前的这段时间，由于用户用电需求到电网企业报装，经能源主管部门备案批准后，由电网企业投建的配电设施。

2）增量配电网项目业主确定后，如拖延建设或拒不履行建设承诺，由于用户电力需求向电网企业报装的情况，参照前述规定建设完成后的相关配电设施。

目前，增量配电网的主要业务模式是"配售一体化+综合能源服务"。在售电侧和配电网侧同时放开的情况下，增量配电网运营公司同时拥有配售电业务，并且能为园区内电力用户提供增值能源服务。一是负责园区售电业务，可以直接从市场化的协议购电或集中竞价交易中获取发电侧和购电侧之间的价差利润，还可以获得园区内各电力用户的电力需求数据，是用户数据的第一入口。二是以用电数据为基础，为用户提供能效监控、运维托管、抢修检修和节能改造等综合能源服务，有效提高用户的用能质量，并增强客户黏性，同时从盈利能力更强的服务类业务中获得更多利润。三是在园区内建设以新能源为主的分布式电源，或者以清洁化石能源为主的分布式能源站，采用多能互补、协调优化的方式，向园区内的客户供电、供能。

3. 增量配电网对现有配电网运营的影响

增量配电业务放开后，电网企业在新增配电业务的投资、建设、运营等权益将面临来自其他市场主体的竞争。用户、园区等其他主体以往投资控股并移交电网企业运营的存量资产将视为增量配电业务并要求放开，对电网企业在配电领域的市场地位形成挑战；而多元配电主体进入市场，在建设运营标准、质量参差不齐的情况下，有可能影响上级电网的调度和安全运营。同时，外部监管加强，政府要求电网企业无歧视向用户和配电网开放，并公开投资、资产、成本等监管信息，要求交易机构相对独立，以确保规范运作和信息披露。

10.2.6 柔性负荷

1. 柔性负荷的概念和背景

柔性负荷是指可主动参与电网运行控制、与电网进行能量互动、具有柔性特征的负荷。负荷柔性表现为在一定时间段内灵活可变。柔性负荷的调度和调节是缓解供需侧矛盾的重要手段之一，其柔性调节能力改变了原本负荷单向、被动接受调节的历史，也使负荷参数的刚性、不确定性等特征发生了变化。另外，电动汽车、分布式电源的接入使负荷具备了电源的特性，这些负荷特征与特性都对传统电力系统的格局产生了影响。

柔性负荷包含可调节负荷或可转移负荷，具备双向调节能力的电动汽车、储能、蓄能，以及分布式电源、微电网等。柔性负荷的常见分类方法有以下三种：

（1）按照能量互动性分类。可分为两类：一类是双向互动性柔性负荷，以电动汽车、储能、微电网为典型；另一类是单向柔性负荷，以空调等需求响应资源为典型。

（2）按照管理方式分类。可分为可激励负荷和可中断负荷。可激励负荷是指出于对电价的考虑，将用电行为从电价较高时刻转移到电价较低时刻。可中断负荷是指用户与电力公司签订可中断负荷协议，在电网峰时的固定时间内减少其用电需求。

（3）按照负荷特性分类。包括电力用户中的工业负荷、商业负荷，也包括居民生活负荷，如空调、冰箱等。

2．柔性负荷的技术特点和作用

柔性负荷种类繁多，很难获得具有普适性或通用型的柔性负荷模型和控制策略，因此需抓住重点柔性负荷特征，如中央空调，将其作为典型柔性负荷代表。中央空调负荷的特点如下：

（1）具有柔性负荷典型特征。柔性负荷的主要特征是负荷在一定时间内灵活可变，如由于人体有一定的舒适度范围，中央空调负荷的功率在舒适度范围内有了调节的空间。以夏季为例，当用户对电价做出响应时，在电网高峰时可通过调高设定温度、降低风机转速等方式降低中央空调负荷，以获得效益回报；在电网低谷时期，利用中央空调所属房间的储热能力，增加空调负荷，提前存储一部分冷量，以提高电力系统利用率。

（2）在尖峰负荷中占比大。例如，北京、上海等发达地区空调负荷在全国高峰时负荷总数中的占比接近一半。而中央空调在工商业用户、居民用户等其他用户中已经广泛应用，是空调集群中较常见的种类。与分体式空调相比，中央空调的额定功率要大得多；另外，相比分体式空调，中央空调的负荷比较集中，更有利于集群控制。目前，国内多地已经开展了中央空调负荷调控的示范工程，积累了较为丰富的运行经验。

（3）可控性强。与其他柔性负荷相比，中央空调系统的可控量多，理论上包括设定温度、送风量、新风量、冷冻水泵流量、冷冻水进水温度等几十个特性参数。对任意决策变量的控制都能达到调节中央空调负荷的目标。另外，在特定情况下，短时中央空调可通过关闭机组达到极限调节量，即使在不停机的前提下，中央空调的负荷调节能力也十分可观。

在柔性负荷响应潜力方面，提出针对用户参与需求响应的潜力评估方法，主要步骤包括研究对象和需求响应项目类型确定、基于用电特性的用户群聚类分析、分类需求响应项目参与率辨识、价格弹性计算和需求响应潜力评估，重点是适用于细分用户群的价格弹性计算方法。一般来说，需求响应潜力评估可分为电力负荷调研、数据整理和分析、回归模型建立及响应潜力预测等步骤。

3．柔性负荷的应用场景和对配电网的影响

柔性负荷对智能配电网全局优化和协调控制的效果有较大影响。如图 10-9 所示，馈线、负荷 1、负荷 2、负荷 3 是分布于 3 个协调控制区域中的柔性负荷。在输出功能扰动的影响下（如冷库的库温波动），各负荷在较短时间内完成停机状态与满负荷状态的切换，使各协调控制区域的功率波动。同时，三个负荷分别运行，极有可能导致三处电源同时满功率运行或处于停机状态，造成馈线出口交换功率大幅度变化；且当分布式电源出现功率缺额时，还将增加上级馈入功率。这些现象不仅偏离全局优化的目标，也违背了智能配电网减少外界来电的宗旨。

若将满足可控条件的柔性负荷纳入智能配电网功率协调控制，与分布式电源的区域协调控制共同改善区域及馈线的功率分布，既能给馈线带来益处，又能优化负荷自身的经济运行，降低用电量，还能使负荷的功能输出更稳定。

如图 10-10 所示，将智能配电网负荷控制分为以下两种状态：

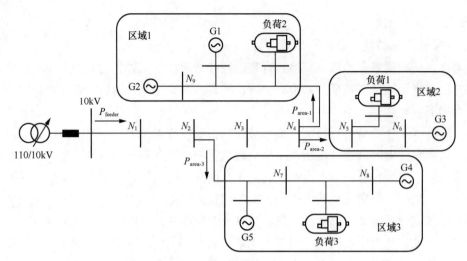

图 10-9　含有柔性负荷的智能配电网

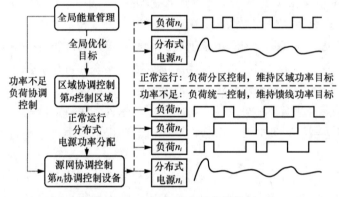

图 10-10　智能配电网负荷控制

（1）馈线系统正常运行时，各协调控制区域的电源功率满足该区域负荷需要。在全局优化目标指导下，馈线入口的交换功率及各区域入口交换功率维持在最优运行点附近。在此状态下：各区域协调控制器以负荷耗能最小为目标优化负荷运行方式；区域内分布式电源以维持该区域出口功率为目标运行。

（2）当馈线系统内发生较大功率缺额，如光伏、风机等受气象条件影响的分布式电源输出大幅度减少或退出，此时馈线上各区域入口功率已与最优值有较大偏差，可通过调节负荷减少馈线交换功率偏差。在此状态下：由全局优化决策系统计算所有柔性负荷运行方式，降低最大瞬时功率，平抑波动，使馈线功率偏差保持在目标值附近并更趋平稳；剩余分布式电源仍按馈线交换功率偏差执行控制，平抑负荷变化造成的馈线交换功率波动。

10.2.7　电动汽车充电站

1. 电动汽车发展的背景和挑战

截至 2023 年 6 月，全国电动汽车保有量约 1620 万辆，预计到 2030 年，预计将超过

1 亿辆，带来的用电量和用电负荷增长将对配电网安全运行产生深远影响。同时，随着新能源的快速发展，新能源发电（风光发电为主）接入电网的比例将越来越大，电动汽车充电站（桩）的数量也越来越多，这将带来一些严重的配电网问题。

一方面，越来越多的新能源发电接入大电网会使得大电网的鲁棒性变低，因为风光发电具有随机性、波动性；另一方面，电动汽车的集群充电（在某一时间段内有多辆电动汽车同时充电）会增加电网的负担（使得电网负荷曲线上移、出现"峰上加峰"等情况），影响电网的电能质量（电压、频率等产生偏差），严重时甚至会使整个电网系统崩溃。

2. 电动汽车充电形式及电动汽车与电网的互动

目前，电动汽车的充电方式有交流充电、直流充电和无线感应充电三种，其中交流充电和直流充电属于有线充电。交流充电是指使用交流电源为电动汽车提供电能的充电方式，功率一般较小，也被称为慢充。直流充电则是指充电设备将电网的交流电进行整流后再输入车辆的充电方式，充电功率从 20、40、60kW 到 200、250、350kW 都有，只要输入端（电网）和输出端（车辆）支持，可以做得很大，所以也被称为快充。

为了抑制电网过载（很大程度上由大量电动汽车集群充电引起）和新能源接入电网的波动，汽车对电网（vehicle-to-grid，V2G）的概念应运而生。所谓 V2G，就是可以实现电动汽车和电网之间的互动，从而使电动汽车在电网负荷低谷时吸纳电能，在电网负荷高峰时释放电能，以赚取差价收益。把每一部电动汽车视为一个小型的充电宝，当电网负荷低时插上充电枪自动储能，当电网负荷高时可以把动力电池的电能释放到电网中，这样可以有效缓解电网压力。交流充电和直流充电都可以实现 V2G 技术。

现在应用较多的是基于分时电价的电动汽车有序充电，根据电网发电情况制定不同的电价，引导电动汽车用户在电价低时进行充电。未来配电网正在研发和推广的技术，如基于 V2G 技术的有序充放电、电动汽车动力电池在电网中得到阶梯利用。

电动汽车与电网之间的友好互动具体体现在以下三个方面：①电网在低负荷时间段向电动汽车输送电能，电动汽车在满足自身需求的情况下给处于高负荷时间段的电网反向输送电能；②电动汽车与电网的实时信息通过双向通信装置进行双向传输；③根据电网和电动汽车的状态信息，有效地控制电动汽车群进行有序充放电。

理想情况下，对所有电动汽车的有序充放电进行集群控制，可以形成容量巨大的虚拟分布式储能电站。发电冗余情况下，可以通过统一调度加快电动汽车平均充电速度；反之，降低电动汽车充电速度。紧急用电情况下，可以要求电动汽车反向对电力系统放电以提供支撑。

3. 电动汽车充电对未来配电网的影响

能与电网进行互动的电动汽车充电站包含多元化充电站、电动汽车、车-网互动平台等。多元化充电站的主体设备包括无线双模充电设施、直流双向充电桩、交直流单向充电桩等。车-网互动平台实现站级充电柔性控制、分时充电管理和紧急供电支撑等功能。将电动汽车与电网互动平台接入智能配电网协调控制系统，并按调度端要求进行远动自动化设备改造。电动汽车与电网互动平台如图 10-11 所示。

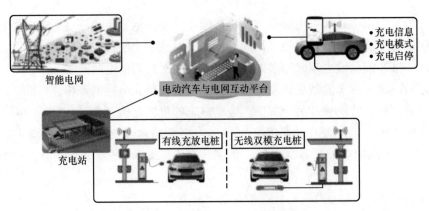

图 10-11　电动汽车与电网互动平台

大规模的电动汽车接入电网充电，会对配电系统的电能质量、线路过载以及配电设备运行的安全经济性造成负面影响。电动汽车作为移动式储能单元，若对其充电行为采取合理的控制和调度，可以大幅度减少对配电网造成的负面影响。

10.2.8　分布式储能

1. 分布式储能的概念和背景

近年来，随着储能技术经济性的不断提升，储能在可再生能源发电、智能电网、能源互联网建设中的作用日益凸显，我国也相继出台政策鼓励储能系统的建设与应用。根据接入方式及应用场景的不同，储能系统的应用主要包含集中式与分布式两种。集中式储能系统一般在同一并网点集中接入，目前主要应用于大规模可再生能源发电并网、电网辅助服务等方面，具有功率大（数兆瓦级到百兆瓦级）、持续放电时间长（分钟级至小时级）等特点。分布式储能系统则接入配电网，接入位置灵活，目前多应用于中低压配电网、分布式发电及微电网、用户侧等方面。分布式储能的功率、容量的规模相对较小。

电能的存储技术定义为以某种能量为介质实现电力存储、电能双向转换的技术。在我国已投运的储能项目中，抽水蓄能的累计装机占比为 93.5%，其优势是技术成熟、单体容量较大且设计寿命较长，主要应用于系统调峰、调频调相、事故备用、黑启动等场景；但抽水蓄能电站受选址条件的限制，需考虑对生态环境的影响，且建设周期较长，占地面积大，一次性投资费用较高，不适合较小容量储能分散接入配电网的场景。近年来，电化学储能以其布置灵活、功率高、能量密度大、建设周期短及可接受的循环寿命等特点，在发电侧、电网侧、用户侧均得到了较快的发展和应用，成为分布式储能发展的主流技术。

2. 分布式储能的应用场景和技术特点

分布式储能在电力系统的应用场景包括以下几种：

（1）削峰填谷。近年来，电网负荷峰谷差日益增大，可再生能源发电在电网渗透率的不断提高又进一步导致电网调峰压力增大。利用储能装置在负荷高峰时期放电，在负荷低谷时期从电网充电，可减少高峰负荷需求，节省用电费用，从而达到改善负荷特性、参与系统调峰的目的。通过实施削峰填谷，可以提高电力系统设备的利用率，并且延缓或减少发—输—配电环节设备的扩容与升级。

根据实施主体的不同，储能系统进行削峰填谷的目标也有差异：①当储能系统实施主体为电网时，从电网调峰角度考虑，为减少常规发电机组的开停机次数以及旋转备用的容量，储能系统削峰填谷的目标应为负荷波动小、峰谷差小；②当储能系统实施主体为用户或者第三方投资方时，储能系统削峰填谷的目标则变为节省电费、最大限度套利。目前，储能系统削峰填谷控制策略多以负荷波动最小为目标函数，并辅助经济性分析，从而实现储能系统充放电的优化管理。

（2）提高供电可靠性和电能质量。为避免电力系统的重要用户在电网故障或停电时的经济损失，可配置一定容量的储能系统作为应急电源或不间断电源，以有效提高供电可靠性。另外，储能系统可实现高效快速的有功功率和无功功率控制，快速响应系统扰动，调整频率与电压，补偿负荷波动，提高系统运行的稳定性，改善电能质量。

（3）调频。储能系统尤其是电池储能系统具备响应速度快、双向调节能力等优点，比传统的调频手段更加高效。但由于储能系统经济性的制约，电池储能系统的容量比传统调频电源小，因此储能系统参与系统调频一般是与传统的调频电源组合使用。在储能系统参与一次调频方面，有文献对储能系统辅助常规机组进行一次调频的控制策略进行了研究，主要使用了改进下垂控制方法。储能系统也可与风电联合提高风电机组的一次调频能力。在此模式下，也会相应减小风电场弃风量。在储能系统参与二次调频方面，针对传统调频中火电机组响应速度慢、机组爬坡速率小等问题，主要从储能系统辅助调频的角度，提出了基于模糊控制、遗传算法、灵敏度分析的储能系统参与调频控制的方法，以改善电网调频性能。

（4）分布式可再生能源消纳。分布式风电、光伏发电等可再生能源发电的随机性、波动性特点将会对其接入的配电网的运行控制产生冲击。储能系统可平滑分布式风光发电的有功功率波动、改善电能质量、提高跟踪计划出力的能力，从而减小分布式风光发电对电网的冲击，提高电网接纳具备高渗透率的分布式可再生能源发电的能力。目前，储能系统提高集中式大规模可再生能源发电方面，主要开展了平滑风光出力波动、跟踪计划等方面的控制技术研究，成果较多。分布式可再生能源发电由于接入位置、利用方式与集中式发电不同，因此控制需求也有差异，这方面的研究刚处于起步阶段。在110、220kV 变电站供电范围内配置储能，以储能用户、配电站房、变电站为实施对象，可部署多层级分布式储能协同控制系统，应用分布式储能状态监测与采集、无线通信、多层级协同控制等技术，实现分布式储能的高效利用、经济运行，提高配电网电能质量以及整体运行的经济性和可靠性。

如图 10-12 所示，分布式储能在电源侧、配电网侧、负荷侧都能发挥极大的作用。在电源侧，如风力电站、光伏电站，可平抑新能源发电的波动，提升新能源发电的品质，减少弃风与弃光，提升新能源发电的经济效益。在配电网侧，可参与电网的调频、调压与调峰，作为黑启动电源（调节快速、灵活）。在负荷侧，可参与削峰填谷、平移负荷、提高设备利用率，减少对供电容量的需求，延缓配电网投资。

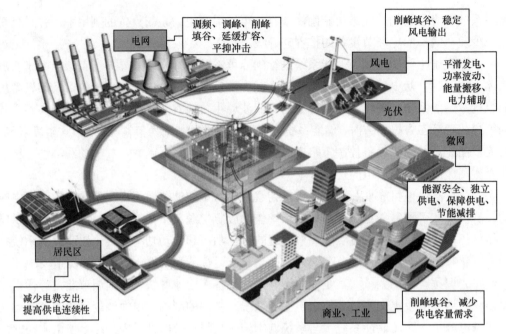

图 10 - 12　分布式储能在电网中的作用

3. 分布式储能对配电网的影响

　　储能作为配电网的灵活性资源之一，须结合配电网状态和协调控制策略，才能从总体上提高配电网的灵活性和适应性。集中式储能和分布式储能（电源侧、电网侧和用户侧）都为重要的应用场景。可在配电网范围内建设多地点、多类型、多层次的协同互动储能系统，加装数据感知设备完成分布式储能运行信息的充分感知，建设云边协同系统，完成分布式储能群协调互动，整体实现分布式储能群的融合互动，为我国储能的发展探索新型建设模式。

10.3　智能配电网新商业模式

10.3.1　分布式发电交易

1. 分布式发电交易的背景和概念

　　随着分布式电源的迅速增加，电力行业市场化程度低、公共服务滞后、管理体系不健全等制约因素逐步凸显出来。大量电力用户在拥有了分布式光伏等发电资源后，在消费电的同时可以生产电力，成为电力产消者。由于电力产消者的大量出现，新能源出力的不确定性与源荷不匹配的矛盾将越发突出，由于无法合理消纳，会出现大量的"多余电力"。传统的"全额上网"和"自发自用、余电上网"模式无法适应现在的市场形势，影响可再生能源的消纳。

　　分布式发电市场化交易，是分布式发电厂与配电网内就近符合交易条件（能消纳其全部上网电量）的一家或多家电力用户进行的电力交易，并以电网企业作为输电服务方签订三方供用电合同，约定交易期限、交易电量、结算电价、过网费标准及违约责任等。

2017 年 10 月，国家发展和改革委员会、国家能源局联合发布《关于开展分布式发电市场化交易试点的通知》（发改能源〔2017〕1901 号）。2018 年 1 月，国家能源局发布《关于开展分布式发电市场化交易试点的补充通知》（发改办能源〔2017〕2150 号）。

2. 分布式发电交易的模式和特点

分布式发电交易的模式及其主要特点如下：

（1）隔墙售电交易。分布式电源应尽可能与电网接入点同一供电电压等级范围内的消费者进行电力交易，实现就近消纳。这体现了分布式电源生产消费的实际情况，将为交易双方带来利益，促进分布式电源的发展和消纳。

（2）供需双方直接交易。分布式发电交易给供需双方均赋予了一定的选择权，供应方可以优先与更适合自己的消费者交易，消费者也可以根据自身用电需求选择一个或多个适合的供应方。

（3）主体多元化交易。参与主体更多元化，实时分布式交易。一方面，负荷侧终端消费者可以不再被动地接受电能，其有可能是拥有自己的发电设备的能源消费者；另一方面，传统电力市场的参与方，包括电网企业、发电厂、售电公司将扮演新的角色。

3. 分布式发电交易组织形式与过网费征收标准

（1）分布式发电交易组织形式：

1）建立分布式发电市场化交易平台，主要依托省级交易中心，在市县级电网区域设立分布式发电交易平台子模块。

2）符合准入条件的分布式发电项目向当地能源主管部门备案，经电力交易机构进行技术审核后，与就近电力用户按月或年签订电量交易合同。

（2）分布式发电交易过网费征收标准：

1）过网费由所在省（区、市）价格主管部门依据国家输配电价改革有关规定制定，在核定前暂按电力用户接入电压等级对应的省级电网公共网络输配电价（含政策性交叉补贴）扣减分布式发电市场化交易所涉最高电压等级的输配电价。

2）当分布式发电项目总装机容量小于供电范围上年度平均用电负荷时，过网费执行本级电压等级内的过网费标准，超过时执行上一级电压等级的过网费标准。

4. 分布式发电交易的应用场景和对配电网的影响

为了协调各类型电力市场参与者的利益和实现电网调控，各个国家基于不同的交易技术建立了多个分布式发电交易试点项目，主要包括虚拟电厂和点对点两种模式。

如图 10-13 所示，在虚拟电厂模式下，虚拟电厂由分布式电源、产消者、消费者三类分布式资源组成。分布式电源发电输送到配电网，配电网向消费者供电，产消者与配电网进行能量双向流动。分布式电源、产消者、消费者都与虚拟电厂平台发生信息流互动。为了配电网调控，分布式电源和产消者与配电网运营中心发生信息流互动，消费者与配电网运营中心不发生信息流互动。交易中心与配电网运营中心和虚拟电厂平台发生信息流互动，分布式电源、产消者、消费者则不与交易中心发生信息流互动。交易中心直接与虚拟电厂平台和配电网运营中心进行现金结算，虚拟电厂平台再与其内部各主体进行现金结算。

如图 10-14 所示,在点对点模式下,在售电方和客户之间增加了点对点交易平台一方。这种模式没有改变供电方式。点对点交易采用区块链技术,由售电商在区域电网中建立区块链系统,配电网运营中心、分布式电源、消费者、产消者都作为一个节点,数据在链中进行公开透明的分享。点对点交易采用去中心化方式,交易不经过电力交易中心。点对点交易平台将交易结果报告给售电商,再由售电商报告给电力交易中心。现金流方面,配电网运营中心、分布式电源、消费者、产消者等市场主体在区块链系统中自动结算,不经过交易中心和售电商。

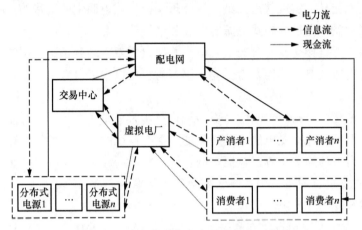

图 10-13　分布式发电交易虚拟电厂模式

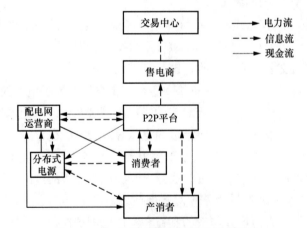

图 10-14　分布式发电交易点对点模式

10.3.2　电力市场辅助服务

1. 电力市场辅助服务的背景和概念

电力市场辅助服务是指为维护电力系统的安全稳定运行,保证电能质量,除正常电能生产、输送、使用外,由发电企业、电网经营企业和电力用户提供的服务,包括一次调频、自动发电控制、调峰、调谷、无功功率调节、备用、黑启动等。电力辅助服务市场机制是指发电企业、电网企业和用户以市场化交易的形式提供电力辅助服务的交易机制，其中需求侧响应是目前最主要的电力辅助服务市场交易内容。

需求侧响应是相对于供给侧（发电侧）响应而提出的，能起到电网调峰、调谷的作用，主要通过用户对市场价格信号或者激励机制的响应行为来实现。在用户的负荷调整方式方面，需求响应通常侧重在系统高峰时期激励用户削减与转移负荷；在系统发电出力过多或者系统负荷过低时，需求响应也可以用于激励用户增加负荷。根据不同的用户响应方式，可以将需求响应划分为基于价格的需求响应和基于激励的需求响应两种类型，见表 10-1。

表 10-1　　　　　　　　　　　需求响应分类

基于价格的需求响应	分时电价
	实时电价
	尖峰电价
基于激励的需求响应	直接负荷控制
	可中断/可削减负荷
	需求侧竞价
	紧急需求响应
	容量市场计划
	辅助服务计划

随着社会经济的快速发展和技术进步，用户侧空调负荷、储能系统、蓄冷蓄热系统、电动汽车、分布式电源等资源快速增长，极大地丰富了需求侧响应可控资源的类型和容量。用户侧可控资源的不断丰富，使需求响应资源的调节策略更加多元化。江苏、上海、北京等需求响应试点项目的建设为我国需求响应发展累积了宝贵的实践经验。

2. 电力市场辅助服务模式特点及功能

对于基于激励的需求响应，其服务模式包括直接负荷控制、可中断/可削减负荷、需求侧竞价、紧急需求响应、容量市场计划、辅助服务计划。模式特点及功能具体如下：

（1）直接负荷控制。直接负荷控制是指电网企业或需求响应系统运营机构在系统或地区配电网发生紧急情况时，在不给用户提前通知或只短时间提前通知的前提下，以支付给用户一定奖励或电费折扣为交换，遥控调整或关闭用户的电器设备。

（2）可削减/可中断负荷。可削减/可中断负荷是指电力用户同意在系统紧急情况下削减负荷，从而获得一个电价折扣或者电费抵扣的回报。如果用户没有如约执行削减，则会接受一个惩罚。可削减/可中断负荷通常由电力管制机构正式确认发布，并提供给一定容量门槛之上的用户。接受可削减/可中断负荷的电力用户要么做到直接降多少负荷，要么做到将负荷降至收到通知前的水平（通知一般由电网企业在 50~60min 前发出）。参与用户应以大型工商业用户为主。

（3）需求侧竞价。需求侧竞价旨在激励大型用户参与需求侧投标，表达其在某一价格下愿意削减的负荷数值，或在愿意削减一定负荷下所期望的价格。

（4）紧急需求响应。紧急需求响应是近年来兴起的需求侧响应项目，由系统运营机构设置一个激励性支付价格，在发生可靠性事故时，消费者削减负荷则可获得相应的激励性支付；但这种削减是自愿的，消费者也可以忽略系统运营机构发出的通知和请求，并不会造成惩罚。

（5）容量市场计划。容量市场计划可以看作可中断负荷项目和紧急需求响应项目的结合。在这种项目中，用户承诺在系统出现紧急情况时，执行一个事先约定或规定好的负荷削减，并获得一个确定的支付。容量市场计划可以看作一种保险，不管可靠性事件发生与否，参与者都能获得一个固定的支付。

（6）辅助服务计划。辅助服务计划可以让消费者以其可削减负荷作为运行备用直接参与电网系统运营商的辅助服务市场。

在新能源大举进入配电网后，电网峰谷差等不平衡现象越来越多，电网运营压力加大，需求响应市场有很大发展潜力。目前，需求响应执行流程如图 10－15 所示。

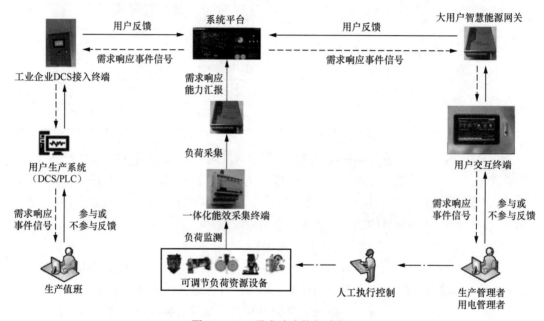

图 10－15　需求响应执行流程

3．电力市场辅助服务的应用场景和对配电网的影响

在配电网运行和电力市场运营层面，需要有效解决高比例新能源的接入和消纳问题，实现源网荷储一体化等多级耦合的分层协同调控机理和市场运营模式，解决平抑新能源间歇性、波动性、弱惯量等对配电网运行带来的安全稳定影响；协调需求侧发用电一体"产消者"大量涌现的新问题，以及智能微电网、新型储能设施与系统、负荷聚合商、虚拟电厂等多元主体和多种灵活资源互动时，参与电力系统运行和电力市场交易、需求响应模式等问题。尤其是需求侧灵活资源和新型储能的作用与定位将发生重大变化，更需要充分利用和发挥其不可替代的重要作用。与此同时，还需要适应和融入伴随而来的新技术、新模式、新业态快速发展的新形势。

要有效应对以上挑战，保证新型电力系统的灵活柔性，保障电网安全稳定可靠和电能质量、新能源接入和消纳，支撑市场机制下的协同运行与电力交易，必须要有适应新形势的电力市场辅助服务体系，能够激励和调动电源侧、电网侧、需求侧和新型储能等全电力系统的灵活资源参与其中。

10.3.3   配电网智能代运维

1. 配电网智能代运维背景和概念

配电网智能运维，就是利用先进的物联网信息化技术对配电室电气运行设备进行 24h 实时在线监测和集中监控，能够综合分析配电室设备的各种数据；通过利用各种接口方式接入配电室的在线监测数据、设备负荷数据、环境监测数据和视频音频信息实现远程巡视，能够快速故障诊断并进行处理，降低设备维护成本、减少停电损失，提高工作效率。通过大数据分析对用电设备进行合理调度和有效监控，合理使用电能，提高效益；消除用户终端配电系统的安全隐患，扫除人工运维盲区，减少故障发生率，延长重要负荷设备的使用寿命。

2. 配电网智能代运维模式特点及功能

现在市场上的电力运维业务参与主体由传统电力企业或关联公司及工程安装公司组成，其中传统电力企业或关联公司占据大部分份额，这类企业凭借自身在技术、资源上的优势，掌握着大量的客户资源。但是，因为传统电力企业的技术手段落后、管理颗粒度偏大等会导致响应机制落后，而且传统电力企业竞争意识差、服务意识淡薄，这些方面表现出的问题在配电网环节比较突出，不能满足市场客户的升级需求。

一般来说，供电公司和用电单位的责任分界在高压计量点之后。用户端电力设施的运维大多还停留在物业电工、外聘电工管理阶段。与专业电力公司相比，普遍缺乏科学而高效的管理手段，成本高、响应慢，因此传统的运维体制正面临着剧烈冲击，更加开放、灵活和资源优化的社会化维保协作生态，以及互联网化的维修、保障服务体系转型趋势很明显。

传统电力运维企业往往采用游击方式获取客户，缺少服务的标准化体系，人员调配随意性大且效率不高。近年来，随着人力成本的上升和业务量的增大，采用传统手段进行配电运维服务已经不能满足优质服务、快速服务的目标。

正是出于电力运维的现状与发展瓶颈，基于云计算、大数据、移动通信等技术的电力智能运维系统将取代传统电力运维系统。

大量非电网公司的运营主体进入配电网市场后，会产生为配电网运营商及大用户服务的配电网代运维市场新商业模式。针对配电网架空线路、电缆线路、开关站、箱式变压器、柱上变压器、环网单元等各类应用场景，基于配电网运维结构性缺员等现状，从降低运维人员劳动强度、提高工作效率出发，利用无人机巡检、机器人巡检、虚拟现实应用、光纤测温、故障测距、卫星遥感、北斗短报文等技术，实现配电网设备的"自动巡检"、状态的"实时监控"、隐患的"提前预警"和故障的"精准研判"。配电网智能运维服务如图 10-16 所示。

3. 配电网智能代运维应用场景和对配电网影响

随着技术的发展和电力体制改革的深化，配电网智能代运维市场将出现新的应用场景，呈现出新的特点：

图 10-16　配电网智能运维服务

（1）市场进入者、商业模式都将更加多元化。未来大量的电力工程建设商、成套设备制造商等企业会转向运维和能源服务领域，从而催生大量的商业新模式和新业态。在经济发达地区和用能发达地区，电力运维业务已经开始逐步转向市场化。电网公司正逐步把更多的运维业务剥离出来外包给第三方运维公司，工商业大用户也开始接受并采用电力运维业务外包。

（2）智能电力运维业务与配售电业务会更加紧密。随着国家电力体制改革和能源政策的不断推新，一些配售电公司开始有计划地直接参与运维或并购有用户资源的电力运维企业，其目的就是通过运维业务与客户建立长久良好的合作关系，从而获得更高的客户黏度，为电力市场进一步放开做前期准备。而运维业务新兴技术的引入，必然带来大量的配电网基础技术数据，对于售电公司而言，这为构建用户用电大数据和云平台提供了支撑，下一步将为用户进行复核预测及增值服务提供解决方案。

（3）区域级的能源互联网时代即将来临。以电力运维为起点，快速切入客户，占据用户流量入口，增加客户体验，能解决用户最根本的需求和痛点。无论是配电网投资建设、售电交易还是电力智能运维，这些都是为了最大限度地降低区域内能源损耗，提升能源用户体验。从这种意义上来讲，它们都是能源互联网时代来临的一个入口。当交易层成为人人可售电，设备层抵达物联智能决策的时代后，客户将充分享受到智慧能源带来的绿色低碳、充满关怀的能源体验。

未来配电网的运维服务，一方面向运维服务商提供资产管理、项目运营管理等增值服务，另一方面向代运维的终端用能客户提供用能监视、在线业务申请办理等增值服务。最终借助平台建立综合能源服务公司与配电网运营商、终端用能客户的纽带，提升用户黏性，进而扩大客户群体，实现客户聚合；基于广泛客户资源和相关数字平台，探索开展虚拟电厂、市场化交易、多能协同等市场化增值服务或有偿数据服务，进而获取长期稳定收益。

10.3.4　综合能源服务

1. 综合能源服务概念和背景

随着我国电力体制改革的逐步深入，综合能源服务作为一个重要的发展方向逐步受到广泛关注。综合能源服务是以电能为核心，多能耦合、协同优化、综合利用的一种能源利用形式。目前，应用较多的技术路线是光储充模式和天然气三联供模式。综合能源系统可以实现各种能源的协同优化。利用各个能源系统之间在时空上的耦合机制，一方面可实现能源的互补，提高可再生能源的利用率，从而减少对化石能源的利用；另一方面可实现能源的梯级利用，从而提高能源的综合利用水平。

2. 综合能源服务的模式和特点

综合能源系统可以实现不同能源形式之间的转换，如可以将过剩电能转化为易于存储的氢能等其他能源形式，从而实现可再生能源的高效利用与大规模消纳，从根本上对能源结构进行调整，促进可持续发展。此外，由于各个能源系统之间的互联，当某个能源系统出现故障时，其他的能源系统可通过获取相应信息，利用能源之间的转换弥补故障时的供能缺额，为能源系统在紧急情况下的协调控制提供更为丰富的手段，从而实现整个综合能源系统的稳定与可靠运行。

综合能源服务本质上是由新技术革命、绿色发展、新能源崛起引发的能源产业结构重塑，从而推动新兴业态、商业模式、服务方式不断创新。综合能源服务具有综合、互联、共享、高效、友好的特点。综合是指能源供给品种、服务方式、定制解决方案等的综合化。互联是指同类能源互联、不同能源互联以及信息互联。共享是指通过互联网平台实现能源流、信息流、价值流的交换与互动。高效是指通过系统优化配置实现能源的高效利用。友好是指不同供能方式之间、能源供应与用户之间友好互动。

3. 综合能源服务的应用场景和对配电网的影响

在我国电力体制改革深化和"双碳"目标背景下，尤其是增量配电业务放开后，综合能源服务商的基本业务模式可从供能侧和用能侧出发，通过能源输送网络、信息物理系统、综合能源管理平台以及信息和增值服务，实现能源流、信息流、价值流的交换与互动。整个综合能源服务可看作一种能源托管模式。在理想盈利模式中，除了产业链和业务链的构建之外，其盈利主要来源于以下四个方面：

（1）核心服务。核心服务包括能源服务和套餐设计。在能源服务方面，主要体现在集中出售电、热、水、气等能源，可节约总体成本；而在套餐设计方面，主要体现在综合包、单项包、应急包和响应包。

（2）潜在收益。潜在收益包括土地增值和能源采购，主要应用于园区。在土地增值方面，主要体现在入驻率上升、开工率上升和环境改善；而在能源采购方面，主要体现在园区用能增加，电力、燃气以及液化天然气的议价能力提高。

（3）基础服务。基础服务即能源生产，包括发电和虚拟电厂。在发电方面，主要体现在清洁能源发电和可再生能源发电，自用电比例越高，收益越好；而在虚拟电厂方面，主要体现在储能、节能、跨用户交易和需求侧响应。

（4）增值服务。增值服务包括工程服务和资产服务。在工程服务方面，主要体现在实施平台化和运营本地化；而在资产服务方面，主要体现在设备租赁、合同能源管理和碳资产。

在售电侧和配电网侧同时放开的情况下，综合能源服务商可同时拥有配售电业务，并且能为园区内电力用户提供增值能源服务，可采用"配售一体化+综合能源服务"的商业模式。这一模式既考虑到基础的配售电服务，又将综合能源等一系列增值服务纳入盈利范畴，具有良好的持续性和可发展性。综合能源服务商的商业模式如图 10-17 所示。

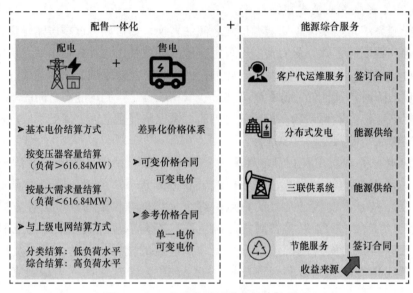

图 10-17 综合能源服务商的商业模式

10.3.5 电力数字化增值

1. 电力数字化增值的概念和背景

电力数据主要来源于电力系统发、输、变、配、用各个环节，涵盖电力生产、电网运行、企业管理及营销服务等业务领域。电力数据是反映社会经济的晴雨表。融合电力数据，外部企业能够对行业发展景气预测、业务特征分析等开展深度挖掘，并指导业务经营决策。因此，电力数据运营服务能够对社会经济产生"正能量""高价值"。

当前社会对电力的依赖程度越来越高，从而对电网公司提出了供电更加可靠、电网更加坚强、服务更加智能等要求；受电力市场开放、输配电价降低、电量增长减速等因素驱动，电网业务面临日趋激烈的市场竞争，需要研究并发展新业态、新业务模式，挖掘新的业务增长点；互联网经济、数字化经济等社会经济形态发生变化，电网企业需要加快数字化转型，并发挥电力数字化的增值能力，使得如何发挥数据价值、推动数据创新成为一个新的命题。

2. 电力数字化增值服务模式和特点

电网企业数据资产呈现出典型的大数据特征。这些电力大数据来自电力生产和电能使用的发电、输电、变电、配电、用电和调度各个环节，包括电网运行、设备管理、营销服务和企业管理等各类数据，蕴藏着反映电力企业生产经营和客户服务状况的丰富信息。同时，电网企业所涉及的用电客户覆盖所有行业，且分布地域广泛，所拥有的电力负荷数据能够反映全社会的工商业生产情况，电量数据能够反映全社会的消费情况，将两者通过时域、空域结合在一起，能够更为直观地展示国民经济、社会运行发展的状况，是经济生活的晴雨表。

3．电力数字化增值服务的应用场景和对配电网的影响

电力企业的大数据增值服务正处于探索研究和试点应用阶段，但已有部分数据增值模式被成功应用，并服务于政府的科学决策、企业的持续经营以及社会的和谐发展等。下面通过一些具体的应用场景来介绍四种典型的数据增值模式：

（1）数据自营模式。数据自营模式要求企业自身拥有海量数据和大数据技术，同时具备一定的分析能力，能够根据数据分析结果改进现有产品或预测未来，进而实现数据增值。典型应用场景有设备检修、准实时线损分析、反窃电稽查 3 种。

（2）数据融合模式。数据融合模式是指通过整合所有类型的数据来为政府、企业等用户提供决策支持，从而获得利润，实现数据增值的模式。这种模式以为用户提供分析性报告和决策支持为目的，优点在于可快速迭代，实施成本低，可快速响应业务需求；缺点是可能会造成重复建设，且需求调研较为困难，难以同时满足多方的业务需求。比较典型的应用场景有企业复工电力指数分析、闲置率识别、区域及行业用电监测等。

（3）数据众包模式。数据众包模式是指企业从大数据的角度出发，从创新设计领域切入，将产品设计转向用户，通过搜集消费者产生的海量数据，进行数据测评，找到产品设计的最佳方式。这种模式的核心是用户创造数据，优势在于强调了社会的差异性、多元性带来的创新潜力。因其倚重"草根阶层"，从而大大降低了企业运营成本，而且使产品更具创造力和适应性。具体的应用场景包括基于用户行为的售电套餐、根据用户反馈改进自身服务等。

（4）数据服务模式。数据服务模式提供数据接口服务，数据已经在内部加工完成，对外提供的是封装好了的应用程序接口服务。企业将大数据能力封装为开放接口，开放给行业客户进行订阅调用，也可根据应用场景提供较为灵活的按需定制服务。该模式的优点是易实现快速规模化，对数据资源拥有方的吸引力较大，数据安全自主可控。其缺点是以提供查询、验证服务为主，服务价值不高；数据加工的深度不足，难以应对较复杂的外部需求。

在未来，电力企业需从以下几方面着力：首先，电力企业必须探索更有效的数据脱敏方法，构建面向应用运维和开放多场景的数据脱敏方案，这是提高数据共享和开放能力的基石。其次，电力企业可以凭借自身的数据资产优势，搭建用于数据分享、数据交易和数据分析的电力大数据平台，并将电力大数据应用于社会治理、房地产、疫情防控、经济调控等领域。电力企业通过将自身的大数据技术与海量数据相结合，提高数据共享和开放能力，借助平台进一步巩固自身的数据资产优势。最后，电力企业需要精准捕捉市场需求，找准电力大数据增值服务的切入点，才能培育出系列化的高价值数据增值模式和服务产品，助力国家治理现代化，推动"数字新基建"和提质增

效不断深化。

10.4 智能配电网新技术应用

10.4.1 电力电子技术在智能配电网中的应用

1. 电力电子技术的基本原理和特点

电力电子技术是一门新兴的应用于电力领域的电子技术，就是使用电力电子器件如晶闸管（thyristor）、门极关断晶闸管（gate turn-off thyristor，GTO）、绝缘栅双极晶体管（insulated gate bipolar transistor，IGBT）等对电能进行变换和控制的技术。电力电子技术所变换的"电力"功率可大到数百兆瓦甚至吉兆瓦，也可以小到数瓦甚至 1 瓦以下。与以信息处理为主的信息电子技术不同，电力电子技术主要用于电力变换。

电力电子技术分为电力电子器件制造技术和换流技术（整流、逆变、斩波、变频、变相等）两个分支。电力电子技术是建立在电子学、电工原理和自动控制三大学科上的新兴学科。电力电子技术的内容主要包括电力电子器件、电力电子电路和电力电子装置及其系统。电力电子器件以半导体为基本材料，最常用的材料为单晶硅，其理论基础为半导体物理学，工艺技术为半导体器件工艺。近代新型电力电子器件中大量应用了微电子学技术。电力电子电路吸收了电子学的理论基础，根据器件的特点和电能转换的要求，又开发出许多电能转换电路。这些电路中还包括各种控制、触发、保护、显示、信息处理、继电接触等二次回路及外围电路。利用这些电路，根据应用对象的不同，组成的各种用途的整机，称为电力电子装置。这些装置常与负载、配套设备等组成一个系统。电子学、电工学、自动控制、信号检测处理等技术在这些装置及其系统中有大量应用。

利用电力电子器件实现工业规模电能变换的技术，有时也称功率电子技术。一般情况下，它是将一种形式的工业电能转换成另一种形式的工业电能。例如，将交流电能变换成直流电能或将直流电能变换成交流电能；将工频电源变换为设备所需频率的电源；在正常交流电源中断时，用逆变器将蓄电池的直流电能变换成工频交流电能。应用电力电子技术还能实现非电能与电能之间的转换。例如，利用太阳能电池将太阳辐射能转换成电能。与电子技术不同，电力电子技术变换的电能是作为能源而不是作为信息传感的载体，因此人们关注的是所能转换的电功率。

电力电子技术在电力系统中已有广泛而重要的应用，在电网中的作用主要体现在以下方面：①提升电网资源优化配置能力；②提高电网安全稳定运行水平；③提高清洁能源并网运行控制能力；④提高电网服务能力；⑤应用于微电网，向偏远地区、岛屿等小容量负荷供电；⑥有利于城市配电网增容改造。

2. 电力电子技术在智能配电网中的应用

电力电子技术在智能配电网中的应用目前主要包括接入配电网的换流器及其控制、直流配电网、静止无功发生器、灵活交流输电（flexible AC transmission system，FACTS）、低压柔直设备、柔性开关、分布式光伏并网等，解决（光伏伴侣）分布式储能技术、智能开关技术、配电网电能质量治理等方面的问题。

（1）接入配电网的换流器及其控制。新能源如风电、光伏、燃料电池等，目前基本都是通过基于电力电子技术的换流器并入电网的。风力发电的大容量机组基本为双馈型和直驱型两种。双馈异步风力发电机（double fed induction generator，DFIG）是一种绕线式感应发电机，其定子绕组直接与电网相连，转子绕组通过变频器与电网连接，转子绕组电源的频率、电压、幅值和相位按运行要求由变频器自动调节，机组可以在不同的转速下实现恒频发电，满足用电负载和并网的要求。直驱式风力发电机（direct-driven wind turbine generator，DWTG）是一种由风力直接驱动的发电机，也称无齿轮风力发电机，其采用多极电机与叶轮直接连接进行驱动的方式，免去了齿轮箱这一传统部件。发电机发出电能后经过一个全功率的交流-直流-交流（AC-DC-AC）换流器并入电网。光伏发电中，光伏逆变器是核心设备。光伏逆变器是将光伏太阳能板产生的可变直流电压转换为市电频率交流电的逆变器。其采用电力电子控制和制造技术，有直流-交流（DC-AC）、直流-交流-直流（DC-AC-DC）等多种拓扑和控制方式。随着光伏发电等新能源技术的普及，以及分布式新能源在配电网中渗透率的增加，智能逆变器和智能换流器正在大力推进，其除了能完成直流-交流转换的基本功能外，还将提供低/高电压穿越、自动发电、自动弃光、谐振抑制、阻尼振荡、电网支撑等辅助服务。参与并网的每一个逆变器和换流器均是电网的一部分，并需要在电网稳定性上发挥作用。

（2）直流配电网。直流配电网比交流配电网更加稳定，采用直流模式建设电网可以从根本上消除交流电网的稳定性问题，因此低压直流配电技术在新能源接入、数据中心、舰船、飞机等场景中得到大力研究和应用。直流配电网是相对交流配电网而言的，其提供给负荷的是直流母线，直流负荷可以直接由直流母线供电，而交流负荷供电则需要经过逆变设备，如果负荷中直流负荷比例较大，直流配电将会有较大优势。直流配电网线损小，可靠性高，不需要相频控制，接纳分布式电源的能力强。直流配电网还有柔性直流台区互联的应用，具有解决各台区能量分布不均和新能源消纳问题的能力。直流配电网中的电力电子变压器、直流开关等关键设备都采用电力电子器件制造，并进行智能控制。随着配电网中分布式可再生发电容量占比的不断提高，分布式储能、直流负荷供电需求日益显现，配电网中潮流在电网与用户之间、高压配电网与中压配电网之间、中压配电网与低压配电网之间双向互动的需求越来越多。而直流配电具有功率双向灵活可控、隔离故障快、响应速度高等优势，将成为未来配电网的发展方向。

（3）静止无功发生器。静止无功发生器是指采用全控型电力电子器件组成的桥式换流器来进行动态无功功率补偿的装置，其在补偿基波无功功率的同时，可以消除开关频率以下的谐波。静止无功发生器是一种基于大容量静止换流器的动态无功功率补偿设备，以电压源逆变器为核心，经过电抗器或者变压器并联在电网上，通过调节逆变器交流侧输出电压的幅值和相位，或者直接控制其交流侧电流的幅值和相位，可迅速吸收或者发出所需要的无功功率，实现快速动态调节无功功率的目的。当采用直接电流控制时，直接对交流侧电流进行控制，不仅可以跟踪补偿冲击型负载的冲击电流，而且可以对谐波电流进行跟踪补偿。静止无功发生器的基本原理是利用可关断大功率电力电子器件如集成门极换流晶闸管（integrated gate-commutated thyristor，IGCT）组成自换相桥式电路，经过电抗器并联在电网上，适当地调节桥式电路交流侧输出电压的幅值和相位，或者直接控制其交流侧电流，就可以使该电路吸收或者发出满足要求的无功电流，实现动态无功功率补偿的目的。

（4）智能开关。随着电力电子技术的发展，IGBT、IGCT、GTO 等全控型器件的承压等级不断增加，成本逐渐降低，电力电子开关开始大量应用于智能开关。电力电子开关的典型应用有柔性多状态开关和直流断路器、光伏伴侣等。

1）柔性多状态开关。柔性多状态开关的概念和特征在 10.2.3 中已有详细介绍，这里不再赘述。

2）直流断路器。随着直流配电网的快速发展，直流断路器作为直流配电网的关键技术，也得到大量的研究和应用。直流断路器目前主要有直流固态断路器和混合式直流断路器两类。完全由可控型半导体器件构成的直流固态断路器，以毫秒级分断能力、无触点、分断不产生电弧等优点受到广泛关注。直流固态断路器切除故障电流速度更快，但通态损耗相对较大、成本较高。混合式直流断路器则用快速机械开关导通正常运行电流，用固态电力电子装置开断短路电流，有效地结合了机械式断路器通态损耗小、固态断路器开断速度快的特点。

3）光伏伴侣。近年来，大规模分布式光伏接入低压配电网后，不仅会影响非光伏用户的供电质量，也会限制低压分布式光伏的发展。对此，光伏伴侣提供了解决方案。由于农网承载能力弱且消纳光伏能力不足，会引起潮流逆流、低压线路三相电压不平衡、末端高电压等电压质量问题，影响用电设备安全。国电南瑞科技股份有限公司进行了创新探索，经过反复试验，利用相间功率主动平衡、低压线路互联功率转移、无功电压补偿等多级电压调节原理，研发了光伏伴侣装置，促进了光伏消纳，解决了上述难题。光伏伴侣可以用于高渗透率光伏接入的配电网低压线路电压的综合治理，具备相间电量主动平衡、分相阻抗精准匹配、低压线路柔性互联、移动储能模块即插即用、区域光伏全景感知、配电网末端自治和多电力电子系统谐振治理七大功能，为大规模光伏接入引起的低压线路电压问题提供了有效解决方案。光伏伴侣模块与接口如图 10-18 所示。

光伏伴侣是一种适应配电网低压线路末端光伏满发的综合控制装置，包括区域协调管理模块、功率调整电路模块、标准化即插即用接口模块。区域协调管理模块用于发送控制命令，实现综合控制装置的实时优化运行控制，并负责管理内部和外部的通信。功率调整电路模块用于接收和执行区域协调管理模块的控制命令，并根据控制命令实时跟踪控制，自动分配电路功率。标准化即插即用接口模块用于与配电网调度主站系统、配电网智能融合终端、区域内光伏逆变器、储能电池管理系统（battery management system，BMS）、本地运维移动端进行通信，获取控制数据，并下达光伏逆变器的控制指令，将综合控制装置的控制数据传送至移动端运维平台，并接收运维平台的运维数据。可根据需求选配分布式储能、智能电抗、智能电容、柔性互联、分布式光伏控制，解决大规模分布式光伏接入低压线路导致的消纳问题，具有补偿方式灵活、调节速度快、功能丰富等特点。

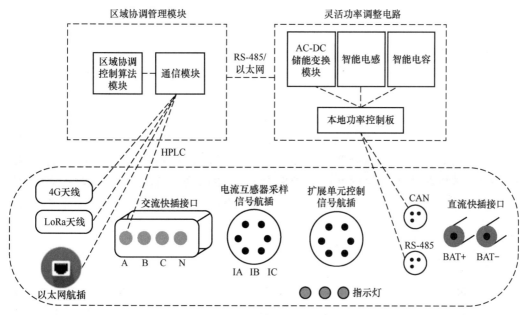

图 10－18　光伏伴侣模块与接口

3．电力电子技术在智能配电网中的应用案例

目前，电力电子技术在智能配电网中的实际应用案例包括配电网 FACTS 装置、固态开关设备、补偿器和有源滤波器等装置，以及低压直流配电系统和各种储能设备。下面对一些常用的配电网 FACTS 装置进行介绍。

（1）串联补偿器。串联补偿器起着将系统与负荷隔离的作用，因此可以看作面向负荷的补偿装置，用于防止诸如电压波动、不平衡和高次谐波等系统非正常运行对负荷产生的影响。由于串联补偿器仅用于对特定负荷加以补偿，因此其容量取决于负荷的容量和要求补偿的范围。配电系统中串联补偿器的一个典型应用实例就是动态电压恢复器（dynamic voltage restorer，DVR）。动态电压恢复器的核心部分是一个直流侧备有储能装置的同步电压源逆变器。在控制状态下，该逆变器可以通过对直流侧电源进行逆变产生一个与电网同步的三相交流电压，该电压通过变压器与原电网电压串联向负荷供电。当线路侧电压发生突变时，该逆变器的输出电压可以在几个毫秒之内发生相应的变化，以补偿异常电压与正常电压之差，从而保证施于电压敏感设备的电压变化维持在允许的范围内，不影响设备的正常运行。此外，当发生短时间内供电中断时，串联补偿器可从储能装置中获取能量，继续向负荷提供电力。

（2）并联补偿器。并联补偿器与负荷相并联，用来抑制负荷（如钢厂、电气化铁道、大型换流器等）所产生的高次谐波、不对称、无功功率和闪变等有害因素对系统的影响，所以可以看作面向系统的补偿装置。并联补偿器的容量及其对系统性能的改善程度不仅取决于负荷的运行情况，而且取决于系统的容量。在实践中，它多用于抑制负荷所引起的闪变和高次谐波。其中最典型的应用实例是配电静止无功补偿装置（distribution static var compensator，DSVC）和配电静止同步补偿装置（distribution static synchronous compensator，DSTATCOM）。

（3）有源电力滤波器。有源电力滤波器（active power filter，APF）是一种用于动态抑制谐波、补偿无功功率的新型电力电子装置，它能够对大小和频率都变化的谐波以及变化的无功功率进行补偿。之所以称为有源，是因为有源电力滤波器需要提供电源（用以补偿主电路的谐波），其应用可以克服无源滤波器等传统的谐波抑制和无功功率补偿方法的缺点（传统方法只能实现固定补偿），实现了动态跟踪补偿，而且可以既补偿谐波又补偿无功功率。有源电力滤波器可广泛应用于工业、商业和机关团体的配电网中，如电力系统、电解电镀企业、水处理设备、石化企业、大型商场及办公大楼、精密电子企业、机场/港口的供电系统、医疗机构等。根据应用对象的不同，有源电力滤波器的应用将起到保障供电可靠性、降低干扰、提高产品质量、增长设备寿命、减少设备损坏等作用。

4. 电力电子技术在智能配电网中的技术热点及发展

智能配电网在技术上的驱动力主要源于电力电子技术、新能源发电技术、传感技术、通信技术（尤其是无线通信技术）以及相应的电网控制技术等。在电力电子技术方面，包括新型储能技术、配电网灵活输电技术以及先进的信息、控制、传感等技术，用以承载大规模可再生能源并网发电，最终实现电网高效、稳定、安全运行。智能配电网中的电力电子技术包括以直流配电网、柔性直流互联等为代表的直流配电网技术，以智能开关为代表的同步开断技术，以静止无功发生器、动态电压恢复器为代表的用户电力技术，以及以用户端分布式发电系统为代表的终端电能变换技术等。

智能配电网中的电力电子技术特点是容量大、电压高、组合结构、分布广。智能配电网中的电力电子技术仍在发展之中，大部分要与变压器相结合。目前存在的主要问题有：功率半导体器件能力需要提升，在承压和通流能力方面期待有新的功率半导体器件出现，现有器件和装置的功能和性能还满足不了要求。电力电子技术目前正在向更大容量、直接变换、高可靠性、保证电能质量等方面发展。

10.4.2　人工智能技术在智能配电网中的应用

1. 人工智能技术的基本原理及特点

随着数据处理技术和计算机硬件技术的发展，以深度学习为代表的人工智能技术迎来了第三次浪潮。2016 年，"人工智能"一词已被写入我国"十三五"规划纲要，明确人工智能作为国家新一代信息技术的主要方向。2017 年，国务院出台了《新一代人工智能发展规划》，有力推动了人工智能技术的研发和产业化发展。2019 年 1 月，国家电网公司提出了"三型两网、世界一流"的战略目标，充分应用移动互联、人工智能等现代信息技术和先进通信技术，实现电力系统各个环节万物互联以及人机交互，从而打造出具有状态全景感知、信息高效处理、应用便捷灵活等全面功能的泛在电力物联网。

电网运行调控方式日趋复杂，传统的基于机理分析与电网模型的调控方法，在处理配电网非线性、非连续性以及预测不确定性问题时，很难达到预期效果。伴随着深度学习等人工智能技术的飞速发展，基于数据驱动方式的人工智能技术在解决上述问题方面具有潜在的"去模型化"技术优势。基于先进人工智能技术训练的辅助调控智能体（agent）具有潜在的强模式识别能力与快速决策能力，可有效辅助电网调控部门对当前运行模式进行快速分析和决策。随着分布式计算以及大数据分析技术的发展，利用人工智能技术解决大电网调控中的难题已成为可能。

为了充分发挥人工智能技术的优势以支撑电网调控业务的发展，需要将人工智能技术特点及优势与电网调控业务的需求相结合。人工智能技术以数据驱动为特征，擅长解决一些特定、复杂的规则化或模式识别（去模型化）问题，如具有明确规则且耗费大量人力的工作，以及目前基于模型机理分析并不能很好解决的调控任务。换言之，只有针对上述问题，人工智能技术才可能真正发挥其优势。目前，人工智能技术在互联网领域的应用发展比较广泛，其应用场景和方案也主要围绕着图像识别、语音识别和自然语言理解来开展。

大数据技术作为人工智能技术的一个分支，在电力领域中已有大量应用。国际各大电力企业都在积极推进大数据技术应用，并取得了一定效果。例如，法国电力公司基于大数据技术的用电采集应用，已安装 3500 万个智能电能表，采集的主要对象是个体家庭的用电负荷数据。以每个电能表每 10min 抄表一次计算，3500 万个智能电能表每年会产生 1.8386×10^{12} 次抄表记录和 600TB 压缩前数据。电能表产生的数据量在 5~10 年内将达到拍字节（PB）级。针对这一情况，法国电力公司研发部门成立了 BigData 项目组，对数据进行挖掘分析，实现对负荷曲线数据的高速处理，使短期用户的用电趋势能被预测。借助大数据技术研究海量异构数据的处理架构，形成能够支撑复杂、并行的数据处理能力，使某些应用实现实时处理。在电源管理方面，Cloudera 公司在美国田纳西河流域管理局的项目上设计并实施了基于 Hadoop 架构的智能电网，帮助美国电网管理了数百太字节（TB）的同步相量测量装置（phasor measurement unit，PMU）数据。在新能源接入方面，2012 年丹麦维斯塔斯（Vestas）风力技术集团通过分析包括拍字节（PB）级气象报告、潮汐相位、地理空间、卫星图像等结构化及非结构化的海量数据，优化了风力涡轮机布局，提高了风电发电效率。在电网规划方面，美国加利福尼亚大学洛杉矶分校的研究人员将加利福尼亚州的人口调查信息、电力企业提供的用户实时用电信息和地理、气象等信息集合在一张"电力地图"中。在售电分析方面，日本九州电力公司对海量电力系统用户消费数据进行了快速并行分析，并在该平台基础上开发了各类分布式的批处理应用软件，提高了数据处理的速度和效率。

2．人工智能技术在智能配电网中应用

人工智能在智能配电网中的应用包括配电网调度智能驾驶舱、设备画像、智能语音交互、调控行为的挖掘与智能推荐、故障智能诊断、负荷预测、异常数据辨识与校正、线路复电辅助决策、基于计算机辅助设计（computer aided design，CAD）的厂站接线图生成、电网潮流图自动生成、智能无人机巡检、大数据技术及应用。人工智能在配电网的应用主要包括人工智能改善人机交互、人工智能参与预测和进行大数据分析，以及人工智能参与电网决策三个层面。

（1）人工智能改善人机交互的层面，主要应用包括人工智能最为擅长的语音识别，如语音机器人、用机器人参与人工服务、通过语音进行系统操作等。

语音交互。基于电力调度领域的数据资源，针对性地开展语音识别模型的研究和训练，搭建语音中台，通过语音识别、语义理解、语音合成等技术完成调度人员与智能调度系统之间的信息交流，实现身份认证、智能问答、调度系统操作等应用场景，提升电力调度领域的人机交互服务水平。

（2）人工智能参与预测和进行大数据分析层面，主要应用包括人工智能最为擅长的数据分类、图像识别等，用以处理配电网的一些业务，如设备画像、故障智能诊断、负荷预测、异常数据辨识与校正、智能无人机巡检、发电预测、台区站房应用、配电网识别状态、人工智能诊断等。

1）设备画像。可基于人工智能开放平台，采用深度学习技术，通过在线监测设备以一定时间间隔进行拍照，利用识别外部安全隐患的图像技术，及时排查输电线路外部隐患并达到实时监控的目的，从而实现输电运检模式从自动化向智能化的转变。该应用就其本质而言，属于图像识别的范畴。

2）故障智能诊断。现有的故障诊断方法是基于专家规则库的，对信号的完整性、正确性要求较高，而在实际中存在信号不全、信号错漏、信号时序错乱等问题，从而影响诊断的准确性；而诊断规则往往为了避免故障漏报进行适当放宽，从而容易造成误报。要在误报与漏报之间找到一个平衡点，依赖人工制定规则是比较困难的。基于深度学习的故障诊断，从设备自身及其他相似设备的历史记录中提取故障特征信息，形成故障样本。考虑到实际系统故障样本较少，在实际样本的基础上可进行数据模拟和样本扩充，然后对神经网络进行模型训练。最后将训练收敛后的模型用于在线故障诊断。基于深度学习的故障智能诊断如图 10 - 19 所示。

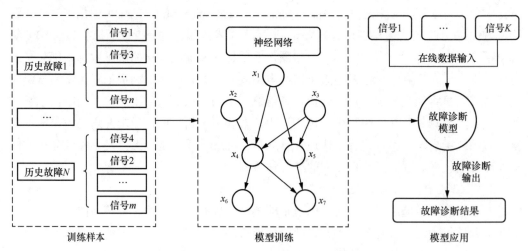

图 10 - 19　基于深度学习的故障智能诊断

3）负荷预测。基于卷积神经网络-长短期记忆（convolutional neural network-long short-term memory，CNN-LSTM）等深度学习算法，以电力负荷、气象、新能源发电等数据为驱动，通过特征工程分析建立深度神经网络负荷预测模型，为全网调度、统调、母线等各类口径负荷在短期、超短期和中长期等时间尺度上提供预测分析服务，进一步提升了预测准确率，为当前复杂环境下的负荷预测难题提供了智能化解决方案。基于深度学习的负荷预测方法如图 10 - 20 所示。

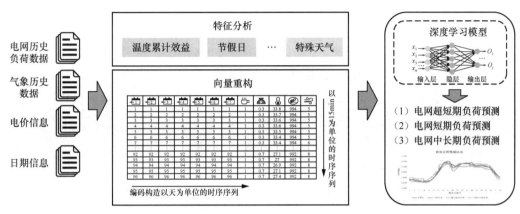

图 10 - 20　基于深度学习的负荷预测方法

4）异常数据辨识与校正。对历史量测数据提取特征，采用统计方法和机器学习方法获取量测限值和辨识噪声数据，使用聚类方法校核历史数据中的噪声数据；对异常数据辨识的结果，采用统计方法、插值法、回归法等进行校正，选择最优的结果进行修正替代。异常数据辨识能够识别不合理值、数据不一致等异常情况，并提供多维度的异常数据统计查询功能。可根据不同现场的需求提供校核对象、检核类别及判定细则、检测周期等相关的配置功能。

5）智能无人机巡检。目前，配电网中存在着利用传统的人工方式无法满足的迭代变化快、精益化程度高等要求的问题。传统人工巡检模式已难以适应配电网高质量发展的需要。利用移动互联网、智能感知、物联网、人工智能等现代信息技术，实现电力巡检移动机场，不但极大提升了巡检效率与作业安全性，而且实现了从分散现场管控向集约生产指挥、从传统人工驱动向数据智能驱动的转变。在每个电力巡检移动机场配备一辆智能巡检车和若干架无人机。移动式无人机智能巡检成套装备集任务管理、自主规划航线、一键智能巡检、多机多任务协同、作业实时监控、厘米级精准降落、巡检缺陷智能识别等功能于一体，可对配电机房和线路进行集群化、自动化、精细化巡检。为配合移动机场的使用，可开发智慧巡检 App，运检人员在手机 App 里一键点击，车载无人机就能自动完成巡检工作。2019 年，在南京、泰州等地试点的运行中，移动机场每日可完成60 基杆塔的巡检任务，效率是传统人工巡检的 6 倍。

（3）人工智能参与电网决策层面，主要应用包括配电网调度智能驾驶舱、调控行为的挖掘与智能推荐、线路复电辅助决策、基于 CAD 的场站接线图生成、电网潮流图自动生成、负荷转供、最优潮流、人工智能综合告警推理、基于人工智能的配电网最小化精准量测等。

1）配电网调度智能驾驶舱。基于人工智能技术，可设计并实现配电网调度智能驾驶舱。该驾驶舱是基于云平台提供的海量数据，融合地理信息导航技术，研发成的调度智能决策人机交互系统。它具备调度知识学习能力，能够自动生成故障操作方案和操作票，自动解析电网负荷并精准预测，为各类保电任务提供应急预案，同时构建了主配一体电网模型。一旦电网发生故障，配电网调度智能驾驶舱立刻启动分析功能，调用云端超级庞大的数据库，通过计算，以声音、文字形式帮助调度员进行决策。这好比从"驾驶舱"中走出的"虚拟调度员"，通过决策网络，可以快速统筹分析上万条信息，极大地缩短了决策时间，提高了故障的处置能力。在人机协同下，"虚拟调度员"除了可以深度感知行业负荷，对用户信息进行解析，还能自动分析电网方式，实现超前预警，帮助调度员抓住关键点，判断故障和影响，超前执行策略。同时，可以引导源网荷储协调共济，促进新能源全额消纳，保证高能量密度的电网安全，助力实现"双碳"目标。人工智能在配电网调度中的应用如图 10 - 21 所示。

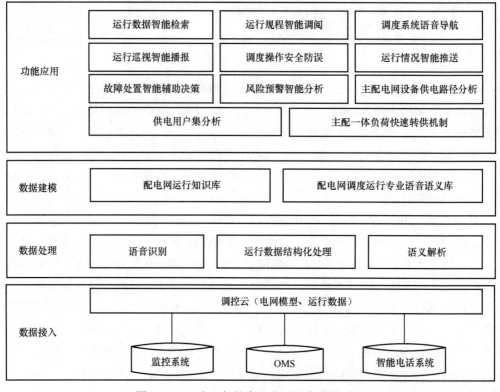

图 10 - 21 人工智能在配电网调度中的应用

2）调控行为的挖掘与智能推荐。在日常工作中，调度员通常需要在特定的系统画面之间进行跳转或者对固定的操作流程进行逐步实施，操作相对烦琐，效率相对低下。借鉴互联网用户推荐技术，通过机器学习算法对调度员行为模式进行挖掘，为调度员提供系统画面浏览和操作执行推荐，可简化操作步骤，提升系统工作效率。

3）线路复电辅助决策。针对线路发生故障后对快速复电辅助决策的需求，可分析影响线路试送电的因素，构建线路试送电辅助决策知识图谱，根据线路类型、故障性质、设备状态、故障后运行方式以及外部气象环境等因素，通过对应知识图谱的自动知识检索与知识推理，在线给出线路试送电决策建议及推理过程解释，为线路故障跳闸的快速恢复提供决策支撑，提高故障处理与系统恢复效率。

4）基于 CAD 的厂站接线图生成。人工绘制厂站接线图时存在工作量的问题，由于厂站接线图主要是参考设计部门制作的 CAD 图纸进行对照绘制，可以考虑利用人工智能技术对 CAD 图纸进行图像识别，生成调度自动化系统可直接使用的 CIM/G 图形文件，减少人工绘制的工作量。

5）电网潮流图自动生成。利用人工智能算法，深度分析厂站拓扑连接关系、用户绘图习惯，实现从事先作图到免维护动态成图的转变，包括厂站接线图、厂站近区潮流图、全局潮流图及各类专题图的自动生成功能。例如，结合语音技术，自动生成以某个厂站为中心的近区潮流图，可节省人工绘制、找点的过程，而且基于模型直接成图也保障了图模的一致性。

3.　人工智能技术在智能配电网中的应用案例

人工智能技术目前在智能配电网中已有很多实际应用案例，如仿真分析、图像识别、风险识别、电力气象预报、电能质量治理、无功功率优化、大数据应用等。

（1）仿真分析。人工智能可以应用于电力系统的仿真分析，通过深度学习自动提取电网稳定特征，实现对电网稳定运行方式和有效措施的快速判断，以及交直流混联电网的故障特征识别及智能控制。

（2）图像识别。人工智能可以利用图像识别技术进行输变电设备巡检和输电通道风险评估，通过输变电设备状态数据的深度学习，实现对设备故障的准确研判和设备状态的评估分析；基于导航图像的知识积累和深度学习，通过空间导航和智能巡检规划，优化巡检路径和重点排查区域；利用无人机和机器人的光、声、热等检测手段，实现对输电线路和变电站设备状态的诊断评估。

（3）风险识别。人工智能可以通过图像识别、智能穿戴等技术，识别用电现场危险行为，增强用电现场高效作业与安全风险智能预警；综合大规模需求侧资源智能调控知识库、推理引擎技术，对需求侧动态响应特性进行评估，提高清洁能源消纳和供需平衡能力；采用机器学习方法有效检测常规事故和人为网络攻击造成的事故，减少停电事故的发生，缩短恢复时间。

（4）电力气象识别。人工智能可以利用图像识别和机器学习技术，有效提升电力气象智能化预报水平。

（5）电能质量治理。目前国内电能质量治理可分为五大重点技术领域，即电能质量系统、无功功率补偿、谐波治理、负序治理、电压波动与闪变抑制等。国内电能质量治理产业中含金量较高的技术是基于人工智能的无功功率补偿技术和谐波治理技术。

（6）无功功率优化。人工智能电压无功功率调节体系建成后，可以实现变压器、电能表关系自动核查、台区低压配电网络拓扑关系动态识别、电能质量智能监测、台区分层降损分析与窃电监视、全量设备运行状态监视、无功功率补偿动态监测、配电室环境监测、多表采集用能分析、分布式电源及储能管理、客户能效管理、绿电实时消纳等功能。

（7）大数据应用。大数据技术在电网领域的应用，可分为电网公司内应用和电网公司外应用两类。

1) 电网公司内应用。电网公司内应用包括更精准的负荷预测和新能源预测、电网运营和规划、设备异常状态辨识及趋势预测、多源运行数据和故障数据共享、电网的快速复电、故障处理及故障恢复效率的提高等。在智能配电网建设方面，将"云大物移智链"技术应用在配电网中，实现配电网全景感知和大数据智能化分析的突破，研发出实用化水平更高、安全性更高、开发性更强、决策智能化水平更高的新一代配电自动化系统。

2) 电网公司外应用。电网公司外应用的用户主要有政府用户（如省、市发展和改革委员会及下属机构与省、市住建部门及下属机构等）、综合能源服务商、售电公司用户、企业用电用户等。对于政府用户，可为其提供行业景气度分析、行业用电结构变化趋势及行业复工率分析、房屋空置率分析、居民用电基数分析、居民新房交付走势分析等内容服务，为政府部门准确掌握行业兴衰及变化趋势，进行产业合理布局科学决策、楼市去库存工作成效评价、城镇化发展水平评估等工作提供辅助决策和数据支撑。对于综合能源服务商和售电公司，可提供用电计划执行分析、用电偏差风险分析、售电量预测、售电盈利分析、用户画像及行业动态等内容服务，为其业务管理者精准掌握代理用户用电情况、提前预防管控偏差风险、提高售电业务收益水平等提供工具支撑。对于企业用户，可提供在线监测、节能分析、用户画像等内容服务，为其掌握企业用电用能情况、能效分析、生产经营风险预警、碳排放监测等提供工具支撑。电网公司外应用的电力大数据功能框架，如图 10 − 22 所示。

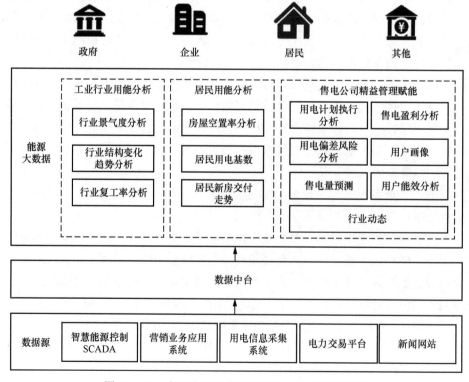

图 10 − 22　电网公司外应用的电力大数据功能框架

4. 人工智能技术在智能配电网中的技术热点及发展

人工智能技术仍在高速发展，在配电网中未来的发展将集中在以下六个方面：

（1）智能预测。利用人工智能识别新能源出力的波动性并进行预测，从而减少新能源出力浪费并降低能源成本，促进和加速新能源发电的使用。

（2）电网规划优化。利用人工智能预测可能影响发电资源出力的天气模式和系统故障，以降低风险、为系统变化做好准备、节省功耗、降低成本以及增强客户体验。

（3）灾害预防。利用人工智能识别、预测系统故障，如线路故障、变压器故障、系统过载或潜在危险，并且及时采取措施，防止其造成电网灾害。

（4）配电网可靠性。利用人工智能能确保在新能源出力波动时也能保持电网供需平衡，并优化储能，从而确保电网供应。

（5）抵御网络攻击。利用人工智能区分系统故障和网络攻击，检测网络攻击有助于防止数据泄露和操作劫持。

（6）提高新能源消纳率。利用人工智能促进风能、太阳能等可再生能源的使用，提高配电网中新能源的消纳率。基于人工智能管理的智能电网允许电力消费者优化其消费和储能，而基于人工智能的预测分析可以促进电力消费者的自我优化，从而提高分布式新能源的消纳率。

10.4.3　5G 通信技术及其在智能配电网中的应用

1. 5G 通信技术的基本原理及特点

电力是关系国计民生的重要产业。近年来，在国家"双碳"目标背景下，电力行业发生了深刻变革，面临着多重挑战。5G 通信技术与智能电网性能高度匹配，可在发电、输电、变电、配电、用电各个环节发挥重要作用。具体应用方面，包括控制类业务、采集类业务、移动应用类业务，以及以多站融合为代表的电网型业务。5G 通信技术在智能配电网方面尤其有广阔的应用。

国际电信联盟无线电通信局（International Telecommunications Union-Radiocommunication sector，ITU-R）定义了 5G 通信技术的三大典型应用场景，包括增强型移动宽带（enhanced mobile broadband，eMBB）、大连接物联网（massive machine-type communication，mMTC）和低时延高可靠通信（ultra-reliable & low latency communications，uRLLC）。

（1）eMBB。eMBB 是相对 4G 通信而言的。4G 通信带宽普遍为 20MHz，单个小区峰值速率为 150Mbit/s；而 5G 通信的单网络单个小区吞吐量达 10Gbit/s，支持移动速度为 500km/h，用户体验速度可达 1Gbit/s，尤其适合高清类视频传输业务，与 4G 通信的带宽相比有了质的飞跃。

（2）mMTC。mMTC 主要应用于连接海量传感器的应用场景，如物联网应用，其连接数密度每平方千米可达百万量级。连接终端分布区域极广，数量极大，要求网络能够支持海量设备的接入。mMTC 可以促进万物互联时代的到来，届时人与物以及物与物之间的数据交流将无处不在。

（3）uRLLC。uRLLC 主要应用于自动驾驶和智慧工厂等场景，可满足低时延与高可靠性的应用需求，时延必须小于 1ms，可靠性可以达到 99.999%。这种应用需要网络对海量数据具有超高速、低延迟的处理能力。

2. 5G 通信技术在智能配电网中的应用

5G 通信技术在智能配电网领域的 5G 差动保护、智能配电自动化、智能巡检、视频监控等方面，都已开始有实际的应用。

（1）5G 差动保护。差动保护的关键在于差动保护对电流的差值是基于同一时刻的电流，因此要求相互关联的多个差动保护终端必须保证严格同步，时间精度要求小于 10μs，交互信息端到端传输时延最大不超过 12ms。配电差动保护要求通信带宽大于或等于 2Mbit/s，单相端到端时延小于 12ms，时延抖动在±50μs 以内，可靠性达 99.999%，资源独享，实现与管理信息大区业务完全独立、业务终端到业务终端的通信。5G 配电网差动保护终端通过 RJ-45 接口与 5G 客户终端设备（customer premise equipment，CPE）连接，CPE 通过无线空口连接运营商的 5G 基站，5G 基站通过有线传输网和核心网（采用 UPF 用户功能面网元下沉部署方式）专网路由处理，最终实现两端差动保护数据的信息交互。

（2）智能配电自动化。随着供电可靠性要求的逐步提升，要求高可靠性供电区域能够实现电力不间断持续供电，将事故隔离时间缩短至毫秒级，实现区域不停电服务。这对集中式配电自动化中的主站处理能力和时延等提出了更加严峻的挑战，因此智能分布式配电自动化成为未来配电网自动化发展的方向和趋势之一。其特点在于将原来主站的处理逻辑分布式下沉到智能配电终端，利用 5G 通信技术，通过各终端间的对等通信，实现智能判断、分析、故障定位、故障隔离以及非故障区域供电恢复等操作，使故障处理过程全自动进行，最大限度地减少故障停电时间和范围，使配电网故障处理时间从分钟级提高到毫秒级。

（3）智能巡检。传统的巡检方式主要为人工巡检，存在巡检效率低下，可靠性、安全性较差，以及数据统计不完整，容易漏检、忘检等问题。随着 5G 通信技术的发展，未来可将增强现实（augmented reality，AR）技术应用在电力巡检中。巡检人员通过佩戴 AR 智能眼镜可以实现操作标准与实际的无缝对接，大大提高了巡检人员操作的准确性及安全性。利用 5G 通信的大容量、高带宽特点，对于固定巷道、配电室等场景，可通过智能机器人实现自动化采集，数据、高清图像、视频等也可通过 5G 通信网络实时回传控制中心。无人机巡线技术主要应用于配电网电力线与杆塔巡线等，通过地面控制站进行操控拍摄，完成图像的实时回传与快速拼接，以及复杂地形、恶劣环境下现场信息的获取。无人机应配置可见光摄像机和无线图像传输系统，图像清晰度应能满足巡检要求（标清及以上）。无人机通信系统主要实现无人机遥控信号、巡检图像与遥控操作台的信息传输。巡检图像传输速率在 2Mbit/s 以上，遥控操作速率在 100kbit/s 以内，对实时性、可靠性要求较高，一般时延小于 300ms，可靠性为 99.99%。

（4）视频监控。主要针对电网配电房、供电站重要节点如开关站等场景的运行状态和运行情况进行实时监控。配电室一般部署在地下室或相对隐蔽的环境中。因此，可以灵活部署视频综合监控装置，对配电柜、开关柜、仪器仪表柜等主要设备进行视频监控、图像回传，通过人工智能实现各种设备运行状态预警、开关状态是否正常识别，大大降低了人工巡检的繁琐程度，提高了巡检效率。为保证视频的清晰度以及上传的速度，要求单节点带宽为 4～10Mbit/s，且带宽流量需连续稳定。为保障视频传送不卡顿，时延应小于 200ms。

3. 5G 通信技术在智能配电网中的应用案例

5G 通信技术在智能配电网领域的电流差动保护、精准负荷控制系统、配电自动化"三遥"、智能化巡检、智能配电房、配电网 PMU 等方面，都有很好的应用和发展前景。

（1）电流差动保护。电流差动保护可以实时检测电流差值、设备的模拟量、相应的运行状态以及电流电压等数值，能够及时发现故障并对故障进行快速隔离，防止故障影响范围进一步扩大。

根据差动保护要求，保护装置之间需实时快速通信，目前只有光纤能够满足这种高要求，但配电网存在光缆敷设困难和投资太高的问题，从而制约了该业务在配电网侧的推广应用。同时，传统的差动保护设备需要配置时钟同步设备才能满足精准授时的需求，这进一步增加了业务建设的成本。应用 5G 通信技术，在普通变电站间的线路两侧分别配置电流差动保护装置和 5G 通信模块，采集两侧电流互感器的各相电流，通过差动电流进行故障判断，如果发生故障，则可通过 5G 通信网络及 uRLLC 切片保护动作出口，完成电流差动保护控制动作。利用 5G 通信的超低时延特性取代光纤差动保护的应用，可大量减少光纤在电网中的使用，尤其对于电压等级较低的线路能实现低成本的快速部署，具有较高的经济价值。配电网 5G 差动保护业务场景如图 10－23 所示。

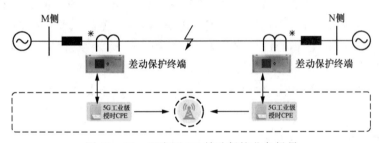

图 10－23　配电网 5G 差动保护业务场景

（2）精准负荷控制系统。精准负荷控制系统主要解决电网故障初发阶段频率急速跌落、联络线超载以及电网旋转备用容量不足等问题。根据控制时限要求的差异，可分为毫秒级、秒级及分钟级控制系统。毫秒级控制系统根据频率控制紧急程度的要求能快速切断系统可中断负荷，秒级和分钟级控制系统可在一定时间内切除系统可中断负荷，实现发电和用电功率的平衡。实现方式为将负荷控制终端通过 5G-CPE 设备接入 5G 通信网络，并通过 5G 通信网络及电力 uRLLC 切片接入精准切负荷子站装置和精准切负荷主站装置。毫秒级控制系统的控制主站至子站的通道传输时间要求小于 30ms，子站到控制终端的通道传输时间要求小于 20ms，5G 通信网络的低时延特性能够满足这一时延要求。

（3）配电自动化"三遥"。配电自动化是一项集计算机技术、数据传输技术、控制技术、现代化设备及管理于一体的综合信息管理系统，其目的是提高供电可靠性、改进电能质量、向用户提供优质服务、降低运行费用、减轻运行人员的劳动强度。"三遥"是配电自动化的基本动作单元，通过以上三种基本单元的组合，配电自动化系统可以实现对电网运行状态的网络监测，并在此基础上通过负荷、电源、故障等状态的计算分析决策，完成配电网的调度配置。配电自动化"三遥"场景如图 10-24 所示。

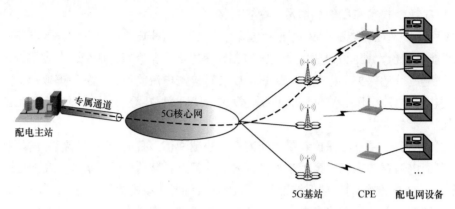

图 10-24　配电自动化"三遥"场景

目前，配电自动化"三遥"主要使用光纤通信，但市内配电网光纤敷设难、成本高，核心城区光纤覆盖率较低，难以满足业务的需求。4G 通信网络的安全性和时延性能也无法满足业务安全承载和实时控制的需求，制约了配电自动化"三遥"业务在配电网侧的全面应用。5G 通信网络技术具备低时延传输特性，同时其切片具有更好的安全隔离性，可应用于配电自动化"三遥"场景。无线数据终端和 CPE 采用 5G 通信方式接入基站。利用 CPE 可以实现 Wi-Fi 信号的二次中继，延长 Wi-Fi 的覆盖范围，为电网公司实现配电网"三遥"设备（FTU 和 DTU）到配电主站的报文交互，完成"三遥"功能，提升区域配电网的自动化水平和远程运维协作能力，提升区域供电可靠性。

（4）智能化巡检。智能化巡检是指通过巡检设备、机器人等终端搭载高清和红外摄像头等专业设备，代替传统人工巡检，将电力线路和设备的运行状态通过视频图像、红外感知信息等实时回传至调度控制中心，全面排查线路和设备的运行状况，实时发现并清除各类故障，保障电力系统安全高效运行。

目前，电力巡检的方式有人工巡检，以及机器人巡检、无人机巡检等智能化巡检方式。人工巡检需配备专业巡检人员，巡检效率低，范围有限，且存在各类安全事故隐患。智能化巡检依托场站自建 Wi-Fi 组网接入，Wi-Fi 网络使用公用频段，无法完全满足电力业务对于安全性的要求；同时，Wi-Fi 网络信道少，资源有限，时延不稳定，在快速移动场景下无法实时切换，难以满足巡检多样化的业务需求。同时，由于带宽的限制，巡检视频无法实时回传或回传质量低，极大限制了故障远程诊断。

5G 通信技术应用于智能化巡检业务，典型应用为输配电力线塔巡检和辅助测绘等，在复杂地形和恶劣环境下大有用处。机器人或无人机可配置各种传感器（高清照相机、夜视照相机、雷达等），并通过 5G 的 CPE 连入 5G 网络，在指定区域对相关线路和杆塔进行巡检的同时，利用 eMBB 切片大带宽特性将图像和视频实时回传至主站，主站再据此判断电力线路和杆塔的状态。无人机在线监测可与虚拟现实技术融合，对传回的数据进行再处理，实现线路状态的可视化对比，直观判断设备的运行状况，由此安排设备的检修计划，及时有效地排除生产安全隐患，确保电力信息系统安全稳定运行。智能化巡检场景如图 10－25 所示。

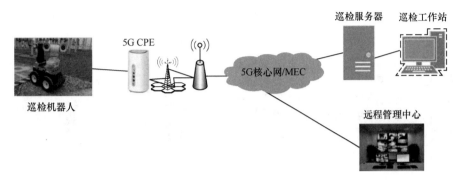

图 10－25　智能化巡检场景

（5）智能配电房。智能配电房场景的主要业务是对配电房内的媒体监控、环境传感器、设备门禁等数据进行实时生成、自动采集，并传回后台监控中心，实现对配电房工作与环境状态的集中监控，提高供电系统运行自动化的感知程度。智能配电房场景如图 10－26 所示。

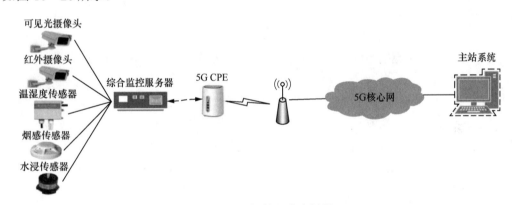

图 10－26　智能配电房场景

配电房是电力系统发、输、变、配环节中的最后一环，传统配电房通信存在光纤和管道铺设成本高、后期维护困难等问题。将 5G 通信技术应用于智能配电房，采用 5G CPE+智能网关的应用模式，搭配多项传感器，实现信息的实时采集，可有效提升设备运行效率，优化供电工作效率，降低人力运维成本，在有效补足传统配电房通信短板的同时，为智能配电网建设奠定坚实的基础。

（6）配电网 PMU。配电网 PMU 是利用 5G 通信网络对 PMU 进行高精度网络授时，为电力系统枢纽点的电压相位、电流相位等相量数据提供精准的时标信息，并通过 5G 通信网络把数据回传至监测主站。配电网 PMU 业务场景如图 10－27 所示。

在配电网 PMU 业务场景中，PMU 需要保持高精度的时间同步，周期性地同步采集线路上的相关电压、电流相量、有功功率和无功功率等状态数据，并回传至监测主站。

主站将采集的数据存入相应数据库,根据各配电网 PMU 同一时刻断面采集的同步数据,结合运行状态估计与态势感知等高级应用,在电网系统扰动时快速生成系统解列、切机及负荷切换的方案,提升配电网整体运行水平。

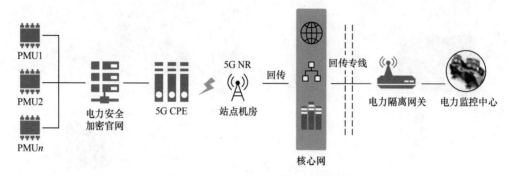

图 10 - 27   配电网 PMU 业务场景

5G 通信技术应用于电网运行状态监测,可将传感器单元安装在配电网的不同节点上,利用 5G 大连接特性连接海量传感器,实时采集配电网运行状态相关数据,如电压幅值、相角、有功功率及无功功率等,实时感知配电网的潮流状态和运行参数。在未来配电网中,微型 PMU 的安装量巨大,需要 5G 海量连接能力的支撑才能彻底解决电力系统"最后一公里"的挑战。

4. 5G 通信技术在智能配电网中的技术热点及发展

5G 通信技术在配电网中的作用越来越重要,未来在智能配电网中的技术发展体现在以下四个方面:

(1)新能源及储能并网方面。目前,大量分布式新能源电站处于盲调状态,现有的 4G 通信网络无法满足当前时延、未来大连接和安全性方面的要求。采用 5G 通信网络能够实现清洁能源资源评估、分布式储能调节能力评估、发电预测以及场站运行分析等模块数据实时交互;可实时调整新能源出力,实现跨配电台区送受端协调控制,提高新能源发电消纳电量。

(2)配电网调控保护方面。传统单端量配电网保护难以兼顾速动性和选择性要求,采用 5G 通信网络可实现配电网线路的快速精确故障定位和非故障区域的快速自愈,提升电网供电可靠性。例如,在应用中出现的 5G 差动保护时延问题,针对配电线路差动保护中 5G 通信时延和抖动的不确定性对保护动作准确性的影响问题,分析了 5G 的通信时延及其对保护数据的影响,研究人员正提出各种差动保护电流对比计算方法,利用动态时间归整(dynamic time warping,DTW)对时间轴上的容差性,消除传输时延抖动对差动电流比较的影响,构建基于 DTW 距离的差动保护判据。

(3)配电网协同调度及稳定控制方面。随着新能源、分布式电源、储能、电动汽车的规模化快速发展,4G 通信网络受限于通信能力和数据处理能力,无法实现实时电网调度和稳定控制。采用 5G 通信网络可实现电源、电网、负荷和储能相关数据采集,以及数据在平台内部和不同平台之间的多点、低延时传输和多参量数据融合处理。

（4）电网规划投资方面。目前，电网公司供应链涉及的资产类型多、数量巨大，现有的 4G 通信网络或无线专网无法实现所有设备信息的实时在线接入、网络差异化及低功耗的需求。采用 5G 通信网络可实现源、网、荷、储等所有设备的全部接入、物资信息上传、入库出库等电网资产的实时在线管理，提高电网优化配置资源效率，提升电网和企业的精益化管理水平。

10.4.4　基于区块链的分布式发电交易技术的应用

1. 基于区块链的分布式发电交易基本概念

为了实现分布式发电交易，区块链技术成为关键基础技术。2008 年，中本聪发表了论文《比特币：一种点对点电子现金系统》，首次提出了比特币的概念，而作为支撑比特币的核心技术——区块链技术，也开始步入人们的视线。在区块链技术中，有三个核心的概念，分别是交易、区块与链。区块是存储数据的一个基本单元，记录着一段时间内发生的交易和状态结果，包括区块头和区块体两部分。区块头中封装着难度系数随机数、默克尔（Merkle）值、区块头哈希、父哈希以及时间戳信息。区块体中记录着所有已经验证的交易。交易是区块链中最基本的操作，一次交易代表着账本状态的一次改变。这些交易通过 Merkle 树的哈希过程生成了一个唯一的 Merkle 值，该 Merkle 值被记入区块头中。链式结构是由各个区块按照时间顺序依次相连形成的。一个新的区块连接到区块链的前一区块中的过程，就是获取记账权的过程，有记账权的主节点可以将新的区块依据父哈希将其连接到前一区块，形成区块主链。主链记录的是区块链中的完整数据，而且有数据溯源以及定位的能力，这使得任意一个数据都能通过区块链的链式结构追本溯源。区块链链式结构如图 10-28 所示。

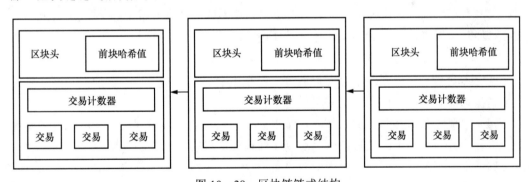

图 10-28　区块链链式结构

2. 基于区块链的分布式发电交易过程

电力交易一般包括电能交易、输电权交易及辅助服务交易。我国现有的电力交易主要利用集中式交易中心完成，即通过特定的机构主导整个交易过程。传统电力交易模式难以追踪溯源，缺乏安全可信的支持，被人诟病不公平、不透明。由此可见，由中心化调度方式所引起的信任问题，会给交易带来很高的附加成本。在遵循电力市场"统一、开放、竞争、有序"原则的基础上，将区块链技术应用于分布式发电交易，达成利用智能合约存储电力交易信息、通过计算机自动执行的电力交易方案，可使结算过程变得更加简单并呈现出结构化。利用密码学方式保证分布式账本的不可篡改性和不可伪造性，保证了电力交易系统的安全性和高透明度。此外，区块链准确记录了所有历史交易，保证了交易的可追溯性。

3. 基于区块链的分布式发电交易技术热点及发展

从区块链技术的发展来看，已经经历了区块链 1.0、区块链 2.0、区块链 3.0 三个阶段。区块链 1.0 是基本版本，涉及数字货币和支付行为等部分金融领域，尚不能广泛应用于社会生活，其中比特币是区块链 1.0 的一个典型应用。在区块链 1.0 的基础上，区块链 2.0 增加了一种可以编程的智能合约，即利用可编程算法来代替人的监督与执行，实现合同的自动执行，使得区块链 2.0 的应用范围更加广泛，将应用拓展到了金融相关的产权、贷款、抵押等其他领域。智能合约是一种不需要任何中介就可以自动执行的脚本。智能合约驻留在区块链上，定义与交易相关的规则，类似执行合同条款的协议。智能合约允许适当的、分布式的和自动化的工作流。区块链 3.0 是价值互联网的内核，它可以记录任何有价值的能够用代码形式表达的事务，其应用可扩展到金融、产权等领域之外的能源、工业、医疗、艺术等其他更多领域。区块链 3.0 已开始大量应用于分布式发电交易领域。

区块链技术作为一项底层技术，可应用于分布式发电交易过程的如下环节：

（1）电力交易计费介质。交易介质是区块链系统的核心部件。与比特币和以太币类似，在将电力虚拟为数字资产时，选用"电力币"作为交易介质，可以促进电力交易系统区块链的发展。

（2）电力的登记发行。电力的登记发行用来表示在任意某时间发电厂能够生产的电量。在电力交易系统区块链中，将电力虚拟化为数字资产"电力币"，并在区块链上登记发行，用户可以以购买实际商品的方式购买电力。

（3）电力买卖交易。电力生产商将电能发行到区块链上，用户（个人或者企业）可以通过电力交易平台或者线下点对点的方式进行电力买卖交易。该过程的交易信息包含买家和卖家信息、电价信息和交易电量等。

（4）电费收缴与补贴发放。作为传统电力交易系统的一项重要工作，电费收缴往往会耗费较多人力。基于区块链的电力交易系统可以比较轻松地完成电费收缴任务。利用区块链技术，既可以在使用过程中实时收缴电费，又可以记录并分辨电能是否为环保能源，配合政府的补贴政策对环保电力能源的生产和消费予以鼓励。

（5）电力支付清算。采用"电力币"记录电力交易信息，有助于缓解电力支付清算结算压力。利用区块链技术，在节点上运行分布式交易程序和智能合约技术，无须经由银行即可实现电力支付实时清算结算。

10.4.5 分布式智能电网技术在配电网中的应用

1. 分布式智能电网技术的概念与背景

为了助推分布式新能源充分消纳，解决我国现有电网调节能力不足的问题，建设具有中国特色的新型电力系统，可通过分布式智能电网技术，有效提升配电网平衡调节能力和新能源消纳能力。

随着大量分布式新能源的并网，其高渗透比例、随机间歇出力、短时大幅度波动的特点，以及连片开发、集群并网、无序接入的接入方式，将改变配电网和台区传统单向供电潮流的格局。这将导致电力系统调节能力日趋不足，灵活性调节资源日趋紧张，盈余功率在各级电网返送，引起潮流无序流动并增加网络损耗的问题，给电网安全运行造成严重影响。新能源消纳及系统能量平衡的矛盾日益凸显，分布式电源就地消纳需求迫切，使用传统方法无法高性价比地解决高比例分布式光伏并网引起的潮流返送和分布式光伏就地消纳问题。另外，分布式电源波动和负荷波动等也会导致配电台区的电压过载和不平衡运行问题。为解决上述问题，将分布式智能电网技术应用在配电网中，有利于新能源的消纳运行控制。

分布式智能电网技术包括分布式储能、微电网群、分布式电源群观群控、源荷互动、新型配电系统经济运行等技术。

2. 分布式智能电网技术的应用场景

分布式智能电网技术在配电网中的应用场景包括分布式新能源发电主动支撑、分布式新能源发电集群控制、分布式储能应用、微电网群观群控、源荷互动、新型配电系统经济运行等。

（1）分布式新能源发电主动支撑。分布式电源不仅需要具备在一定范围内调节频率电压的能力，而且具有抑制频率电压快速变化的能力。利用分布式新能源发电主动支撑技术，可使分布式电源在系统发生功率缺额时具有瞬时频率电压支撑能力，并用功率跃变瞬间提供的有功功率补偿定量表述了分布式电源的频率惯性支撑能力，这为后续制定相关并网标准提供了依据。

（2）分布式新能源发电集群控制。利用分布式新能源发电集群控制技术，可使多台新能源发电设备通过并网逆变器接入系统的协同控制，实现多个逆变器在功率跃变时刻的不平衡功率分配、多个逆变器的多时间尺度控制策略和良性交互，以及分布式电源参与一次调频、调压。

（3）分布式储能应用。分布式储能应用是指接入了中低压配电网、微电网或用户处的中小型储能形式，储能的能量形式可以是电、热、冷、势能等。分布式储能系统接入位置灵活，可在负荷高峰期放电，负荷低谷期从电网充电。通过分布式储能与台区智能配电变压器终端的协调配合，可以解决季节性、间歇性的高峰负荷问题，降低多样性负荷对配电网的电能质量影响，实现台区分布式能源的协调控制，以及分布式能源的就地消纳，从而提高供电可靠性，降低配电网设备投资，提高客户满意度，提高设备利用率。

分布式储能装置应具备调峰调频能力和增强稳定性与电能质量的能力。调峰调频技术对储能装置在容量、响应速度、成本、安全性、功率/能量密度等方面均具有较高要求，采用单一储能形式难以满足，需要研究具有全方位优势的复合储能技术。稳定性与电能质量增强技术为提升智能配电网稳定性及电能质量提供了可行方案。在电力电子装置大量接入导致系统惯性降低的情况下，并网逆变器配合储能技术将是提升系统动态稳定性的重要手段。另外，以超级电容为代表的功率型储能技术具有快速响应能力，在改善配电系统电能质量方面发挥着重要作用。

（4）微电网群观群控。微电网群观群控是指集中采集多个微电网的信息，集中协调控制各个微电网的运行状态，从而实现微电网群的协调优化、能量互济等功能。在新能源发电装置与增量负荷规模化接入配电系统的发展趋势下，越来越多的微电网将会以集群形式出现在配电网中，给智能配电网的运行控制方式带来新的挑战。通过微电网群观群控，可以实现多个微电网的统一调控、功率互济及优化运行。

（5）源荷互动。源荷互动是指新能源发电出力动态变化时，根据系统源荷平衡关系，动态调节可控负荷消耗的电力，利用源荷交互关系，实现更加安全、高效、经济地提高电力系统动态平衡能力的目标，其本质是一种实现能源最大化利用的运行模式。

（6）智慧运营。通过各种激励方式引导多元主体参与电力市场交易，是推进源荷互动的一种手段。其具体技术形式包括需求侧响应和虚拟电厂。可利用价格激励机制激发用户参与电网互动响应的积极性。

3. 分布式智能电网技术的应用案例

分布式智能电网技术在配电网中的应用，以分布式储能和微电网群协调控制为典型案例。

（1）分布式储能。分布式储能应用于配电网时，安装在配电台区，采用集装箱设计模式，可移动、可拆卸，具备即插即用功能，方便快捷，灵活实用。其交流侧接入 400V 台区变压器低压母线，与智能配电变压器终端形成两级控制单元，为台区提供用能及能量调控服务。该储能装置实现了多功能、多运行模式，可高效率运行，具有高可靠性、低成本的特点。分布式储能可起到以下作用：

1）促进新能源消纳，改善电网负荷特性，降低线损。在智能配电终端 TTU 的边缘计算设备调度下，在用电低谷或新能源发电高峰时存储电能，在用电高峰或新能源出力较小时释放电能，从而促进新能源消纳，减弱电网峰谷差，改善电网负荷特性，实现电力系统负荷水平控制和负荷转移，降低线损。

2）智能化跟踪调节功率，保障供电可靠性。可有效平抑台区内冲击性负荷或分布式电源功率波动，同时支持恒流、恒压或恒功率等多种充放电模式，可在 60ms 内完成满功率充电至满功率放电或满功率放电至满功率充电的过程。可接受智能配电终端 TTU 智能调度控制公共连接点功率，提升分布式电源就地消纳水平，以及在用电高峰期降低台区变压器负载率，避免过载跳闸断电故障发生。

3）在线治理电能质量，提升台区供电水平。分布式储能换流器采用三相四桥臂全控拓扑构架，通过外接电流互感器实时监测系统电流，判断系统是否处于不平衡状态，将不平衡电流从电流大的相转移到电流小的相，实现不平衡治理。对补偿点电压进行采样，判断补偿点电压是否超过设定值，调节输出感性电流或容性电流，使各相电压稳定在正常范围内。内部集成谐波在线监测功能，无须设置独立的数据采集单元，在装置自身的剩余容量范围内以有源方式进行谐波电流滤除。

4）支持离网运行，保障重要负荷用电需求。当台区与外部电网断开、独立与负载相连时，储能换流器作为离网系统的主电源运行，离网工作于虚拟同步机模式，装置将模拟同步发电机特性运行，为负荷提供稳定的电压和频率支撑。在此模式下，需要保证负荷的功率不超过装置和电池的容量范围。分布式储能在台区的应用如图 10-29 所示。

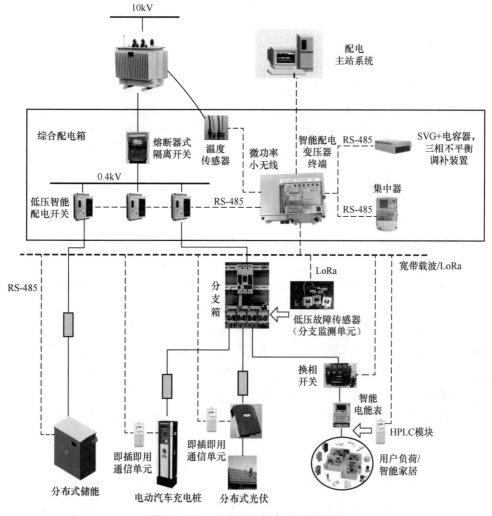

图 10-29　分布式储能在台区的应用

（2）微电网群协调控制。多种类型的分布式电源以微电网的形式接入电网，是解决分布式电源无序接入、不可调度、供电可靠性低、电能质量差以及友好接入问题的有效方案。但受限于广域量测技术，微电网的供电范围、接入容量以及配置储能的大小有限，单个微电网仍然呈现出低惯性，其参与电网联合调度和区域自治的能力有待进一步提高。我国新能源发电正由集中式逐渐向分布式方向转变，这使得分布式发电呈现出高密度接入局部配电网的现象。目前，我国配电调度控制尚未形成成熟且具备远程调节、控制功能的系统，因此将高渗透率分布式电源以多个微电网接入系统，通过各微电网的自治调控及区域内多个微电网的协同调度，可以最大限度地适应大规模、多类型分布式电源接入的动态特性，而协同分散的调控可达到系统的发载平衡，提高能源的利用效率。

随着间歇性电源（分布式风电、光伏）在中低压配电网中渗透率的提高，多个微电网可能共存于一个区域配电网中，各微电网间能量互济与协调控制的微电网群技术开始得到应用。微电网群的协调控制技术方案是：首先得到微电网群接入配电网的方式及特征，其次建立配电网下多个微电网的功率协调优化模型，最后利用优化算法求解模型，获得调度控制的指令。

4. 分布式智能电网技术的技术热点及发展

分布式智能电网技术的发展空间非常广阔，将有力地支撑新型配电系统的建设，技术热点包括分布式储能及源网荷储深度互动技术、分布式新能源发电与储能的构网技术、多层级微电网群互动运行与网架灵活控制技术，以及新型电力市场机制等。

（1）发展高性能分布式储能及源网荷储深度互动技术，以解决峰谷差、设备利用率低等静态问题。大容量、安全、稳定、经济、高效、响应迅速的分布式储能装置是平抑配电系统峰谷差的关键设备。另外，研究结合分布式电源、储能、可控负荷、柔性联络开关等一切可调资源的源网荷储深度互动技术，以提升系统调峰能力。其中，计及互动过程中各种不确定性因素的优化调度技术，以及基于发电曲线跟踪的负荷主动响应机制，是实现源网荷储深度互动的核心手段。

（2）发展分布式新能源发电与储能的构网技术，以实现新能源与储能独立组网运行。研究多时间尺度构网控制技术，包括具备构网能力的新能源与储能的协调控制，研制相应的新能源和储能并网装备；研究电网频率和电压与新能源和储能装备的深层联系，提出频率和电压建立与调节的方法；研究新能源发电与储能集群控制技术，研制地区、变电站、馈线以及场站多层级能量管理系统，使得新能源发电与储能有序构网运行；研究新型配电系统的稳定机理、失稳特征与稳定问题分类等。

（3）发展多层级微电网群互动运行与网架灵活控制技术。通过软件定义配电网和微电网的整体架构、原理与技术、应用功能与应用场景，充分考虑区域分布式能源和灵活性负荷资源的种类和分散性，研究基于软件平台的微电网孤岛划分策略、孤岛检测技术、自适应重构策略及并网恢复策略，使微电网服务、控制与硬件分离，可解决传统微电网群基于确定性源网荷约束的集中控制策略灵活性不足和实时性差的问题，实现微电网不同模式平滑切换、安全稳定经济运行。

（4）发展新型电力市场机制，提高电力用户主动参与源荷互动的积极性。研究与新型配电系统契合的电力市场机制，丰富电价形成机制，还原电力商品属性；制订分时、分区及响应形态的源荷互动市场机制，利用市场手段推动用户主动参与的积极性。

参考文献

[1] 刘广一，黄仁乐.主动配电网的运行控制技术[J].供用电，2014（1）：30-32.

[2] 宋梦，高赐威，苏卫华.面向需求响应应用的空调负荷建模及控制[J].电力系统自动化，2016，（14）：158-167.

[3]　宋强，赵彪，刘文华，等.智能直流配电网研究综述[J].中国电机工程学报，2013，33（25）：9.

[4]　王云，刘东，李庆生.主动配电网中柔性负荷的混合系统建模与控制[J].中国电机工程学报，2016，36（8）：2142-2150.

[5]　贾冠龙，陈敏，赵斌，等.柔性多状态开关在智能配电网中的应用[J].电工技术学报，2019，34（8）：9.

[6]　王成山，孙充勃，李鹏，等.基于 SNOP 的配电网运行优化及分析[J].电力系统自动化，2015（9）：82-87.

[7]　以分布式光伏为代表的产消者迅猛崛起将对社会经济产生深远影响[N].全国能源信息平台，2020.

[8]　林俐，许冰倩，等.典型分布式发电市场化交易机制分析与建议[J].电力系统自动化，2019，43（4）：1-8.

[9]　王冬容.电力需求侧响应理论与实证研究[D].北京：华北电力大学，2011.

[10]　杨安民.柔性交流输电（FACTS）技术综述[J].华东电力，2006，34（2）：74-76.

[11]　马为民，吴方劼，等.柔性直流输电技术的现状及应用前景分析[J].高电压技术，2014，40（8）：2429-2439.

[12]　卢宇.智能开关技术在电力系统中的应用[D].武汉：华中科技大学，2003.

[13]　李霞林，郭力，等.直流微电网关键技术研究综述[J].中国电机工程学报，2016，36（1）：2-17.